Holger Appel · Christoph Hein

Der DaimlerChrysler Deal

WILHELM HEYNE VERLAG
MÜNCHEN

HEYNE SACHBUCH
19/708

DANK

Bina und Lisa,
die uns den Spaß an der Sache erhalten haben.

Gertrud Collet, Dr. Jürgen Dunsch,
Roland Klein, Andrea Leitner,
Hans-J. Susenburger und
der *Frankfurter Allgemeinen Zeitung*,
die uns jederzeit unterstützt haben.

Allen Freunden,
die Geduld mit uns hatten.

Umwelthinweis:
Dieses Buch wurde auf chlor- und
säurefreiem Papier gedruckt.

Aktualisierte Taschenbucherstausgabe 03/2000

Wilhelm Heyne Verlag GmbH & Co. KG, München
http://www.heyne.de
Printed in Germany 2000
Umschlagillustration: Deutsche Presse-Agentur, Frankfurt
Umschlaggestaltung: Atelier Bachmann & Seidel, Reischach
Grafiken: Ditta Ahmadi und Jürgen Heumann
Satz: Schaber Satz- und Datentechnik, Wels
Druck und Bindung: Presse-Druck, Augsburg

ISBN 3-453-16508-X

Inhalt

Anhang

Vorwort

Der DaimlerChrysler Deal schafft eine neue Dimension. Eine Handvoll Manager bestimmt das Schicksal von einer halben Million Menschen. Gemeinsam werden die Konzerne 280 Milliarden DM Umsatz erwirtschaften – soviel wie das Bruttoinlandsprodukt von Dänemark. Wird der Bund bestehen, müssen viele umdenken: Politiker, Firmenchefs, Gewerkschafter.

Jürgen Schrempp und Robert Eaton haben die Hochzeit im Himmel genial eingefädelt. Geheim, schnell und ohne Jobverlust. Die beiden Konzernlenker schreiben sich in das Buch der Industriegeschichte ein.

Den großen Chancen, die sich DaimlerChrysler bieten, stehen gleichwohl erhebliche Risiken gegenüber. Zwischen den Zentralen in Stuttgart und Auburn Hills liegen 7000 Kilometer und ein enormes Gehaltsgefälle. Zwei Kulturen müssen zueinander finden, die Automarken ihre Identität bewahren. In vielen Dingen beschreiten die Konzerne Neuland. Beispiele gibt es kaum, allenfalls negative. Nur ein Fünftel aller Fusionen übersteht die ersten zwei Jahre.

Schon die Geburt von DaimlerChrysler setzt Zeichen. Acht Leute ziehen die Fäden, Hilmar Kopper hält seine schützende Hand über den Deal. Unternehmensberater sind nicht gefragt. Die beiden Firmen haben das Glück des Tüchtigen. Wenige Wochen später, und die größte Fusion der Automobilgeschichte wäre im Sog der trudelnden Börsen geplatzt.

Der Zusammenschluß ist die Konsequenz einer offensiven Strategie. Er ist von langer Hand geplant, und er vollendet, was beinahe schon 1931 begonnen hätte. Die Ehe der kreativsten Automobilhersteller. Die Gründung der ersten »Welt AG«.

Anmerkung des Verlages
Den Umrechnungen liegt ein Dollarkurs von 1,70 DM zugrunde.

Da spielen wir toter Mann

»Wenn es keinen Deal gibt, gibt es ein Major Desaster.«
Eckhard Cordes, Daimler-Benz

Es ist ein warmer Frühlingsmorgen in Stuttgart, als die Bombe platzt. Bis zu jenem Mittwoch, dem 6. Mai 1998, war es für die Korrespondenten der großen Zeitungen eine eher ruhige Woche. Auch dieser Tag sieht nach Routine aus. Um 10 Uhr morgens will in Esslingen, 20 Kilometer den Neckar aufwärts, der Automobilzulieferer Eberspächer seine Bilanz erläutern. Ein solides Unternehmen, immer noch geführt vom Familienclan, bei dem man während eines Buffets im Anschluß an die Pressekonferenz ein paar Neuigkeiten aus der Branche erfährt. Diesmal gibt es die Neuigkeit schon vor der Konferenz. Während die ersten Journalisten gerade die Lachs-Quiches probieren, stürmt ein Kollege in die Runde: »Habt ihr schon gehört, Daimler kauft Chrysler.« Allgemeines Schmunzeln ob des müden Scherzes. Er läßt nicht locker: »Die 10-Uhr-Nachrichten im Autoradio, das *Wall Street Journal* hat die Geschichte«, fügt er atemlos an. Dem Schmunzeln folgt Stirnrunzeln, die letzte Nachfrage: »Stimmt das ehrlich?« Dann ist die Entscheidung klar. Der Journalisten-Troß macht auf dem Absatz kehrt, packt Presseunterlagen und das Schweizer Messer, das als kleines Präsent auf dem Tisch liegt, noch schnell ein, und stürzt sich in ein Wettrennen auf der Schnellstraße nach Stuttgart.

In den Redaktionsbüros beginnt die Arbeit. Das *Wall*

Street Journal hat aus Kostengründen hier keiner abonniert. Am Bahnhof der Daimler-Stadt ist es an diesem Morgen schon seit kurz nach neun ausverkauft. Die Faxgeräte laufen heiß, spucken dank der Archive in Hamburg, Frankfurt, München oder Düsseldorf erstes Material über Chrysler und Daimler-Benz, über die Großfusionen der vergangenen Jahre und die Lebenswege der Konzernkapitäne Robert J. Eaton und Jürgen E. Schrempp aus. Dann die Anrufe, das endlose Tippen der Tasten des Telefons, meistgehaßtes Journalistenhandwerk. Betriebsräte und Analysten, Aufsichtsräte und Vorstandssekretariate, und die bange Frage an Kollegen: »Hast du schon was?« »Nein, bei mir geht auch nichts«, die stereotype Antwort. Der Morgen ist wie verhext, eine Mauer des Schweigens, wo auch immer man anruft. Auch die Daimler-Presseabteilung verfällt in längst vergangene Sitten: »Da spielen wir toter Mann«, hatte Hans-Georg Kloos, der frühere Leiter der Wirtschaftspresse, immer dann als Parole ausgegeben, wenn es schwierig wurde. Diese Zeiten sind in Möhringen eigentlich vorbei – eigentlich. Denn an diesem Mittwoch blocken auch die Presse-Profis der Konzernzentrale. »Es werden Gespräche geführt«, ist der lakonische Kommentar von der Höhe herab. Die Sprachlosigkeit ist ein untrügliches Zeichen, daß sich Großes anbahnt – eine Zeitungsseite indes ist damit nicht zu füllen. Einen erfrischenden Kommentar erfährt der, der sich über die Daimler-Telefonzentrale verbinden lassen will. »Ach, Sie rufen an wegen Chrysler«, antwortet die freundliche Telefonistin. Um dem verdutzten Journalisten am anderen Ende dann ungefragt mitzuteilen, sie selber habe jahrelang einen Chrysler gefahren. »Und der war nichts, blieb dauernd stehen.« Am Nachmittag sind im Daimler-erfahrenen Lager der Stuttgarter

Wirtschaftsjournalisten nur zwei Dinge klar: Erstens, es ist etwas dran an der Fusion. Und zweitens: Am besten ist es, heute das *Wall Street Journal* abzuschreiben, denn mehr läßt sich kaum herausbekommen.

Der Mai ist gekommen Heinz Birg, Süddeutsche Zeitung, 8. Mai 1998

Pomadig, altmodisch, kreativ

»Wenn Anpassungsfähigkeit an die Märkte fehlt, hilft Größe nicht groß weiter.«

Wendelin Wiedeking, Porsche

»Stellen wir uns einen soignierten älteren Herren, elegant und mächtig vor, wie er unserem schlaffen, kurzsichtigen Onkel über die Straße hilft. Die beiden Herren sind etwa im selben Alter, aber Onkels teures Anzugjackett ist abgewetzt, auf dem Revers sitzt ein kleiner Fleck, die Krawatte zeigt das unbegreiflich grelle Orange einer anderen Epoche. Er ist seit Jahren nicht mehr auf der anderen Straßenseite gewesen, doch der andere stützt ihn, hilft ihm weiter. Wenn sie das jeden Tag üben, wird vielleicht seine alte Stärke zurückkehren. Vielleicht«, kommentiert der amerikanische Schriftsteller Stewart O'Nan. Als die Fusion von Daimler-Benz und Chrysler verkündet wurde, seien die Amerikaner verblüfft gewesen, daß die schwächste ihrer drei großen Autofirmen von einem solch erhabenen Unternehmen ans Herz gedrückt werde. Was wollen die denn ausgerechnet mit denen, hätten sich alle gefragt. Wozu soll das gut sein? Seit Jahren sei Chrysler unter den Big Three der kränkelnde alte Onkel von Ford und General Motors. Die meisten Amerikaner hätten in der Tat erwartet, daß eines Tages jemand kommt und die Firma mit einer kräftigen Finanzspritze aus dem kalten Wasser der Konkurrenz zieht, so etwa wie es die Regierung der Vereinigten Staaten 1980 getan hat. An Mitsubishi habe man gedacht, denn mit den Japanern arbeitete Chrysler lange zusammen. Aber Daimler-Benz sei ein völlig unwahrscheinlicher Partner gewesen. Der Schriftsteller fragt: »Mercedes-Benz ist hierzulande ein Synonym für Erfolg, Stil und überlegene Technik. Das reizvollste Chrysler-Produkt ist das (inzwischen verkaufte) Chrysler Building in New York, der berühmte Art-Déco-Wolkenkratzer mit seiner kühnen Spitze und den stromlinienförmigen Fratzen der Wasserspeier. Es ist bezeichnend, daß dieses Produkt der Ära vor dem Zweiten Weltkrieg angehört. Warum also geht Daimler-Benz das Risiko ein, daß man es auch nur von Ferne mit Chrysler in Verbindung bringt?«

Die Chrysler Corporation wird am 6. Juni 1925 von Walter P. Chrysler gegründet, einem Autonarr. Er kauft, zerlegt und baut sein erstes Auto wieder zusammen, noch ehe er fahren gelernt hat. Als Chrysler am 20. April 1875 in Kansas geboren wurde, war neben dem Pferd die Eisenbahn das Fortbewegungsmittel der Amerikaner. Beide Eltern des Jungen waren deutschstämmig, die Vorfahren des Vaters kamen aus der Pfalz und hießen Greisler. Walter wurde mit 15 Jahren Lehrling bei der berühmten Union Pacific Railroad, für die Vater Hank Chrysler Lokomotiven fuhr. Das Leben unter Eisenbahnern prägte den Sohn, hier machte er dank seines technischen Talents schnell Karriere als Maschinist. 1908 arbeiten 10.000 Männer unter seiner Führung, inzwischen war er zur Chicago & Great Western Railroad gewechselt. Im gleichen Jahr gab es eine schicksalhafte Begegnung mit einem Automobil. Aus technischem Interesse kauft sich Chrysler einen Locomobile Phaeton und schraubt ihn auseinander, um ihn zu studieren. Er kommt zur Überzeugung, daß der schienengebundene Verkehr seinen Höhepunkt erreicht hat, und wechselt 1910 zu dem Unternehmen, das sein Auto gebaut hatte: American Locomotive. Als Fabrikchef in Pittsburgh kann er seine im Eisenbahner-Geschäft erworbenen Fähigkeiten

Der Alte. Walter P. Chrysler mit seinem ersten Auto.

im Verkürzen und Verbessern von Arbeitsabläufen einbringen. Die Branche wird schnell auf den Neuling aufmerksam. Zwei Jahre später wechselt er zur Buick Motor Car Company in Flint, Michigan. Buick wird 1916 die erste Automobilgesellschaft von General Motors und Walter P. Chrysler deren Präsident und General Manager. Im Jahr 1919 wird er zusätzlich zu seinen Aufgaben bei Buick zum Vizepräsidenten von General Motors ernannt und verantwortlich für die Produktion des Konzerns.

Finanziell hat der Amerikaner schon im Alter von 45 Jahren ausgesorgt und zieht sich deshalb 1920 ins Privatleben zurück.

Doch schon wenige Monate später benötigt man wieder seine Erfahrung. Er wird Executive Vice President der finanziell angeschlagenen Gesellschaft Willys-Overland und später der kränkelnden Maxwell Motor Car Company. Maxwell hilft er in einer großangelegten Reorganisation wieder auf die Beine. Basis des Erfolgs ist der Chrysler Six. Hydraulische Bremsen an allen vier Rädern, eine komfortable Ausstattung und der sensationelle Preis von 1335 Dollar überzeugen die Kundschaft. Schon nach einem Jahr, 1924, hat Maxwell Motor Car einen Verkaufsrekord erreicht. Vom Chrysler Six sind 32.000 Stück verkauft. Am 6. Juni 1925 wird die Maxwell Motor Car aufgelöst und als deren Nachfolger die Chrysler Corporation eingetragen. Walter P. Chrysler wird Chairman of the Board und Präsident. Bis Herbst 1925 hat Chrysler 3.800 Händler, 1926 ist das Unternehmen vom siebenundfünfzigsten auf den fünften Platz unter den amerikanischen Industriekonzernen aufgestiegen. Es baut 162.242 Autos.

1928 kauft Chrysler die Dodge Brothers Inc., deren Autos ihren Ruf, besonders robust zu sein, mit der ersten Autofahrt durch den Grand Canyon erworben haben.

Chrysler ist zu einem der Big Three der amerikanischen Automobilindustrie geworden. Dann kommt die große Rezession der dreißiger Jahre. Chrysler übersteht sie leidlich durch harte Sparmaßnahmen. Investitionen in Forschung und Entwicklung zahlen sich 1933 aus, als Chrysler der einzige Automobilproduzent ist, dessen Verkäufe die des bisherigen Rekordjahres 1929 übertreffen. Chrysler baut seine bis heute nicht sonderlich ausgeprägte Auslandspräsenz vorsichtig durch ein Engagement in Mexiko aus.

Walter P. Chrysler führt sein Unternehmen bis 1935. Im Sommer dieses Jahres gibt er das Präsidentenamt ab, bleibt aber als Chairman of the Board bis zu seinem Tod am 18. August 1940 Herr im Haus. Amerika erinnert sich an ihn als einen Vollblutunternehmer und Patriarchen der Automobilindustrie. Seine Firma ist ein geachteter Hersteller von ausladenden Mittelklassewagen. In den Folgejahren verändert sich die amerikanische Industrie, das Augenmerk liegt nun weniger auf Gebrauchsgütern als vielmehr auf Kriegsmaterial. Chrysler nimmt daran teil, baut Panzer und Geländewagen. Bis 1945 hat das Unternehmen an das Militär Ausrüstung im Gegenwert von 3,4 Milliarden Dollar geliefert.

Nach dem Krieg reagiert Chrysler auf die sprunghaft steigende Nachfrage nach Autos und leichten Nutzfahrzeugen. Zwischen 1947 und 1950 kommen elf neue Fabriken in den Konzern, aber es gibt auch Arbeitskämpfe und einen starken Zulauf zu den Gewerkschaften. Die Autos sind aufwendig gefertigte Prestigeobjekte. Große und lange Spritschlucker, später mit den charakteristischen Heckflossen wie nahezu alle anderen amerikanischen Fahrzeuge jener Zeit.

1958 folgt der Rückschlag. Chrysler erleidet erhebliche Absatzeinbußen. In den Vorjahren zeitweise der zweitgrößte amerikanische Automobilhersteller, fällt die Firma deutlich auf Platz drei zurück. 1960, nach 33 Jahren, wird die berühmte Fahrzeugreihe De Soto eingestellt. 1963 wollen die Amerikaner in Europa Fuß fassen und erwerben die Mehrheit an dem französischen Hersteller Simca. Wer erinnert sich nicht an den klapprigen Horizon?

Mitte der sechziger Jahre ändern sich die Zeiten und auch die Autofahrer. Die Baby-Boom-Generation wird langsam erwachsen, und in den Vorstädten entfaltet sich ein völlig neuer Automarkt. Die Jugend ist zum ersten Mal Hauptzielgruppe der Branche. Das Image von Chrysler einschließlich seiner beiden Marken Dodge und Plymouth aber ist pomadig und altmodisch. »Hier wurden Opas Autos hergestellt«, schreibt Stewart O' Nan. Inzwischen haben am anderen Ende von Detroit Lee A. Iacocca und Carroll Shelby den Ford Mustang in Marsch gesetzt, das erste sogenannte Pony Car, ein schnelles, attraktives und etwas kleineres Geschoß. Und in den Pontiac-Werkshallen von General Motors hat John Delorcan seinen GTO fertig. Ein neues Image für die Straße ist jetzt in. Heiße Motoren und wilde Accessoires – und Chrysler zeigt noch einmal seine technischen Fähigkeiten. Fast über Nacht zaubert die Firma »Street Machines« aus dem Hut: Dodge Mac Wedge, Charger und Challenger; Plymouth Roadrunner und Barracuda. Mit superstarken Motoren und einem ebenso superstarken Sound. Chrysler ist zwar als letzter auf der Party erschienen, macht aber die beste Figur.

1972 und 1973 sind Jahre des Erfolgs. Die Verkäufe erreichen Rekordhöhe. Doch die Freude währt nicht lange. Ölkrise, politische Unsicherheiten, hohe Zinsen und eine schwache Nachfrage stürzen das Unternehmen in eine finanzielle Krise. Als 1973 die Organisation Erdölexportierender Länder (OPEC) durch die Verdopplung der Rohölpreise die Ölkrise auslöst, sind die großen Autos plötzlich Dinosaurier. Chrysler reagiert spät und gerät in eine Absatzkrise.

Wie die meisten anderen amerikanischen Hersteller, hat man kein Interesse an der Produktion kleiner Fahrzeuge. Und vor allem überhaupt keine Erfahrung. Die Detroiter versuchen es mit Anpassungsmaßnahmen und verkleinern die großen und mittelgroßen Wagen. Der Erfolg bleibt aus. Man entscheidet sich, Kleinwagen des japanischen Partners Mitsubishi, an dem Chrysler seit 1971 mit 15 Prozent beteiligt ist, zu importieren und unter den Markennamen Dodge und Plymouth zu vertreiben. Doch die japanischen Hersteller drücken auch selbst auf den Markt. Sie haben die richtigen Produkte zum richtigen Preis und erkämpfen sich einen Marktanteil von fast 24 Prozent. Chrysler wird davon hart getroffen. Unter dem Druck leidet die Qualitätskontrolle. »Die Qualität war fürchterlich. Der nagelneue Kleinlaster meiner Mutter, ein Plymouth Volare, soff an jeder Ampel ab. Das Chrysler Le Baron Cabriolet meiner Schwiegermutter klapperte und klirrte wie eine Konservendose voller Pennies«, erinnert sich O'Nan. Bei Sicherheitstest seien die neu entworfenen kleineren Modelle Dodge Omni und Plymouth Horizon durchgefallen. Chrysler hat auf dem einzigen noch expandierenden Markt der Kleinwagen Honda und Toyota nichts entgegenzusetzen. Simca wird im August 1978 an Peugeot-Citroën verkauft. Chrysler liegt am Boden.

Am 2. November 1978 engagiert Chairman John J. Riccardo deshalb den zuvor bei Ford gefeuerten Iacocca und macht ihn zum Präsidenten. Zehn Monate später tritt Riccardo zurück und Iacocca wird am 20. September 1979 Chairman von Chrysler. Der neue Chef greift mit harter Hand durch. Die Kosten werden reduziert, das Management wird umgebaut und neue Führungskräfte werden eingestellt. Chrysler zieht sich aus Europa zurück. Im Fernsehen tritt Iacocca auf, hinter ihm weht die amerikanische Fahne, und er ruft das Volk auf: Buy american, kauft amerikanisch. Es hilft alles nichts. Chrysler hat Schwierigkeiten, die Löhne zu bezahlen, und die Schulden werden immer größer. Das Unternehmen muß beim Staat um Hilfe bitten. Ende Dezember 1979 beschließt der amerikanische Kongreß den sogenannten Chrysler Corporation Loan Guarantee Act, den Präsident Jimmy Carter am 7. Januar 1980 in Kraft setzt. Chrysler steht dadurch eine Garantiesumme von 1,5 Milliarden Dollar zur Verfügung. Zugeständnisse von Arbeitern und Angestellten, von Lieferanten und Kreditgebern sichern das Fortbestehen der Firma, obwohl Chrysler 1980 einen Rekordverlust von 1,7 Milliarden Dollar ausweisen muß.

Die folgenden Einschnitte sind dramatisch. Arbeitsplätze werden radikal gestrichen. Iacocca jongliert mit dem geliehenen Geld und bringt eine neue Reihe von Kleinwagen. Die sogenannten K-Modelle stehen für einen Neuanfang. Sie sind zwar nicht zuverlässiger als die Chrysler, Plymouth und Dodge der siebziger Jahre. Aber sie sind spottbillig. »If you can find a better car ... buy it« wird zum aggressiven Werbespruch von Chrysler. Es hätte wohl eher heißen müssen: »If you can find a cheaper car ... buy it«. Denn die Amerikaner sehen Chrysler nicht länger als Hersteller von behäbigen, teuren und solide gebauten Autos, sondern als einen, der zwar schlampig gefertigte, aber billige Fahrzeuge anbietet. 1981 muß abermals ein hoher Verlust verkraftet werden, dann geht es im Gleichschritt mit einer konjunkturellen Besserung aufwärts. 1982 steht unter dem Strich wieder ein Gewinn. Im August 1983 zahlt Chrysler seine Schulden an den Staat vorzeitig zurück.

Gerade als sich abermals Schwierigkeiten abzeichnen, beginnt die Ära der heute so erfolgreichen Minivans. Chrysler bringt den Dodge Caravan und Plymouth Voyager und legt damit den Grundstein zu einer Erfolgsgeschichte, Kritiker sagen, zu der einzigen, die Chrysler in den vergangenen fünfundzwanzig Jahren produziert hat. Es gelingt diesmal, Ford und General Motors zu überholen. Einige Jahre haben die Minivans aus Auburn Hills kein bißchen Konkurrenz. Bis heute dominiert die Firma den amerikanischen Markt der Minivans und hält in diesem Segment, obgleich in allen anderen hier unbedeutend, in Europa einen Marktanteil von rund 20 Prozent.

Chrysler weitet seine Tätigkeiten auf Elektronik und Luftfahrt aus. 1984 ist das bis dahin beste Jahr des Unternehmens, das sich in eine Holding mit vier Divisionen umgruppiert: Chrysler Motors, Chrysler Financial, Gulfstream Aerospace und Chrysler Technologies. Wie sich die Geschichten gleichen: Auch der spätere Partner Daimler-Benz baut in diesen Jahren sein Luftfahrt-, Rüstungs- und Finanzgeschäft aus. Ein Ausflug Chryslers nach Italien ist nur von kurzer Dauer. Von 1984 bis 1988 gehört ein Anteil von 15,6 Prozent der Maserati SpA zum Konzern. Mit Mitsubishi Motors wird die Zusammenarbeit vertieft. Chrysler erhöht seinen Kapitalanteil an dem japanischen Automobilhersteller auf 24 Prozent. Die Amerikaner kaufen für 641 Millionen Dollar die auf Geschäftsreiseflugzeuge spezialisierte Gulfstream Aerospace Corp. Viele Analysten sehen für Chrysler keinen einzigen vernünftigen Grund, in das Luft- und Verteidigungsgeschäft einzusteigen. Der Chef des bedeutenden Elektronik- und Raumfahrtunternehmens Hughes, Albert D. Wheelon, findet gar, daß die Kombination von Autos und Flugzeugen ein denkbar schlechtes Rezept für Unternehmensgewinne sei. Das wahre Motiv vermuten manche daher in dem ausgeprägten Geltungsbedürfnis von Iacocca. Tatsächlich gibt Chrysler schon vier Jahre später die Flugzeugfirma zum Einkaufspreis wieder ab. Eine Verbindung bleibt allerdings bis heute: Der Firmenjet von Chrysler ist eine Gulfstream V.

Abgesichert durch gute Gewinne und ein neues Image festigt Chrysler seine Stellung 1987 durch den Kauf der American Motors Corporation von dem französischen Staatsbetrieb Renault für 800 Millionen Dollar. Die Ehe von Renault und American Motors, durch die Renault dem finanziell angeschlagenen amerikanischen Partner wieder auf die Beine helfen und seine eigene Position in den Vereinigten Staaten ausbauen wollte, ist nach neun Jahren an unterschiedlichen Mentalitäten gescheitert. Und das, obwohl die Teams auf beiden Seiten sich aufopferungsvoll einsetzten und die Mitarbeiter in Intensivsprachkurse geschickt wurden.

Mit American Motors, dem viertgrößten amerikanischen Automobilhersteller, kommt die berühmte Marke Jeep zu Chrysler, ebenso drei Fabriken, 1600 Händler und das chinesische Gemeinschaftsunternehmen Beijing Jeep Corporation. Jeep ist eine starke Marke, die aber – wie Chrysler zuvor selbst – bedingt durch steigende Kosten und schlampige Qualität in Schwierigkeiten steckt. Im nachhinein erweist sich der Kauf von Jeep als brillanter Schachzug. Denn kurze Zeit später ändert sich der Geschmack der amerikanischen Autofahrer. Raus aus der Limousine und rein in ein geländegängiges Auto, das auch mal ein Surfbrett oder einen Ballen Heu schultern kann, lautet die Devise. Der Markt für sogenannte Sport Utility Vehicles explodiert und löst eine Welle aus, die sich bis heute fortsetzt.

Chrysler kehrt auf den europäischen Markt zurück. Nach neun Jahren Abstinenz wird auf der Internationalen

Automobil-Ausstellung in Frankfurt am Main das Comeback angekündigt. 1988 folgt die Gründung der Chrysler Import Deutschland GmbH. Schon damals ist klar, daß das deutsche Publikum das anspruchsvollste und kritischste auf der ganzen Welt ist. Im Management steht außer Frage, daß die erfolgreiche Einführung der Marke in Europa am deutschen Markt gemessen werden muß. Von der heimischen Automobilbranche verwöhnt, sind die deutschen Kunden für Chrysler eine harte Nuß. 5.000 Autos werden im ersten Jahr verkauft. Bis heute kann man nicht gerade von einer außerordentlichen Erfolgsgeschichte sprechen. Nur 100.000 Autos setzen die Amerikaner jedes Jahr in Europa ab. Einigermaßen erfolgreich sind lediglich die Großraumlimousine Voyager und der Jeep. Doch die Stückzahlen bleiben klein. In Deutschland hat Chrysler bis heute nicht die Grenze von 20.000 Stück übersprungen.

Immer wieder liebäugeln die Amerikaner mit Partnern aus Europa. 1987 geht Chrysler eine Liaison mit Lamborghini ein. Sie dauert nur sechs Jahre. Nach einigen Umwegen und eher erfolglosen Jahren landet der italienische Sportwagenhersteller schließlich im Volkswagen-Konzern, angebunden an dessen Ingolstädter Tochtergesellschaft Audi. 1988 wird eine Vertriebsvereinbarung mit Fiat getroffen. Drei Jahre später, als Chrysler mal wieder auf Schwierigkeiten und Verluste zusteuert, bahnt Iacocca eine Ehe mit den Italienern an. Doch nach einem Blick in die Bücher der Amerikaner winkt Fiat ab. In der Folge wird der Verkauf von Alfa Romeo in Amerika und Kanada eingestellt. Erfolgreicher verläuft die Zusammenarbeit mit dem österreichischen Hersteller Steyr-Daimler-Puch. Dort wird seither der Chrysler-Minivan Voyager gefertigt.

Auf sich selbst gestellt, investiert Chrysler in die Nischenprodukte, die heute für die Stärke des Hauses stehen.

Town & Country. Die Chrysler-Zentrale in Auburn Hills.

Das Unternehmen verschreibt sich ein rigoroses Sparprogramm und eine Rückbesinnung auf das Fahrzeuggeschäft. Robert A. Lutz, der autoverrückte Präsident, beschreitet in der Produktion den neuen Weg der Plattform-Teams. Diese Teams arbeiten als Unternehmen im Unternehmen und begleiten ein Auto durch seinen gesamten Entstehungsprozeß – vom Design bis zur Auslieferung. Der brachiale Dodge Viper mit seinem giftigen 10-Zylinder-Motor und dem schweißtreibenden, aber ebenso aufregenden Fahrverhalten ist das erste Auto, das nach dieser Strategie entsteht. Und das ganz nach Lutz' Geschmack ist. Die Plattform-Teams machen die Produktentwicklung schneller, günstiger und kreativer. Analysten bezeichnen das Vorgehen als Einhundertachtzig-Grad-Wende, die durchschlagenden Erfolg hat. Auch sonst ändert sich einiges. 1991 trennt sich Chrysler von seinem Anteil an Mitsubishi Motors. Man baut ein neues Entwicklungszentrum und auch eine neue Fabrik. Sie entsteht 1992, nicht etwa dem Trend nach Standorten auf dem Land folgend, mitten in Detroit. Das demonstriert Verbundenheit. Vermutlich aber tragen die verrückten Autos des Querdenkers Lutz mit seinem extravaganten Geschmack mehr zum neuen Erfolg von Chrysler bei als alle Sonderangebote und Kostensenkungsprogramme.

Im selben Jahr beginnt das Gezerre um die Nachfolge Iacoccas. Lutz macht sich Hoffnungen auf den Vorsitz, doch der Verwaltungsrat entscheidet sich für den von General Motors kommenden Robert J. Eaton. Er tritt am 16. März 1992 bei Chrysler als Vice Chairman und Chief Operating Officer ein. Nach dem Rücktritt von Iacocca übernimmt er 1993 die Führung. Ganz Detroit erwartet, daß Lutz geht. Doch er bleibt der Chrysler Corp. treu und trägt in der Folge maßgeblich zum Erfolg des Unternehmens bei. Mit Eaton verbindet ihn die Liebe zu schnellen Autos. »Eaton verabschiedet den Fünfjahresplan und gibt Lutz freie Hand bei der Durchführung«, schreibt die Zeitschrift *Business Week*. Er selbst sieht sich als begnadeter Dirigent eines Orchesters von Ingenieuren. Seiner Leidenschaft für fantasievolle Projekte wird es zugeschrieben, daß die niedergeschlagene Belegschaft neu beflügelt wird. Lutz ist ein Auto-Narr, wie er im Buche steht, und er hat Mut. Als er zusammen mit Eaton im Blues-Brothers-Outfit den abenteuerlich gezeichneten Plymouth Prowler vorstellt und sich Kritik an dem, wie die Amerikaner solche verrückten Autos nennen, Hot-Rod anhören muß, sagt er: »Wenn einige Leute diese Autos nicht mögen, nun, das ist uns völlig egal.« Man müsse Autos bauen, die die Kunden überraschen. Solche Wagen dürften auch mal unvernünftig sein – wie der martialische Dodge Viper. Er hat bei den Kostenrechnern keine Chance – und wird von Lutz dennoch durchgedrückt. Die Fangemeinde der Sportwagenfahrer ist außer sich vor Freude, der Viper für viele ein Traum von einem Auto. Nur eines übersieht Lutz: Die Qualität der Chrysler-Autos läßt ziemlich zu wünschen übrig. Jahrelang beurteilt er den Abstand zu den Qualitätsführern Honda und Toyota als vernachlässigbar. Er irrt sich und reagiert spät. Noch heute leidet Chrysler darunter; die Autos haben bei den Amerikanern in bezug auf die Qualität ein schlechtes Image.

Lutz wird 1932 in Zürich als Sohn eines Bankiers geboren. Weil sein Vater nach New York versetzt wird, zieht die Familie um. Lutz wird mit elf Jahren in Amerika eingebürgert. Durch die ständige Reisetätigkeit beendet er die Schule erst mit 22, kann bis dahin aber Englisch, Französisch, Deutsch und ein wenig Italienisch. Er heuert bei den US-Marines an und fliegt fünf Jahre lang Kampfjets. Dann zieht es ihn nach Kalifornien, an der Elite-Universität Berkeley macht er sein MBA. 1963 beginnt seine Auto-Karriere bei General Motors und führt ihn zu Vorstandsämtern bei Opel und BMW. 1974 scheidet er bei BMW aus, weil man seinem Drängen nach sportlichen Autos nicht genügend Gehör schenkt. Er wechselt zu Ford und wird dort innerhalb kurzer Zeit Europadirektor. Nach seiner Rückkehr in die Vereinigten Staaten kommt der Tiefschlag. Die Geschäfte von Ford in Europa erleben eine plötzliche Krise, und viele sehen in Lutz den Verantwortlichen. Er wird wieder nach Europa geschickt, um die Sache in Ordnung zu bringen. Zurück in Detroit, bekommt er die verschlafene Nutzfahrzeugsparte von Ford anvertraut. Da macht ihm Iacocca ein Angebot. 1986 wechselt Lutz zu Chrysler. 1991 wird er, trotz Meinungsverschiedenheiten mit Iacocca, Präsident des Unternehmens. Sein Traum, den höchsten Posten in einem der drei großen amerikanischen Automobilkonzerne zu erklimmen, erfüllt sich nicht. Aber sein Enthusiasmus für hohes Tempo ist ungebrochen. Lutz besitzt ein Dutzend Autos und einige Motorräder, in seinem Büro steht ein Ungetüm von einem Motor, ein Lamborghini V 12. Zur Arbeit fliegt der Manager bisweilen mit dem eigenen Helikopter. Davon kann ihn auch eine Bruchlandung 1991, die er leichtverletzt übersteht, nicht abbringen. Wenn es noch etwas schneller sein soll, nimmt Lutz seinen eigenen Kampfjet und donnert damit durch den Himmel über Detroit.

Immer eine kubanische Zigarre zur Hand, geht Lutz keinem Konflikt aus dem Weg. Geld zu verdienen sei nicht unbedingt das erste Unternehmensziel, sagt er. Teamwork, obwohl von ihm bei Chrysler initiiert, führe nicht immer zum Erfolg. Von ständigen finanziellen Kontrollen hält er auch nicht viel. Vermutlich hat ihm sein extravagantes und

Bobby-Car. Bob Eaton (links) und Bob Lutz präsentieren den Plymouth Prowler.

provokantes Verhalten, mit dem er einige Male bei seinem ehemaligen Boß Iacocca aneckt, den Vorstandsvorsitz gekostet. Doch sein Gefühl für die richtigen Autos und sein geniales Verständnis der Produktentwicklung machen ihn zu einer herausragenden Persönlichkeit in der gesamten Automobilindustrie.

1994 erlebt die Firma erneut ein Rekordjahr. In Detroit freut man sich über 2,5 Millionen verkaufte Autos, 52,2 Milliarden Dollar Umsatz und 3,7 Milliarden Dollar Gewinn. Aufmerksam geworden durch den Erfolg des Automobilherstellers unterbreitet der Investor Kirk Kerkorian ein feindliches Übernahmeangebot über 23 Milliarden Dollar. Doch Kerkorian und seine Finanzgesellschaft Tracinda Group geraten mit der Finanzierung in Schwierigkeiten. Das Angebot scheitert, aber der Milliardär ist mit 11 Prozent noch immer Chryslers größter Anteilseigner.

Es geht weiter aufwärts mit Chrysler. Die neuen Produkte kommen in Amerika gut an. In Argentinien wird eine Fabrik gebaut, und umgerechnet rund 180 Millionen DM fließen in den Ausbau des Vertriebs in Japan. Die Schritte ins Ausland bleiben freilich halbherzig, und der Chrysler Neon, von der Größe her durchaus ein Auto für europäische Straßen, ist in Deutschland ein Flop. 1996 ist gleichwohl ein ausgesprochen erfolgreiches Jahr für Chrysler. In Amerika werden mehr als 2,4 Millionen Autos verkauft. Insgesamt liefert das Unternehmen fast drei Millionen Fahrzeuge aus, 19 Prozent mehr als im Jahr zuvor. Die neue, fünfzehn Stockwerke hohe und direkt an das Entwicklungszentrum angegliederte Unternehmenszentrale wird eingeweiht; sie steht als Symbol für eine neue Zeit. Sozusagen unter einem Dach entwickeln, bauen und vertreiben 10.500 Mitarbeiter ihre Autos. Chrysler wird zu dem Autohersteller auf der Welt mit den niedrigsten Produktionskosten und der höchsten Rendite. Die operative Marge beträgt im Autogeschäft 7,7 Prozent. Mercedes-Benz kommt nur auf 5,8 Prozent. Ford (5,7) und General Motors (3,2) liegen noch darunter. Das angesehene *Forbes Magazine* wählt Chrysler zur »company of the year«.

Anfang 1997 gibt Lutz seine Ämter als Präsident und Chief Operating Officer ab und wird stellvertretender Vorsitzender des Verwaltungsrats. In dieser Funktion soll er sicherstellen, daß Chrysler seine Spitzenstellung in der Fahrzeugentwicklung bis ins nächste Jahrhundert behauptet. Eine Position, die ihm auf den Leib geschneidert scheint. Doch dann kommt die Fusion. An den Gesprächen mit Daimler-Benz nimmt der Architekt der neuen Chrysler Corporation nicht mehr teil, sondern bittet um bezahlten Urlaub. »Ich weiß davon, und ich heiße den Vorschlag willkommen«, sagt er und entscheidet sich, am 1. Juli 1998 in den Ruhestand zu gehen. Auf der vorangehenden Hauptversammlung am 21. Mai verabschieden ihn die Führungskräfte und Aktionäre mit stehenden Ovationen. Eaton sagt: »Lutz ist der großartigste Präsident, den Chrysler in seiner dreiundsiebzigjährigen Geschichte hatte.«

Seine Nachfolge als Präsident tritt Thomas T. Stallkamp an. In den Fusionsverhandlungen wirkt er fast ausschließlich im Hintergrund, hält den Kontakt zu den übrigen Führungskräften. Gleichwohl sehen in Stallkamp viele Beobachter den künftigen starken Mann von DaimlerChrysler. Er trägt in der neuen Formation als einziger den Titel Präsident und ist im Diagramm der Führungskräfte herausgehoben. Zudem ist er für die Integration des Pkw-Geschäftes verantwortlich.

Stallkamp tritt lebhaft und locker auf. In der Stadthalle von Detroit stellt er sich den Fragen zur Fusion, schwärmt von den großen Möglichkeiten der gemeinsamen Firma und verteilt noch einen kleinen Seitenhieb. Die meistgestellte Frage in Stuttgart sei die nach den Angestellten-Konditionen für ein Auto von Chrysler. Das sei schon bemerkenswert.

Der 52jährige Amerikaner kennt sich in der Welt des Automobils aus. Nach dem Studium an der Miami University in Ohio zieht es ihn für zwei Jahre zur amerikanischen Küstenwache, dann folgt ein Master of Business Administration. Ford wird seine erste Autostation. Dort bleibt er acht Jahre und sammelt Erfahrung im Einkauf. 1980 wechselt er zu Chrysler, wo er ebenfalls im Einkauf beginnt. Seine Stationen lauten: Chairman Acustar – die für Komponenten zuständige Tochtergesellschaft. General Manager Large Car. General Manager Minivan. Vizepräsident Beschaffung. Als Leiter des Einkaufs installiert Stallkamp 1989 das Programm Score. Score steht für Supplier Cost Reduction Effort und soll die Kostenstrukturen im Unternehmen sowie bei den Zulieferern verbessern. Es bringt Einsparungen von 3,7 Milliarden Dollar. Seit dem 4. Dezember 1997 ist Stallkamp Präsident der Chrysler Corporation und in dieser Funktion verantwortlich für Fertigung, Einkauf und Vertrieb. Immer, wenn darüber spekuliert wird, eines Tages folge Schrempp ein Amerikaner an der Spitze der neuen Gesellschaft, fällt der Name Stallkamp an erster Stelle.

Die Zangengeburt

»Keiner hat bis heute den Beweis angetreten, daß Größe allein vor Untergang schützt.«
Wendelin Wiedeking, Porsche

Das Automobil von heute hat in direkter Linie zwei Ahnen: den ersten schnellaufenden Benzinmotor von Gottlieb Daimler und Wilhelm Maybach und das erste erfolgreiche Fahrzeug mit Verbrennungsmaschine von Karl Benz. Unabhängig voneinander bringen Daimler und Benz 1886 die ersten Autos in den Verkehr und leiten damit das Zeitalter der Motorisierung ein. Der 29. Januar 1886, als Benz das Patent auf seinen Motorwagen erhält, gilt als Geburtsdatum des Autos. 1889 entsteht die Benz & Cie. Rheinische Automobil- und Motorenfabrik in Mannheim, die zehn Jahre später in eine Aktiengesellschaft umgewandelt wird. Nur ein Jahr danach, 1890, wird die Daimler-Motoren-Gesellschaft AG, Cannstatt, gegründet.

Daimler hat von Anfang an eine möglichst universelle Verwendung seiner Motoren im Sinn. Er liefert zunächst die meisten Motoren für Boote. Bei Benz in Mannheim rauchen derweil die Schornsteine. Der Zweitakt-Stationärmotor ist so erfolgreich, daß die Werkstatt im Quadrat T6 der Mannheimer Innenstadt zu klein wird. Benz kauft ein 4.000 Quadratmeter großes Grundstück außerhalb, die Beschäftigtenzahl steigt auf 40. Vor der Jahrhundertwende geht der Wettstreit der beiden ältesten Automobilhersteller der Welt eindeutig zugunsten von Benz aus. Bis Ende 1899 hat Benz 1.714 Motorwagen verkauft.

Erst 1903 gelingt es Daimler, den Konkurrenten zu überholen. Inzwischen gibt es Autos mit dem Namen Mercedes, benannt nach einer Tochter des Großkunden Emil Jellinek. Durch Schwierigkeiten in der Expansionsphase gerät die Daimler-Motoren-Gesellschaft in einen finanziellen Engpaß. Dann passiert auch noch ein Unglück: In der Nacht zum 10. Juni 1903 brennen die Werkshallen ab und mit ihnen fast einhundert Mercedes-Autos. Der Neuaufbau kostet Kraft, erst im Dezember kann die Fabrikation wieder aufgenommen werden. Im Mai 1904 verlegt die Daimler-Motoren-Gesellschaft ihren Sitz den Neckar aufwärts nach Untertürkheim. Sie hat jetzt 2.200 Mitarbeiter, anderthalb Jahre vorher waren es erst 821.

Benz hat inzwischen unter dem werbewirksamen Erfolg der Mercedes-Rennwagen zu leiden. Der Absatz bricht ein: 1900 werden 603 Benz-Wagen verkauft, 1901 sind es 385, im folgenden Jahr 226 und 1903 nur noch 172. Der Jahresabschluß 1902/03 zeigt nur noch einen Gewinn von 78.000 Mark, die Dividende fällt aus. Im Folgejahr steht ein Verlust von 417.000 Mark. Damit ist der Tiefpunkt allerdings erreicht, schon 1904/05 weist Benz wieder einen Gewinn aus. Es folgt ein solider Aufstieg. Dann die Kriegsjahre, die viel Beschäftigung und eine erzwungene Produktionssteigerung bringen. Das Kriegsende 1918 trifft Benz trotz aller Vorbereitungen hart. Die Anlagen sind überaltert und verbraucht. Die personelle Kapazität ist viel zu groß. Es kommt zu Unruhen in der Belegschaft. Der Wettbewerb ist hart, es gibt 75 Automobilhersteller in der jungen Republik. In dieser Lage blitzt bei Benz ein Gedanke auf: Man müßte einen starken Partner suchen, und zu Benz paßt eigentlich nur einer, nämlich Daimler. Die Idee des Brückenschlags stößt auf offene Ohren. Daimler hegt ähnliche Gedanken. Die Benz-Abgeordneten präsentieren eine Interessengemeinschaft als Vorstufe zu einer Fusion, freilich unter strikter Wahrung der Parität. Die stärkere Daimler-Seite besteht hingegen auf sofortigem Zusammenschluß unter ihrer Führung. So verläuft die Sache zunächst im Sande. Doch die Industrie gerät in den Strudel der Inflation. Daimler arbeitet mit Verlust und muß stille Reserven auflösen. Eine verfehlte Produktpolitik schwächt die Daimler-Motoren-Gesellschaft zusätzlich. Der Glanz von 1919 ist verblaßt. Je schlechter es Daimler geht, um so besser werden die Voraussetzungen für eine Annäherung zwischen den beiden Firmen. Am 28. und 29. Juni 1926 ist es soweit: Die Hauptversammlungen beschließen den Zusammenschluß der beiden Unternehmen. Das im Fusionsvertrag vereinbarte gemeinsame Markenzeichen erhält die Gestalt, die noch heute an jedem Mercedes-Benz zu finden ist: Der Stern wird vom Lorbeerkranz und dem Schriftzug Mercedes-Benz umgeben.

Die Gründung der Daimler-Benz AG ist eine Zangengeburt – Geburtshelfer ist die Deutsche Bank. Das Institut, heute größter Aktionär des Automobilherstellers, hat schon in früheren Tagen enge Kontakte zu Daimler. Das Engagement beginnt in den Jahren 1904 bis 1909, als die Bank Daimler-Anteile in Höhe von 312.000 Mark erwirbt. Seit 1920 sitzt ein Mitglied der Deutschen Bank im Aufsichtsrat von Daimler. Seit 1926 stellt die Bank den Aufsichtsratsvorsitzenden. Die Fahrzeugindustrie leidet zu Beginn der zwanziger Jahre unter hohen Kosten bei relativ geringer Produktivität, Überkapazitäten und geringen finanziellen Reserven zur Modernisierung des Maschinenparks. Dem Vorstandsmitglied der Deutschen Bank Emil Georg von Stauß schwebt deshalb ein großer deutscher Automobil-Trust, ähnlich wie General Motors in den Vereinigten Staaten, vor. Es bleibt jedoch bei dem Zusammenschluß von Daimler und Benz. Das neue Unternehmen hat nach der Fusion weiterhin hohe Bankschulden und kann zunächst keinen ausschüttungsfähigen Gewinn erwirtschaften. Deutsche-Bank-Vorstandssprecher Oscar Wassermann sieht sich genötigt, auf der Hauptversammlung 1927 dieses Engagement damit zu rechtfertigen, daß sein Haus ein im Grunde gesundes Unternehmen in schwerer Not vor dem Untergang bewahren wolle.

Zwar läßt sich das Jahr 1929 zunächst zufriedenstellend an, doch zum Jahresende zeigt sich, daß die Automobilindustrie der große Leidtragende des Konjunktureinbruchs sein wird. 38.000 Neuwagen stehen auf Halde. Die Talfahrt beschleunigt sich: 1930 geht ein Viertel der Daimler-Benz-Produktion ins Lager. Die Bilanz weist einen Verlust von 7,5 Millionen Mark aus.

Um ein Haar wäre das Unternehmen schon in diesen Tagen seinem jetzigen Fusionspartner Chrysler begegnet. In einem Aktenvermerk, den ein Mitarbeiter des Vorstands der Deutschen Bank namens Lewinski am 1. Oktober 1931 für seinen Vorgesetzten von Stauß und für den Daimler-Benz-Vorstandsvorsitzenden Wilhelm Kissel anfertigt, heißt es: »Gestern mittag suchte mich Mr. Howland, bis vor kurzem Leiter des Berliner Büros der bekannten amerikanischen Finanzierungsfirma Kemsley, Millbourn & Co. auf und berichtete, daß die Firma Chrysler die Absicht habe, ihr neues Modell auch in Europa auf den Markt zu bringen. Chrysler sucht die Zusammenarbeit mit einer europäischen Automobilfabrik, welche die Montage der von Amerika einzuführenden Aggregate übernimmt.« Howland berichtet nach Erkenntnissen des Historikers Gerald Feldman über den außerordentlichen Erfolg des neuen Chrysler-Modells mit vier Zylindern und acht PS auf dem amerikanischen Markt. Er erklärt, in Deutschland könne es für etwa 4.500 Mark angeboten werden. Howland denkt eindeutig an Daimler-Benz, wird jedoch von Lewinski darauf hingewiesen, daß die Firma gerade ein eigenes neues Modell in dieser Preisklasse herausgebracht hat und wohl kaum willens sei, ein konkurrierendes Chrysler-Automobil zusammenzubauen. Zudem hat Lewinski festgehalten, daß Chrysler nicht die Absicht habe, sich im Zuge dieses Vorhabens bei einem deutschen Unternehmen finanziell zu engagieren.

Am 30. Januar 1933 übernimmt Adolf Hitler die Macht, und er bringt direkt ein Programm zur Ankurbelung der Automobilindustrie auf den Weg. Schon im März steigen die Zulassungszahlen um mehr als 50 Prozent, 70.000 Arbeitsplätze werden während des Jahres neu besetzt. Zwar sind die negativen Folgen der Zwangswirtschaft nicht zu verbergen, doch noch überstrahlt der künstliche Aufschwung die Schatten. Daimler-Benz ist mit reichlich 11 Prozent Marktanteil die Nummer drei in Deutschland hinter Opel und der Auto Union. 1939 könnte für das Unternehmen zum Auftakt für große wirtschaftliche Erfolge werden. Der Verkauf blüht wie nie. Der Konzern feiert Rennerfolge in Serie. Doch mit Kriegsausbruch sind alle Träume ausgeträumt. Ab 1. September gibt es Benzin nur noch auf Bezugsschein, am 3. September wird der private Verkauf von Autos verboten. Alles steht im Dienste der Kriegswirtschaft. Daimler-Benz entwickelt Panzer und schwere Lastwagen, baut Panzerwagen- und Flugzeugmotoren und wird zu einer Stütze der deutschen Hochrüstung. 1942 beträgt der Anteil der Zwangsarbeiter, also Kriegsgefangene und KZ-Häftlinge aus 22 Nationen, ein Drittel der Belegschaft.

Als die Wehrmacht Anfang Mai 1945 kapituliert, sind alle Werke besetzt. Stern und Lorbeer liegen im Staub. Viele glauben, dies sei das Ende der Firma. In Untertürkheim sind 70 Prozent der Gebäude zerstört, in Gaggenau 80, in Sindelfingen gar 85 Prozent. Doch unter dem Vorstandsvorsitzenden Wilhelm Haspel gelingt die rasche Wiedergeburt. Zwischen 1952 und 1959 geht es auf steilem Pfad nach oben. Die sechziger Jahre sind turbulent, angefüllt mit Währungswirbeln von nie gekannter Intensität. Die Konjunktur schlägt 1966/67 nach mehr als fünfzehn Jahren unaufhaltsamen Aufstiegs unvermittelt in einen spürbaren Rückschlag um. Daimler-Benz wird von den Vorgängen nur wenig berührt, aber die deutsche Automobilindustrie ist hart getroffen. Das Unternehmen kauft in der Folge überall zu; es ist auf dem Weg zur Weltfirma. 1983 steht im Geschäftsbericht: Unsere Politik ist es, nicht nur auf einzelnen Schwerpunktmärkten, sondern in allen Ländern der Welt vertreten zu sein.

Edzard Reuter, der am 1. September 1987 den Vorstandsvorsitz von Werner Breitschwerdt übernimmt, will den Konzern nicht nur in allen Ländern, sondern auch in vielen Branchen vertreten sehen. Seine Vision ist bestimmt von dem Gedanken, Daimler-Benz zum Industriekonglomerat auszubauen. Unter Reuters Führung entstehen unter dem Dach einer Daimler-Holding die eigenständigen Aktiengesellschaften Deutsche Aerospace AG (Dasa), AEG und Mercedes-Benz AG mit ihren beiden Bereichen Personenwagen und Nutzfahrzeuge. Sie waren und sind die Herzstücke des Konzerns. 1990 kommt der Finanzdienstleister Daimler-Benz Interservices (Debis) hinzu. Mit den im Rampenlicht stehenden Vorständen Heinz Dürr (AEG), Jürgen Schrempp (Dasa einschließlich Fokker), Werner Niefer (Mercedes-Benz) und Helmut Werner (Nutzfahrzeuge) begibt sich Daimler auf den ebenso beschwerlichen wie erfolglosen Weg hin zum »integrierten Technologiekonzern«. Dieser Vision nach sollen ertragreiche Geschäftsfelder andere stützen und die technischen Fortschritte der einzelnen Sparten sich gegenseitig befruchten. Die Verzahnung soll sich in der Eroberung neuer Märkte genauso wie in einer gemeinsamen Forschung und Entwicklung niederschlagen.

Das Ergebnis freilich sieht anders aus: Die AEG steckt sowohl bei der Bahn wie auch bei der Automatisierungstechnik in der Krise, die Bereiche Bürokommunikation (Olympia) und Hausgeräte müssen entweder geschlossen oder so schnell wie möglich verkauft werden. Dennoch geht die AEG 1996 unter. Die Dasa ist damit beschäftigt, aus dem Bündel der Einzelfirmen ein schlagkräftiges Konglomerat zu formen und nach einem Ausgleich für das schwindende Rüstungsgeschäft zu suchen. Den Flugzeughersteller Fokker kann dies nicht retten. Und Mercedes-Benz bricht der Markt weg. Aus dem einstigen Gewinnbringer des Konzerns ist längst ein Sorgenkind geworden: 1986 hat der Personenwagenbereich mit mehr als 4 Milliarden DM das beste Betriebsergebnis aller Zeiten erwirtschaftet, von da an geht es stetig bergab. Das Betriebsergebnis des Gesamtkonzerns (operating profit nach der amerikanischen Rechnungslegung US-GAAP) pendelt zwischen 2 und 3 Milliarden DM, obwohl der Umsatz dank der Zukäufe von gut 73 (1988) auf mehr als 104 (1994) Milliarden DM aufgebläht wurde.

In der damaligen Not werden einige der Ideen geboren, mit denen Schrempp bis heute glänzt – so geht zum Beispiel die »Modelloffensive« bei den Personenwagen auf die Vorstände Niefer, Werner und Jürgen Hubbert zurück. Auch die 1997 abgeschlossene Erneuerung der Nutzfahrzeugpalette fällt in die Ära vor Schrempp als Konzernlenker.

Zugleich wird der Konzern schlanker. Die Zahl der Mitarbeiter verringert sich zwischen 1990 und 1995 um rund 70.000; durch den Verkauf von Gesellschaften, aber auch durch echten Abbau. Auch auf höchster Ebene tut sich Entscheidendes: Über den im Mai 1993 neugewählten Aufsichtsrat, in dem unter anderem Manfred Schneider, der Vorstandsvorsitzende des Chemiekonzerns Bayer AG, die damalige Treuhandchefin Birgit Breuel und die Bankvorstände Jürgen Sarrazin (Dresdner Bank), Martin Kohlhaussen (Commerzbank) und Michael Endres (Deutsche Bank) sitzen, klagt Reuter, daß »zumindest die neubestellten Mitglieder nicht daran dachten, sich an die Einmütigkeit zu erinnern, mit der ihre Vorgänger alle vom Vorstand vorgeschlagenen Schritte begleitet hatten«.

Ungeachtet schon zuvor eingeleiteter Korrekturen wirkt der Wechsel von Reuter auf Schrempp wie ein tiefer Bruch. Schrempp gelingt es, nach seinem Amtsantritt 1995 ein Klischee zu kreieren, von dem er bis heute profitiert: Für die Vergangenheit steht der intellektuelle Edzard Reuter als Vorstandschef, der, seiner Vision verhaftet, dem Konzern Milliardenlasten aufbürdet, die Gegenwart beherrscht der hemdsärmelige Macher Schrempp, der ans Aufräumen geht. Das deutsche Traditionshaus AEG und der niederländische Flugzeugbauer Fokker werden aufgelöst (Anfang 1996), die Mercedes-Benz AG wird auf ihren Mutterkonzern Daimler-Benz (zurück)verschmolzen (Anfang 1997). Bei diesem groben Raster wird übersehen, daß Schrempp als Vorstandsmitglied seit 1989 Mitverantwortung auch für die Fehlentscheidungen im Konzern trägt.

Aber Schrempp kommen fraglos zwei Verdienste zu: Er schafft ein neues Klima im Konzern und glänzt durch den Mut, auch eigene Fehler (etwa den Erwerb von Fokker) entschlossen zu korrigieren. Den wohl tiefsten Schnitt vollzieht er kurz nach seiner Berufung zum Vorstandsvorsitzenden: Hohe Rückstellungen für die Sanierung der Dasa

Konzentration bei Daimler-Benz

Entwicklung der Geschäftsbereiche der Daimler-Benz AG im Vergleich zum Jahr 1995

Personen-kraftwagen	*Mercedes-Benz*	S-, E-, C-, A-, M-Klasse, Maybach[1)] AMG[1)] *(Autoveredler)* ■ **Smart**
Nutzfahrzeuge	*Mercedes-Benz*	Lastkraftwagen Europa Nutzfahrzeuge Nafta Nutzfahrzeuge Lateinamerika Transporter Europa ■ **Antriebsstrang Europa** Unimog Omnibus Europa ● Omnibus Lateinamerika
Luft- und Raumfahrt	*Daimler-Benz Aerospace*	Verkehrsflugzeuge] Hubschrauber[2)]] ● Regio Jets ● Regio Props Militärflugzeuge Verteidigungselektronik] Verteidigung[2)] Verteidigungssysteme] Antriebe Luftfahrt Raumfahrt Satelliten Raumfahrt Infrastruktur ● Medizintechnik
Dienstleistungen	*Debis*	Finanzdienstleistungen] Versicherungen[2)]] IT-Services (Informationstechnologie) Telekommunikation/Mediendienste Handel ■ **Immobilien-Management** ● Marketing-Services ● Opto, Vakuum-Elektronik ● Elektrische Maschinen, Niederspannungstechnik
Direkt geführte industrielle Beteiligungen		● AEG Bahnsysteme/Adtranz Kraftfahrzeug-Elektronik ● Halbleiter MTU-Dieselantriebe ● Energieverteilung ● Anlagen- und Automatisierungstechnik ● Erkennungs- und Sortiersysteme ● Anlagen-, Antriebssysteme ● AEG Schneider Automatisierung

■ Neuer Geschäftsbereich
● Weggefallener Geschäftsbereich

1) Künftig. 2) Zusammengelegte, zuvor getrennte Gschäftsbereiche. *Quelle: Frankfurter Allgemeine Zeitung*

»Bullshit Castle«. Die Daimler-Benz-Zentrale in Stuttgart-Möhringen.

führen zu einem gewaltigen Konzernverlust von 5,7 Milliarden DM für 1995 und dem ersten Ausfall der Dividende in der Konzerngeschichte. Wohl nie zuvor ist es einem Konzernchef besser gelungen, sämtliche Probleme seinen Vorgängern zu überschreiben und für die Öffentlichkeit einen scheinbar vollkommenen Neuanfang zu wagen. »Der integrierte Technologiekonzern ist tot«, zieht Schrempp einen dicken Schlußstrich unter die Reuter-Epoche.

Das Tempo des Umbaus sucht seitdem seinesgleichen. Über allem steht ein Schlagwort: »Shareholder-value«, die Steigerung des Unternehmenswertes. Schrempp trennt zwischen »Werttreibern« und »Wertvernichtern« im Konzernportfolio. Nach den Phasen der Expansion (zwischen 1960 und 1985) und des integrierten Technologiekonzerns (1985 bis 1995) setzt nun diejenige der »Konsolidierung« ein. Zwar wird das Portfolio von 35 auf 23 Geschäftsbereiche zurechtgestutzt, doch kommen auch neue Segmente hinzu.

So spektakulär die Ver- und Zukäufe für die Öffentlichkeit auch sein mögen, für das Unternehmen hat die innere Entwicklung das gleiche Gewicht. Die zügige Umstellung auf die amerikanische Rechnungslegung nach US-GAAP schafft Zugang zu den internationalen Finanzquellen. Diese Neuausrichtung ist ein Meilenstein auf dem Weg zu angloamerikanischen Denkweisen, der Daimler-Benz den späteren Weg entscheidend erleichtern wird. Eigenverantwortlichkeit der einzelnen Geschäftsfelder für ihre Ergebnisse führt zu positivem Druck auf die Entscheider. Nicht mehr zum Quartal, sondern schon zum jeweils 15. eines jeden Monats läßt sich der Vorstand nun Eckwerte über den Geschäftsverlauf aller Bereiche vorlegen. In der Konzernzentrale wird ein Drittel der Mitarbeiter ausgetauscht. Hinzu kommt die bis heute in der Form umstrittene Koppelung der Gehälter der obersten Führungsriege an den Geschäftsverlauf. Der damalige Leitsatz des Unternehmens, zwölf Prozent Rendite auf das eingesetzte Kapital in jedem der 23 Bereiche zu erzielen und zugleich zu den rentabelsten Anbietern der jeweiligen Branche zu gehören, ist längst zu einem Maßstab in der Industrielandschaft geworden.

Alle neuen Führungsinstrumente sind zugeschnitten auf eine Neukonstruktion des Konzernaufbaus: Das Kernarbeitsgebiet Automobil der Mercedes-Benz AG wird daher zum Jahresbeginn 1997 auf die Daimler-Benz AG verschmolzen, es entfällt eine Führungsebene. Im Rückblick erscheint es nur so möglich gewesen zu sein, Chrysler überhaupt übernehmen zu können. Denn in der alten Struktur hätten nicht nur bedeutend mehr Personen in das Projekt eingeweiht werden müssen. Es wäre unmöglich gewesen, Chrysler nur mit Mercedes-Benz zusammenzuführen.

Die Börse honoriert den Umbau. Der Kurs der Daimler-Benz-Aktie hat sich seit der Verlustwarnung im Mai 1995 von etwa 64 DM auf etwa 180 DM im Sommer 1998 fast verdreifacht. Anders ausgedrückt: Der Börsenwert von Daimler-Benz steigt von etwa 34 auf deutlich über 100 Milliarden DM. Und Schrempp hat Glück: Sowohl der starke Dollar als auch die fortdauernde Nachfrage nach Personenwagen kommen ihm weiterhin zugute. Bis zur Fusion besitzt der Konzern fünf Geschäftsfelder ganz unterschiedlicher Ausrichtung. Der Personenwagenbereich bildet mehr denn je das Kernstück, mit dem das Unternehmen identifiziert wird. Dieser Bereich trägt 1997 mit einem Umsatz von fast 54 Milliarden DM und einem Betriebsgewinn (operating profit) von 3,1 Milliarden DM den ganz überwiegenden Teil zum Gesamtumsatz (gut 124 Milliarden DM) und Ergebnis des Konzerns (4,3 Milliarden DM) bei. Nutzfahrzeuggeschäft, Luft- und Raumfahrt sowie das Dienstleistungsgeschäft arbeiten profitabel. Zum Halbjahr 1998 legt der Konzern dann die beste Sechsmonatsbilanz seiner Geschichte vor. Gleichwohl gibt es weiterhin ein Sorgenkind, die sogenannten direkt geführten industriellen Beteiligungen. Deren Umsatz 1997 (7,6 Milliarden DM) und Ergebnis (minus 129 Millionen DM) ist maßgeblich von dem in dieser Zeit noch gleichberechtigt mit dem schwedisch-schweizerischen Konzern ABB Asea Brown Boveri geführten Bahnunternehmen Adtranz bestimmt.

Daimler-Benz hat sich unter Schrempps Führung fit gemacht für einen Weltmarkt, in dem in vielen Bereichen amerikanische Regeln gelten. Der Konzern ist schneller, ertragreicher und beweglicher geworden. Was fehlt, ist die Durchdringung des amerikanischen und des asiatischen Automobilmarktes.

Die Macher

»Firmen mögen mehr und mehr supranational sein, Menschen sind es nicht.«

Ein Arbeiter, Chrysler

In der Stuttgarter Weinstube Schellenturm, dort wo sich Geschäftsleute und Politiker noch auf ein Viertele Trollinger nach der Arbeit treffen, entwickelt Schrempp einen Plan. Beim vertraulichen Abendessen, zwischen Maultaschen und Salat, erklärt der frisch gekürte Daimler-Chef einem künftigen engen Mitarbeiter, was auf ihn zukommt: »Der Konzern muß neu strukturiert werden«, sagt Schrempp. Und: »Wir brauchen im Automobilgeschäft einen starken Partner.« Wer das sein könnte, läßt Schrempp damals, im Sommer 1995, noch offen.

Zur gleichen Zeit macht sich auf der anderen Seite des Atlantiks Eaton auf die Suche. Er hält Ausschau nach einem Partner, der in Europa stark ist und mit dem sich die Wachstumsmärkte Asien und Südamerika erobern lassen.

Zweieinhalb Jahre später sitzen acht Leute an einem Tisch und verhandeln über den Daimler-Chrysler-Deal. In den geheimen Verhandlungen vertreten Vorstandsvorsitzender Jürgen E. Schrempp, Chefstratege Eckhard Cordes, Planer Rüdiger Grube und Investmentbanker Alexander Dibelius die Daimler-Benz-Seite. Chrysler repräsentieren der Vorstandsvorsitzende Robert J. Eaton, Finanzchef Gary C. Valade, Treasurer Thomas P. Capo und Investmentbanker Steve Bott.

Schrempp hat wie immer nichts dem Zufall überlassen. Seine Taktik: Außer den beiden Vorstandschefs kennt nur das Sextett den wirklichen Plan, der Rest der unverzichtbaren Mitarbeiter ist nur in bestimmte Details eingeweiht, sogenannte Fenster.

Doch wer den Freiburger Schrempp als unterkühlten Technokraten sieht, begreift ihn nicht. Denn schnell wird aus dem harten Manager der Gefühlstyp, der anstelle des Nackenschlages ein Schulterklopfen verteilt. Zum Beispiel, wenn es um seine Liebe zu Südafrika geht. Kaum hat er die Ausstellung von Bildern südafrikanischer Malerinnen im Mercedes-Museum eröffnet, fordert Schrempp seine »Dear Sister«, die Botschafterin Lindiwe Mabuza, zu den Rhythmen von Yvonne Chaka Chaka zum Tanz auf. Seine Liebe zu diesem Land sorgt für manchen Mythos: Schrempp der Großwildjäger, der im Mercedes-Geländewagen über die Savanne braust, Schrempp, der einsame Entscheidungen auf der Veranda seiner Farm fällt, nachdem er seine Batterien bei nächtlichen Streifzügen durch den Busch aufgetankt hat. Klischees, die so recht nach dem Geschmack des gebürtigen Freiburgers sind. Mit vor Stolz blitzenden Augen zieht er beim feinen Diner im amerikanischen Cleveland zwischen Steak und Hummerschwanz plötzlich die Kopie eines Artikels der *Bild-Zeitung* aus der Innentasche seines schwarzen Einreihers hervor: Darin wird er als Cliffhanger bezeichnet. Einmal im Jahr geht er mit Kollegen deutscher Vorstände, unter ihnen etwa Deutschbanker Ulrich Cartellieri, Verlagschef Hubert Burda und McKinsey-Primus Herbert A. Henzler, auf Bergtour. »Neben mir schnarcht Jürgen Schrempp«, berichtet Klaus Zumwinkel, der Deutsche-Post-Chef. »Abends bist du kaputt, aber hast den Kopf frei«, erzählt Schrempp. Die Riege gibt sich den Namen der Similauner. Schrempps Bergführer Reinhold Messner bemerkt, der Daimler-Chef könne mit jedem mithalten. Ein Kompliment, keine Frage.

Schrempp liebt die Herausforderung, ist alles andere als unsportlich und kokettiert gerne mit den Attitüden des Männlichen. Die sonore Stimme paßt dazu, der schachtelweise Marlboro-Konsum auch, nur die Liebe zum Alkoholgenuß in der Öffentlichkeit mußte er sich als Daimler-Chef schnellstens abgewöhnen. Und wenn Schrempp immer wieder davon spricht, daß derjenige, der 100 Prozent entscheide, 20 Prozent Fehler machen dürfe, paßt es in dieses Bild.

Schrempp rühmt sich, ähnlich wie der legendäre Mercedes-Chef Werner Niefer, einen Motor noch selber reparieren zu können. Er versucht, von Monaco bis Hockenheim bei den Formel-1-Rennen dabeizusein – nicht nur aus Gründen der millionenfachen Publicity, sondern weil ihm der Benzingestank wirklich wie Duft erscheint, das Röhren der Boliden Musik für ihn ist. Und der Chef von Deutschlands größtem Konzern kann sich Monate über die Dummheit ärgern, in Monaco ausgerechnet im roten Polohemd aufzutreten. »Das ist die Farbe Ihres Konkurrenten Ferrari«, weisen ihn Aktionäre auf der Daimler-Hauptversammlung zurecht – ein taktischer Fehler, der Schrempp nur einmal passiert. Legende sind die Erzählungen, in denen er mit seinem früheren Mercedes-Vorstand Helmut Werner eigenhändig am Wochenende die neuen Schwerlaster der Fabrik auf engen Schwarzwaldstraßen testet. In denen er sich vom Mercedes-Urgestein und einstigen Cheflenker Niefer verführen läßt, ein rohes Ei gleich mit Schale zu verschlingen.

Schrempp ist »beim Daimler« großgeworden. Angefangen hat er nach der Realschule in der Mercedes-Werkstatt seiner Heimatstadt Freiburg. Dann das Fachhochschulstudium zum Diplomingenieur. Eine Hochschulkarriere hätte dem Praktiker Schrempp nie gelegen, er brauchte sie auch nicht. »Wir haben hier oben genug Doctores auf dem Podium sitzen, da muß ich nicht auch noch einen haben«, entgegnet er einem Journalisten, der ihn bei der Bilanzvorlage vorsichtshalber mit Titel anspricht. Schrempps Talente liegen anders: Er stellt sich jeder Herausforderung. Nachts an der Hotelbar fordert er die Band auf, Jazz zu spielen, nimmt dem Trompeter sein Instrument ab und setzt es selber an. Der selbsternannte Haudegen springt mit dem Fallschirm ab und kurvt mit dem 30-Tonner über Pässe.

Schrempp wird 1944 in Freiburg als dritter Sohn eines Verwaltungsangestellten geboren – »nicht in Butter«, wie der sonst sehr direkte Daimler-Chef eher vorsichtig sagt. Sieben Jahre nachdem der 23jährige in die Daimler-Zentrale eingetreten ist, geht er nach Südafrika, darauf folgt der Wechsel nach Cleveland, Ohio. Die Stadt aus Feuer und Wasser, Mekka der Stahlkocher am Eriesee im amerikanischen Nordosten, ist der einzige Ort, an den zu wechseln seine Frau Renate mit den beiden kleinen Söhnen kurz zögert. Doch es gibt kein Pardon, die Aufgabe lockt. Der damalige Daimler-Chef Gerhard Prinz hat ihn nach Amerika geschickt, um den von ihm erworbenen Lastwagenhersteller Euclid Inc. zu sanieren. Schrempp jedoch erkennt, daß Euclid für Daimler-Benz keinen Sinn macht, und empfiehlt Prinz kurzerhand, das Unternehmen wieder zu verkaufen. »Das hätte für mich auch das Ende der Karriere bedeuten können«, erinnert sich der Mann, der im Sommer 1998 vom Branchenblatt *Automotive News* zum »Industry Leader of the Year« gewählt wird und Ende Oktober 1998 vom *manager magazin* zum »Manager des Jahres«. Doch er kann Prinz überzeugen, und Schrempp macht sich zwar nicht als Sanierer, wohl aber als ebenso harter wie geschickter Abwickler einen Namen. Danach geht die Familie zurück nach Südafrika, Schrempp braucht ein Jahr, um vom Vize-Präsidenten 1985 zum Präsidenten der südafrikanischen Ländergesellschaft aufzusteigen.

Auch Kritiker bescheinigen ihm für diese Jahre zumindest Fingerspitzengefühl für das unter der Apartheid geknechtete Land. Die provokante Frage aus der entfernten Zentrale in Stuttgart, wer denn nun eigentlich die schweren Limousinen kaufe, die Schwarzen oder die Weißen, kann ihn nicht verbiegen. Bei Daimler versucht er erfolgreich gegenzusteuern, gibt schwarzen Arbeitern gleiche Rechte. Es sind die Jahre, in denen sich die sogenannte Springbock-Connection herausbildet. Ex-BMW-Chef Bernd Pischetsrieder arbeitet in Südafrika, auch der spätere Daimler-Finanzchef und Schrempp-Freund Gerhard Liener und der spätere AEG-Chef Ernst Stöckl sind am Kap. Die nächste Aufgabe führt den Freiburger dann dorthin, wo es wirklich ans Karriereschmieden geht: In die damalige Daimler-Zentrale nach Stuttgart-Untertürkheim, von wo aus er den Vertrieb der Nutzfahrzeuge steuert. Längst haben die Deutsche Bank als Hauptaktionär und die Daimler-Manager in Schrempp jemanden erkannt, der Menschen für sich einnehmen und nutzen kann, der ebenso Härte wie Charisma zeigt, der nicht vor unkonventionellen Schritten zurückschreckt – kurz: ein Hoffnungsträger für Führungspositionen.

Schrempp – sonst so abenteuerlustig – erkennt seinerseits, daß er »beim Daimler« seine Ziele umsetzen kann. Ein Wechsel in einen anderen Konzern scheint ihn nie gereizt zu haben. So überlegt er auch nicht lange, als der große Karrieresprung ansteht: Schrempp wird dank seines damaligen Gönners Reuter der Schleudersitz des Chefs der Deutschen Aerospace, der späteren Daimler-Benz Aerospace (Dasa), zugewiesen. Hier geht es weniger ums Aufräumen als ums Zusammenschmieden. Schrempp muß aus dem Sammelsurium unterschiedlichster Häuser einen schlagkräftigen Luftfahrtkonzern zimmern. Es sind die prägenden Jahre für ihn: Der Dasa-Chef lernt schnell, in dem für ihn völlig fremden Business Sachverstand von außen an sich zu binden. Seine Auffassungsgabe, seine Entscheidungsfreude bilden sich heraus. Er denkt unkonventionell. Blickt über Grenzen. Begreift die Notwendigkeit von Allianzen. Gewinnt Erfahrung in internationalen Verhandlungen, Sicherheit auf der politischen Bühne. Hätte es die Station bei der Dasa nicht gegeben, wäre Schrempp heute nicht dort, wo er ist: Weder Daimler-Benz-Vorstandsvorsitzender noch Schmied der größten Fusion der Automobilgeschichte.

Die Bilanz seiner Dasa-Arbeit kann kaum als glücklich gelten. Schrempp und seine Manager haben ein Viertel der Stellen abgebaut, Verluste eingefahren, Werke geschlossen, und Schrempp hat mit dem Kauf des niederländischen Flugzeugbauers Fokker den bislang größten Fehlgriff seiner Karriere getan.

Fokker verfolgt Schrempp auf anderer Ebene länger, als er zunächst erwartet. Denn nachdem er sich von seinem »Love-Baby« nach einem abenteuerlichen Poker mit der niederländischen Regierung schließlich trennen muß, nachdem er auch das Traditionsunternehmen AEG aufgelöst hat, brüstet er sich wohl halb aus Überzeugung, halb aus Trotz damit, der einzige Konzernlenker zu sein, der Milliarden in den Sand setzen kann und trotzdem nicht gefeuert wird. Da aber ist er gerade Daimler-Benz-Vorstandschef in der Nachfolge Reuters geworden – und steht im Rampenlicht. Seine berühmte Frage »Daimler braucht mich mehr als ich Daimler – finden Sie das arrogant?«, angeheitert ausgerechnet an eine Gruppe holländischer Journalisten gerichtet, überhöht das Bild des Haudegens zum Hasardeur.

Auch der Vorsitzende des Daimler-Benz-Aufsichtsrates, Deutschbanker Hilmar Kopper, und der Kapital- und Betriebsratschef Karl Feuerstein auf der Arbeitnehmerseite geraten ins Grübeln. Sie zeigen Schrempp die gelbe Karte. Erstmals muß der Freiburger Lehrgeld zahlen, macht bittere Erfahrungen. Als seine Lebensgefährtin und Leiterin des Vorstandssekretariats, die junge Landsbergerin Lydia Deininger, sich nach ihrer ausgelassenen Geburtstagsfeier in Rom in seinem Beisein mit Polizisten anlegt, trägt Schrempp die Verantwortung öffentlich. Er droht zu stolpern. Steckt, gerade am Gipfel seiner Karriere angekommen, im Wortsinn über Nacht, in der wohl schwersten Krise.

Doch damit nicht genug. Er übertreibt in seinem Versuch, den Konzern schnellstens auf Kurs zu bringen. Die Härte, die ihm die Öffentlichkeit in Dasa-Tagen noch durchgehen läßt, stößt auf den Widerstand von Gewerkschaften und Betriebsräten. Sein damaliges Credo »Profit, Profit, Profit« wird zum Schlagwort, zum Charakteristikum des scheinbar herzlosen Kapitalisten. Für den Typ, der »sagt, was er denkt«, wird die Luft dünn. Als er im Frühherbst 1996 versucht, die Kündigung der Lohnfortzahlung im Krankheitsfall in den Mercedes-Werken durchzupeitschen, bekommt er die Stärke der baden-württembergischen Metaller zu spüren. Daß die erhoffte Koalition der Arbeitgeber nicht zustande kommt, verstärkt bei Schrempp den Eindruck, sich nicht auf andere Konzernchefs verlassen zu können. Die Distanz zwischen dem Daimler-Chef und der deutschen Management-Elite wächst. Ohnehin hat Schrempp, der immer noch von der Kaste der deutschen Unternehmensführer als Rabauke, als nichtakademischer Emporkömmling gemieden wird, nie Aufnahme in den erlauchten Zirkel dieser Hautevolee von

Allianz-Chef Schulte bis zu Siemens-Vorsteher von Pierer gefunden. Schrempp ist kein Intellektueller aus gutem Hause wie sein Vorgänger Reuter. Er wird aber auch nie gefördert, kann sich nicht über das Geflecht der Burschenschaften und elterlichen Rotarier-Clubs nach oben schwemmen lassen. Noch am ehesten steht er für das amerikanische Prinzip, daß jeder etwas aus sich machen kann, wenn er nur will. Vielleicht ist es das, was ihn mit Kopper verbindet, dessen Vater einst Landwirt war.

Bei all den Querelen zu Beginn des größten Karriereschritts beweist sich eines: Neben seinem Charisma kann Schrempp auf ein fast instinkthaftes Gespür für seine Lage zählen. Und er beherrscht es, zu taktieren. Sich Helfer, wie seinen Berater Detmar Grosse-Leege zu erhalten. Und Freunde fallen zu lassen, wenn er sie auf dem Weg nach oben opfern muß. Sein Satz: »Von Verlustbringern muß ich mich trennen, ohne jede Emotion«, war auf Unternehmen wie Fokker oder AEG gemünzt – würde man Schrempp nicht auch in seiner Rolle eines fairen Kameraden kennen, könnte man diesen Satz durchaus anders verstehen. »Mit drei Ellenbogen« habe er sich hochgekämpft, sagt ein Wegbegleiter aus den Anfangsjahren. Das bekommt Stöckl genauso wie Schrempps Entdecker, der spätere Daimler-Benz-Finanzchef Gerhard Liener, zu spüren.

Im Herbst 1996 kommt der nächste an die Reihe: Mercedes-Vorstandschef Helmut Werner. Schrempp will ihn behalten, doch er weiß, daß er es nicht kann. Ein Ziel ist ihm wichtiger. Die erst 1989 gegründete Mercedes-Benz AG will er acht Jahre später zurück auf die Daimler-Benz AG verschmelzen. Und diese Attacke, die die Konzernstruktur im Innersten erschüttert, ist gut vorbereitet. Schrempp gewinnt die Aufsichtsräte, und er vermag hinter Werners Rücken auch die Mercedes-Vorstände mit Top-Jobs im neuen Daimler-Vorstand schnell für sein Vorhaben zu ködern. Was aber soll mit Werner geschehen? Von der amerikanischen *Business Week* gerade als einziger Europäer in die Spitzen-Riege internationaler Manager befördert, ein Autogeschäft leitend, das brummt und Daimler praktisch alle Gewinne einfährt. So einen Mann schmeißt man nicht raus. Doch schon einmal, 1994, hatte Schrempp Werner im Ringen um den Vorstandssitz mit Koppers Hilfe ausstechen können. Der Rheinländer kämpft auf verlorenem Posten. Er sieht nicht, daß er ohne Konzept, ohne Truppen und ohne strukturelle Berechtigung dasteht, den Kampf verloren hat, bevor er beginnt. Als die Verschmelzung der Mercedes-Benz AG auf ihr Mutterhaus zum Januar 1997 greift, reicht Werner seinen Rücktritt aus dem Konzern ein. Auf abendlichen Empfängen oder an den Rennstrecken rund um den Erdball treffen sich Schrempp und Werner freilich wieder – und kreuzen als alte Kumpels für einen Fotogag die Messer während des Lunchs.

»Neutron Jürgen« wird Schrempp von amerikanischen Zeitschriften in Anlehnung an sein erklärtes Vorbild Jack Welch genannt, an Welch, den Sanierer von General Electric, der Menschen aus dem Unternehmen wirft, Anlagen und Gebäude aber stehen läßt. Doch der »Bulldozer von Daimler-Benz« (*Business Week*) lernt wieder einmal schnell. Schrempp vollzieht einen Imagewandel zum »good-guy«. Aus dem Rambo wird der Rambo-light, aus dem Rambo-light machen seine ehemaligen Kritiker nun den »begnadeten Kommunikator«. Sein Lieblingswort Shareholder-value brandmarkt er, um es dann als Unternehmenswert-Steigerung in holperiges Deutsch übersetzen zu lassen. Schrempp begreift, daß er die Arbeitnehmer um Feuerstein im Aufsichtsrat für seine Pläne braucht. Und die wollen ihm das Streichen von 16.000 Stellen bei der Dasa vergeben, wenn er nur bei Mercedes nicht weiter reduziert. Dollarhoch und Autoboom machen es Schrempp einfach, nach Jahren des Abbaus jetzt neue Arbeitsplätze zu schaffen.

Auch taktisch hat der neue Daimler-Benz-Chef noch einmal zugelegt. Der nächste Prüfstein wird ausgerechnet die A-Klasse, in die Werner große Hoffnungen gesetzt hatte. Der Mini-Mercedes kippt unter dem Gelächter der Automobilwelt beim Elchtest und bringt das gesamte Mercedes-Konzept ins Schleudern. Nicht aber Vormann Schrempp. Denn der macht – gar nichts. Läßt sich per Handy aus der berühmten Pressekonferenz berichten, in der sein Autovorstand Jürgen Hubbert die Suppe auslöffeln muß. Schweigt auch dann, als Hubbert und seine Mannschaft Tag für Tag weiter in die Enge getrieben werden. Um dann – als Deus ex Möhringen – den Schlußakkord zu verkünden: Produktions- und Auslieferungsstopp der A-Klasse für ein halbes Jahr. Das hat es »beim Daimler« nie zuvor gegeben, und das steigert Schrempps geliebten Ruf des Unkonventionellen. Wer nun glaubt, Schrempp zöge direkte personelle Konsequenzen, der täuscht sich über den Sportler und Taktierer. Hubbert darf genauso bleiben wie Pkw-Entwickler Helmut Petri und Vertriebsvorstand Dieter Zetsche. So bindet man Leute, macht sie abhängig. Schrempp schneidet alles auf seine Person zu.

Anders sein neuer Partner, Chrysler-Chef Robert J. Eaton. Der begreift sich mehr als Mitglied einer Führungsmannschaft. »Ich allein kann nichts ausrichten. Ich brauche ein gutes Team«, sagt der Chairman und Chief Executive Officer der Chrysler Corporation. Kein Wunder, daß er schon in der ersten Februarwoche 1998 seine Führungskräfte in die Absicht einweiht, mit Daimler-Benz zu fusio-

Augenblicke. Jürgen Schrempp (oben) und Robert Eaton.

nieren – nur zwei Wochen nach einem ersten Treffen mit Schrempp in Auburn Hills.

Mit Schrempp verbinden ihn die gleichen Ideen, wie die Zukunft eines Automobilherstellers zu gestalten ist, die Einschätzung, wie sich die Industrie in den kommenden Jahren verändern wird und der Wunsch, den führenden Automobil- und Transportkonzern des 21. Jahrhunderts zu formen. »Ansonsten sind wir zwei ziemlich unterschiedliche Charaktere«, stellt er zu Recht fest.

Eaton steht nicht gern im Rampenlicht. Interviews mit ihm in deutschsprachigen Medien sind kaum zu finden. Es sei nicht leicht, ihn für ein Gespräch zu gewinnen, heißt es aus der Deutschland-Zentrale von Chrysler. Während die Zeitungen voll sind mit Zitaten von Schrempp und Porträts über ihn, beschränken sich die Angaben über Eaton meist auf den beruflichen Werdegang: Geboren am 13. Februar 1940 in Buena Vista im Bundesstaat Colorado, wo sein Vater als Bremser auf der Eisenbahn fährt. Mit elf Jahren am ersten Auto gebastelt. Ingenieurstudium an der University of Kansas. 1963 Eintritt in den General-Motors-Konzern, dem er 28 Jahre lang verbunden bleibt. Chefingenieur. 1988 in der Nachfolge von Jack Smith Leitung der Europazentrale von General Motors in Zürich. Großer Erfolg. Unter seiner Führung verzeichnen, begünstigt durch die deutsche Wiedervereinigung und die Öffnung der osteuropäischen Länder, die Amerikaner in Europa 1991 einen Rekordabsatz von 1,6 Millionen Autos und verdienen rund 1,8 Milliarden Dollar, während die amerikanische Muttergesellschaft wegen des schwachen Heimatmarktes einen Rekordverlust von 4,5 Milliarden Dollar ausweisen muß. 1992 Wechsel zu Chrysler, seit 1993 Vorstandsvorsitzender.

Eaton scheut den öffentlichen Auftritt. Bei der Vorstellung der Fusion in London überläßt er große Teile der

Präsentation seinem Co-Vorstandsvorsitzenden Schrempp. Die amerikanische Tageszeitung *USA Today* schreibt sarkastisch, die meisten Kunden würden Eaton nicht von einem Gebrauchtwagenhändler unterscheiden können. Geneigtere Stimmen meinen, er falle deshalb nicht auf, weil er Chrysler aus Schwierigkeiten heraushalte. »Von Zurückhaltung kann gar keine Rede sein«, entgegnet der kleingewachsene Mann. An manchen Tagen gebe er ein Dutzend Fernsehinterviews.

Eaton hat nie die Bodenhaftung verloren. Seit 1964 ist er mit seiner Frau Connie verheiratet, für die er selbst im größten Streß Zeit findet. In der Woche, als die Fusion öffentlich wird, feiert Eaton mit ihr Muttertag. Er hat zwei Söhne. In der Freizeit geht er gerne auf die Jagd, fährt Ski und spielt Golf. Oder er kümmert sich um die Entwicklung von Detroit. Er ist Vorsitzender von Detroit Renaissance, einer Gruppe von Führungskräften dort ansässiger Unternehmen, die sich um den Ausbau der lange Jahre düsteren und heruntergekommenen Stadt kümmert. Eaton wünscht sich eine City, die aufregend, spannend und lebendig ist. Dem Detroit Symphony Orchestra hilft er bei der Organisation einer Europa-Tournee, im Institute of Arts unterstützt Chrysler-Ausstellungen. Zwischen 1995 und 1997 spendet der Automobilhersteller 13 Millionen Dollar für kulturelle Zwecke.

Allerdings kann Eaton auch ein harter Hund sein, der mit ziemlich zweifelhaften Methoden vorgeht. So verlangt Chrysler von einer Reihe von Medien, in denen der Konzern Werbung schaltet, ihn vor negativen redaktionellen Inhalten zu warnen. Als der Versuch öffentlich wird, muß sich das Unternehmen wieder zurückziehen.

Während seiner Jahre in Europa entwickelt Eaton eine Vorliebe für gute Weine und feine französische Küche. Daß er mit dem Firmenflugzeug Gulfstream V durch die Welt fliegt, findet in Amerika niemand ungewöhnlich. Verwunderung löst höchstens aus, daß der künftige Partner Daimler-Benz bis jetzt keinen eigenen Jet hat. »Mich hat noch keiner als arrogant bezeichnet«, sagt der Chrysler-Chef, und man glaubt es ihm. Auch, als er mit völliger Selbstverständlichkeit erklärt, er spreche kein Deutsch und wolle es auch nicht lernen, denn schließlich sei Englisch die Sprache der internationalen Wirtschaft. Selbst sein unglaublich hohes Gehalt hat ihn nicht unantastbar gemacht. Wann immer es geht, hängt er sein graues Sakko auf den Stuhl und tritt locker im Hemd auf. Während eines persönlichen Gesprächs legt er schon mal die Füße auf seinen Couchtisch. Er erkundigt sich vor Ort in der Fabrik, wie es denn so laufe; wenn er, der anerkannt ausgezeichnete Ingenieur, dabei noch en passant ein technisches Problem lösen kann, um so besser.

Der Mann hat Benzin im Blut. Am liebsten fährt er Jeep. An der Wand seines Büros im fünfzehnten Stock der Konzernzentrale in Auburn Hills hängen zwei riesengroße, knallbunte Autobilder, der Vorraum ist voll mit Fahrzeugmodellen. Am Schreibtisch lehnt ein Blick in die Zukunft: ein eingerahmtes Poster eines Mercedes CLK-Cabriolets. Auf die Frage, ob Produkt oder Finanzen für ihn im Vordergrund stehen, antwortet er wie aus der Pistole geschossen: »Das Produkt. Ohne ein erstklassiges und leidenschaftliches Produkt kann keine Autofirma bestehen.« Eatons Leidenschaft ist nicht zu übersehen: Er ist bei jeder Produktpräsentation dabei. Mitarbeiter aus seiner Zeit bei General Motors beschreiben ihn als einen nach außen hin zurückhaltenden Manager, der gleichwohl viel politisches Fingerspitzengefühl besitze. Er habe das Unternehmen faktenorientiert geführt. Gefälligkeiten gebe es bei ihm nicht. Dafür klare Vorgaben und die Forderung nach klaren Ergebnissen. Da komme der Ingenieur durch, was ihn freilich gut berechenbar und zuverlässig mache.

Nun, so berechenbar ist Eaton dann doch nicht. Im März 1992 wechselt er völlig überraschend von General Motors zum Konkurrenten Chrysler, zunächst als Vizepräsident, dann von Januar 1993 an als Vorstandsvorsitzender. Viele Beobachter können sich Eaton in der Nachfolge des schillernden Lee A. Iacocca nur schwer vorstellen. Er, der kein Showstar ist und kein Charmeur, der die Leute sozusagen im Vorbeigehen für sich einnimmt, soll nach dem charismatischen und draufgängerischen Iacocca Chrysler wieder auf die Sprünge helfen? Zumal sich Robert A. Lutz, der extravagante, autoverrückte ehemalige Ford-Manager als Präsident bei Chrysler Hoffnungen auf den Chefsessel macht. Den befürchteten Hauskrach gibt es nicht, Lutz bleibt Chrysler treu, und das Gespann Bob und Bob treibt Chrysler zu neuen Höhen.

Kritiker werfen Eaton heute vor, er habe immer nur die guten Zeiten kennengelernt und nie wirkliche Krisen meistern müssen. Sein Erfolg bei Chrysler sei den Vorbereitungen von Iacocca zu verdanken, deren Früchte er geerntet habe. Sie tun ihm unrecht. In der schnellebigen Automobilindustrie kann kein Konzept sechs Jahre lang ohne Anpassungen gültig sein. Wenn er Chrysler verläßt, wird sein Name in den Geschichtsbüchern stehen. Als Architekt eines erfolgreichen amerikanischen Automobilkonzerns und als Mitgründer der DaimlerChrysler AG.

Eaton verdankt diesen Eintrag vor allem seinem Chefunterhändler während der Fusionsverhandlungen, Gary C. Valade. Im gemeinsamen Unternehmen kommt ihm eine besonders wichtige Position zu. Er leitet das erste zusammengeführte Ressort von DaimlerChrysler, den weltweiten

Einkauf. Bei Chrysler ist Valade, der ruhige weißhaarige Mann, für die Finanzen zuständig. Seit November 1991 ist er einer der Vizepräsidenten des Unternehmens. Seine Position als Finanzchef hat er seit 1993 inne. Valade ist einer der wenigen waschechten Detroiter in der Firma, der dazu noch von seinem ersten Arbeitstag an dabei ist. Geboren 1942 in der Autostadt, tritt er 1968 in die Firma als Management-Trainee ein. Er kann auf ein Studium an der Michigan State University und ein Master of Business Administration verweisen. Die Finanzen begleiten ihn auf seinem gesamten Berufsweg. Er durchläuft verschiedene Stationen als Budget-Analyst, Controller und Manager der Kostenplanung. Ein Abstecher bringt ihn 1992 mit der Personalführung in Berührung. Neben seiner Verantwortung für die Finanzabteilung des Konzerns ist Valade zuständig für die starke Chrysler Financial Corporation. Mit großen Beträgen umzugehen ist ihm also vertraut. Die Summe, die er als Einkaufschef zu verwalten hat, ist gleichwohl beeindruckend: Von außenstehenden Lieferanten kauft Chrysler jährlich Teile und Materialien im Gegenwert von 60 Milliarden Dollar.

Valade zur Seite steht während der Verhandlungen mit Daimler-Benz Thomas P. Capo, auch er gebürtiger Detroiter. Er zieht im Hintergrund die Fäden der Finanzen. Capo gibt gerne den gelernten Treasurer. Roter Haarschopf, rote Hosenträger auf weißem Hemd. Und ein blitzschnelles Denkvermögen. 1951 in der Autostadt geboren, studiert Capo Wirtschaft an der University of Detroit und macht dort sein MBA. Seit 1976 ist er bei Chrysler. Verschiedene Stationen im Finanzressort führen 1991 zur Bestellung als »Treasurer of Chrysler Corporation«. Im Mai 1993 wird er zu einem der Vizepräsidenten ernannt. Capo verantwortet alle Tätigkeiten, die im Zusammenhang mit Kapitalmärkten, Banken und Mergers and Acquisitions stehen. Zudem ist er Vorsitzender der Investment Strategy Group und Direktor der Chrysler Financial Corporation sowie des Autovermieterarms Dollar Thrifty.

Beratung von außen holt sich Chrysler bei der Investmentbank Crédit Suisse First Boston (CSFB), die den Weg des Konzerns seit Jahren begleitet.

Deren Berater Steve Koch gilt in Consulter-Kreisen als eher unsympathisch, gibt während der Verhandlungen schon mal den »bad guy«, kann kalt und zynisch auftreten. »Er wird als der Rammbock eingesetzt, wird bei unangenehmen Themen vorgeschickt«, erzählt ein Verhandlungsteilnehmer. Dem Amerikaner kommt es zu, Forderungen für sein Team schon mal zu überziehen, so daß Valade danach eine bessere Ausgangsbasis für einen Kompromiß hat.

Koch aber hat einen Nachteil: Er kommt erst spät an Bord. Denn die CSFB wechselt während der Gespräche ihren Chefunterhändler, Koch folgt erst nach etwa vier Wochen auf Steve Bott. Die Nähe Chryslers zu seinen Investmentbankern ist längst nicht so ausgeprägt wie die von Daimler-Benz zu seinen Bankberatern.

Dic Unterschiede zwischen den Trios beider Seiten schildern Insider als augenfällig: »Die Daimler-Seite hatte Spaß miteinander und war ein richtiges Team – jeder hätte mit jedem auch privat ein Bier trinken gehen können. Eitelkeiten und Eifersüchteleien gab es nicht.« Die Mannschaft versteht sich als ausgesprochen sportlich. Sie coacht ihren Chef Schrempp für die Gespräche mit Eaton, läßt ihn Rollenspiele machen. »Schrempp hatte Eaton weitgehend in der Hand, war auf alle Einwände und Fragen bestens vorbereitet«, berichtet einer der Amerikaner. Das Vorgehen der beiden Verhandlungsteams unterscheidet sich grundlegend: Während die Deutschen eher geschlossen auftreten und die hierarchischen Unterschiede minimiert sind, ist die Arbeit der Amerikaner sehr auf Valade ausgerichtet. Er ist der Vertraute und damit der Vertreter Eatons. Der wiederum schwebte, so beschreiben es Teilnehmer der Gespräche, eher über den Dingen, kümmert sich um die große Ausrichtung. Schrempp dagegen steckt tief in den Details. Ein Vorteil, den der Daimler-Benz-Primus immer wieder umzusetzen weiß: Unmerklich für sein Gegenüber kann er Eaton auf diese Weise mehrmals in Einzelgesprächen zu dem jeweiligen Punkt führen, an dem er ihn haben will.

In der vordersten Linie des Daimler-Benz-Teams steht einer, der weiß, daß er es in den Fußstapfen des Freiburgers noch weit bringen wird. Der als Vordenker und Ausputzer gleichermaßen verläßlich seinen Dienst tut: Eckhard Cordes. Der Schmied, der Ideengeber. Der Mann aus Neumünster brilliert dank schneller Auffassungsgabe, strategischen Denkens und nicht zuletzt fließenden Englischs – das nicht gerade zu den Stärken aller Daimler-Vorstände zählt. Cordes, der immer ausschaut wie der korrekt gescheitelte kleine Bruder Robert Redfords, hat in der sechsten Etage des Möhringer Hochhauses eine schlagkräftige Truppe um sich geschart. Sie steuert Deutschlands größtes Unternehmen in seine Zukunft. »Vorstand für Konzernentwicklung und direkt geführte Beteiligungen« lautet die offizielle Bezeichnung von Schrempps Troupier.

Ausgerechnet der Mann, der im August 1997 zu einer fünfstelligen Geldstrafe verurteilt wurde, weil er beim Dinner während des Genfer Automobilsalons Journalisten gegenüber zuviel ausgeplaudert und damit gegen Insider-Richtlinien verstoßen hatte, ausgerechnet er sitzt knapp ein Jahr später wieder in Genf, diesmal in Geheimverhandlungen mit seinem Chef und der Chrysler-Führung. Ausgerechnet der Mann, der zum dunklen Windsor-Anzug eine blaue Plastik-Uhr am Handgelenk trägt, plant nun den geheimsten der Geheim-Deals. Schrempp gibt seinen Leuten eine zweite Chance. Und auf den charismatischen Jung-Manager, den manche für einen möglichen Schrempp-Nachfolger halten, kann und will er nicht verzichten. So kommen die Medien dazu, von Cordes als »Schrempps Hätschelkind« zu sprechen.

Der Mann aus dem Norden hat bei den Schwaben eine Blitz-Karriere hingelegt: Mit 19 Jahren Betriebswirtschaftsstudium in Hamburg, mit 26 Trainee bei Daimler, mit 27 Direktionsassistent. Anschließend Controller im Pkw-Bereich, danach bei den Nutzfahrzeugen. Er lernt das Herzstück des Konzerns von innen kennen. Dann ein Einsatz bei der größten Auslandsgesellschaft, in Brasilien. Eine erste Planungsaufgabe fällt Cordes 1991 als Stratege bei der AEG zu. Mit seiner nüchternen Entscheidungsfreude und seinem klaren Verstand hat er hier sein Feld gefunden. Er weiß sich aus dem AEG-Debakel zu retten – ähnlich wie Schrempps Abwicklung von Euclid gereicht Cordes der Untergang des Traditionsunternehmens AEG zur Ehre. Ab Juli 1994 übernimmt er die Strategie des Gesamtkonzerns. Nun hat er auch die Macht, Mitstreiter um sich zu scharen, eng mit den Leuten der Investmentbank Goldman Sachs zusammenzuarbeiten. »An die Stelle der Konzernbedenkenträger rückte unter der Führung von Cordes eine kleine, agile Mannschaft, in der frühere Topberater den Ton angeben«, resümiert das *Manager Magazin*. Und kann Bewunderung kaum verhehlen: »Ohne die Strategen um den ebenso analytischen wie anpackenden Cordes geht in Stuttgart nichts mehr; sie sind Schrempps Hausmacht.« Hier schlägt das Herz des Konzerns.

Als Cordes' Gesellenstück gilt die Verschmelzung der Mercedes-Benz AG auf deren Muttergesellschaft, die

007. Eckhard Cordes führt die geheimen Verhandlungen.

Daimler-Benz AG. Daß er als verantwortlicher Konzernvorstand das Bahn-Gemeinschaftsunternehmen mit dem ABB-Konzern, die Adtranz, nicht in den Griff bekommen hat, dort von Jahr zu Jahr mehr Stellen abgebaut werden, wird in der Öffentlichkeit von Erfolgen überstrahlt.

In Cordes' Büro, das mit seinem grauen Interieur und der burgunderroten Sitzgruppe die Nüchternheit seines Besitzers widerspiegelt, stehen ein paar amerikanische Bücher über Internationalisierung im Regal hinter Glas. Der Schreibtisch ist aufgeräumt, zwei Dutzend Pfirsiche türmen sich in einer Schale. Nur das große Foto, das unter der standesgemäßen schwarzen Tizio-Lampe lehnt, deutet auf den größten Coup des Chefstrategen hin: Da stehen die Daimler- und die Chrysler-Vorstände lachend unter dem fünfzackigen Chrysler-Stern in der Zentrale der Amerikaner.

Doch selbst harte Männer sind abergläubisch. So will Cordes die von Eaton und Schrempp signierte Fahne mit dem ersten DaimlerChrysler-Logo, die während der Vertragsunterzeichnung den Saal schmückte, erst dann aufhängen, wenn der Deal wirklich über die Bühne gegangen ist. Bis dahin schmort sie im Hinterzimmer seines Büros.

In diesem Punkt ähnelt er seinem engsten Berater, der gemeinhin als kalter Karrierist eingestuft wird: Alexander Dibelius. Auch er will den Deal noch im Oktober »nicht zu früh loslassen – der Teufel steckt im Detail«. Hinter der glatten Fassade, verdeckt durch den dunkelblauen Maßanzug der Banker und der antiken Armbanduhr, verbirgt sich ein faszinierender Mensch. Der Managing Director von Goldman Sachs bezeichnet sich selber als »hired gun«. Der erst 38jährige ist seit Jahren eng mit Daimler-Benz verbunden. Insgeheim schätzt er sich glücklich, beim mißlungenen Fokker-Kauf nicht an Bord gewesen zu sein – ab da jedoch steht er in Diensten von Deutschlands größtem Unternehmen. Er schlägt Strategien vor, arbeitet Pläne aus, bestreitet Verhandlungen auf höchster Ebene der weltgrößten Industrieunternehmen. Geplant war das nie. Denn zunächst mal stürzte sich der Einser-Abiturient Dibelius nach der Schule in die Medizin. Für wenige Jahre konnte ihn die Herzchirurgie in Südafrika fesseln, dann folgte eine Station in Freiburg – und das selbstgewählte Ende der Laufbahn als Arzt. Denn der Mittzwanziger wollte mehr, als bis zur Rente Krankenhausflure vor sich sehen. Getreu seinem Motto, nur in der ersten Liga zu spielen, bewirbt sich der Münchner bei der Unternehmensberatung McKinsey. »Am Mittwoch stand ich noch im Operationssaal, am Montag fing ich bei McKinsey an«, beschreibt Dibelius den Sprung ins kalte Wasser. Er kramt das Wissen wieder hervor, daß er bei Jura- und Betriebswirtschaftsvorlesungen einst angesammelt hat. Trotzdem steht nächtelanges Büffeln an – und es bringt Erfolg. Schon nach gut vier Jahren, statt wie üblich nach sieben, steigt er zum Partner auf. Doch wieder bekommt er Lust auf Neues und wechselt zu Goldman Sachs. Dort managt er unter anderem für die Berliner Treuhandanstalt den Aufbau der Ost-Chemie. Daimler-Benz holt ihn für alles, was in den letzten Jahren an Veränderung ansteht: den Fokker-Abbau, Dornier, AEG, den Abstoß von Teilen der Temic, die Verschmelzung der Mercedes-Benz AG auf den Mutterkonzern. Gibt es Parallelen zur Arbeit als Mediziner? »Auch wir geben immer Ratschläge, und manchmal schreiben wir auch Rezepte«, sagt der eloquente Banker. Dibelius wirkt asketisch, und er hält Abstand zu seinem Job. »Wenn Sie schon einmal eine Nacht um das Leben eines Kindes gekämpft haben, wissen Sie andere Dinge richtig einzuordnen. Sie gewinnen Distanz«, sagt er.

Der dritte im Daimler-Benz-Trio ist alles andere als ein Selbstdarsteller. Rüdiger Grube verabscheut jede Öffentlichkeit. Der 45jährige ist Schrempps unverzichtbarer Schaffer im Hintergrund. Jahrelang ist er Assistent des späteren Airbus-Chefs und Dasa-Luftfahrtvorstandes Hartmut Mehdorn. Als der sich mit Schrempp überwirft, Daimler-Benz verläßt und Vorstandsvorsitzender bei Heidelberger Druck wird, bleibt Grube im Haus. Er ist bei allen beliebt, duzt sich mit jedem, kann durchgreifen, aber bleibt dabei menschlich. Der frischgebackene Direktor ordnet als erstes an, das Nummernschild an der Wand der Daimler-Benz-Tiefgarage abzuschrauben, mit dem ihm seit seiner Beförderung ein Parkplatz reserviert wird.

Der gebürtige Hamburger besitzt eine enorme Auffassungsgabe, »ist aber immer bereit, den unteren Weg zu gehen«, wie einer seiner Vertrauten sagt. Grube hat es nicht nötig, im Mittelpunkt zu stehen. Der studierte Flugzeugbauer glänzt durch sein analytisches Denkvermögen – nach außen bleibt er ein unbeschriebenes Blatt. Der »ewige Zuarbeiter«, wie er im Konzern nicht ohne Anerkennung bezeichnet wird, gilt als »zu nett«, um eines Tages auf einem Vorstandssessel zu landen. Doch er ist es, ohne den der Deal in dieser Art nicht zustande gekommen wäre. Seinem amerikanischen Pendant Barry Price schenkt Grube beim ersten Kennenlernen eine Uhr und sagt: »Wir müssen uns vertrauen in jeder künftigen Stunde.« Seinen Ritterschlag erhält der Daimler-Mann aus berufenem Munde: »Die Truppe von Projektchef Rüdiger Grube macht einen tollen Job«, sagt ausgerechnet Herbert A. Henzler, Europa-Chef der Unternehmensberatung McKinsey. Er hat allen Grund, voll Neid auf die Abwicklung der Fusion zu blicken. Denn Konzerne und Banker wickeln den Deal alleine ab – Consulter, die über Jahre in den Firmen ein und aus gingen, bleiben bei diesem lukrativen Prestige-Projekt außen vor.

Am Verhandlungstisch wählt Grube die unscheinbare Rolle, die fast an einen Protokollanten erinnert. Aber er paßt auf wie ein Minenhund, der die anderen am Ende der hitzigen Auseinandersetzungen auf drohende Gefahren aufmerksam macht, der Lösungen aufzeigt und mit Disziplin und Schnelligkeit Themen abarbeitet. Er ist unverzichtbar.

Liest man die Zeitungsartikel, die in den Tagen nach der Veröffentlichung des Deals erscheinen, fehlt ein Name, der die Fusion neben den acht führenden Köpfen maßgeblich bestimmt: Hilmar Kopper. Der ehemalige Vorstandssprecher der Deutschen Bank hat es sich selber zuzuschreiben, daß sein Licht unter dem Scheffel steht. Bei Aktionären ist er unbeliebt, schon aufgrund seines bärbeißigen Auftretens auf Hauptversammlungen. Sein öffentlicher Fauxpas mit den millionenschweren »Peanuts« verfolgt ihn bis heute. Auch die im Sommer 1999 über die *Bild-Zeitung* an die Öffentlichkeit gebrachte Trennung von seiner Frau wird ihm in der Öffentlichkeit verübelt. Kopper läßt sich mit dem Satz zitieren, er wolle selber bestimmen, ob er abends noch etwas zu essen haben möchte. Doch von denen, die ihn kennen, wird der Banker als aufmerksamer Gesprächspartner geschätzt. Kopper hat Schrempp immer wieder gestützt, ihn in den Krisen zu Beginn seiner Laufbahn als Daimler-Benz-Vormann aufgebaut. »Er hat uns immer vorangetrieben und Mut gemacht, wenn alles zu scheitern drohte«, erzählt einer der Verhandler. Sein Meisterstück legt Kopper jedoch hin, als die Verhandlungen kurz vor der Unterzeichnung zu kippen drohen. Eaton verlangt eine Absicherung von der deutschen Kapitalseite. Kopper gelingt es, Zusagen von Anteilseignern der Daimler-Benz AG noch vor dem 6. Mai 1998 beizubringen. »Ohne Kopper wäre der Deal gescheitert, er hat sich sensationell verhalten« sagen die, die dabei waren. Der 63jährige Westpreuße hat gelernt, damit zu leben, daß ihm die öffentliche Anerkennung versagt bleibt. Der Mann, der gegen seinen charismatischen Vorgänger Alfred Herrhausen nie in puncto Außenwirkung mithalten konnte und das auch weiß, orientiert sein Handeln eher am Machbaren als am Wünschbaren. Die Anerkennung bekommt er nun dort, wo es ihm wichtig ist: Auch die Amerikaner treten ausdrücklich dafür ein, daß der bisherige Vorsitzende des Daimler-Benz-Aufsichtsrates die gleiche Funktion im Rat der DaimlerChrysler AG übernimmt. Damit ist Kopper zum Ende seiner Karriere ganz oben angekommen: Er, der nie ein Visionär war, steht an der Spitze eines Industrieexperimentes im Weltmaßstab. Die Parallelen zum Weg des Jürgen Schrempp könnten nicht augenfälliger sein – sie reichen bis zur fast zeitgleichen Bekanntgabe der Trennungen von ihren Ehefrauen mittels der Boulevardpresse. Und auch Kopper kommt nicht aus dem deutschen Industrieadel, sondern hat sich als Flüchtlingskind hochgearbeitet.

Die Fusion, wird – sollte sie Erfolg haben – Kopper, vor allem aber Schrempp, weit über die deutschen Managerkollegen hinauskatapultieren. Den ehemaligen Banklehrling zum Aufseher, den ehemaligen Automechaniker zum ersten Chef einer »Welt AG« machen. Und damit das Sprachbild der Karriere vom Tellerwäscher zum Millionär um Längen übertreffen. An Schrempp, dem Eliette, die Witwe Herbert von Karajans, einst in Bayreuth nicht einmal die Hand schüttelte, kommt kein deutscher Manager mehr vorbei. Im Ausland längst anerkannter als in der Heimat, hat er es ihnen allen gezeigt.

Geheimmission Gamma

»Denver? This is Cleveland!«
Gary Valade, Chrysler

Nur eine wußte Bescheid – Clara. Sie kannte alle Daten der Fusion. Clara war immer auf dem neuesten Stand. Clara hatte die Fakten gespeichert, konnte in Sekundenschnelle über die Perspektiven Auskunft geben. Ohne Clara im Rücken wäre Daimler-Chef Schrempp bei der weltgrößten Fusion der Automobilindustrie nur halb so schlagkräftig, halb so überzeugend gewesen. Jede freie Minute seines Weihnachtsurlaubs auf seiner Farm in Südafrika hatte sich der Konzernchef Clara gewidmet. In dieser Zeit waren die beiden zusammengewachsen, hatte Schrempp begriffen, wie mit ihr umzugehen sei. Schrempp hatte Clara, wie er halb zärtlich, halb augenzwinkernd seinen neuen Laptop nennt, von seinem Freund, dem IBM-Chef Lou Gerstner, als Weihnachtsgeschenk bekommen. Das brandneue High-tech-Instrument hat Schrempp sofort in seinen Bann geschlagen. Er macht es sich zunutze, weil er erkennt, welche Möglichkeiten darin liegen. Per Tastendruck erscheinen auf dem Bildschirm die aktuellen Börsenkurse, alle Konzerndaten und das in der Daimler-Benz-Zentrale für den Chef aufbereitete Wissen über die Konkurrenz. Der totale Überblick beeindruckt auch Schrempps künftige Partner bei Chrysler: Als sich Schrempp und Eaton über den künftigen Forschungsvorstand im gemeinsamen Konzern abstimmen, projiziert Schrempp den Aufbau des Daimler-Benz-Forschungsbereichs mittels Claras

Hilfe als übersichtliches Diagramm an die Saalwand. Eatons trockener Kommentar: »Wer so mit der Technik umgeht, der sollte auch den Entwicklungschef stellen.« Möglich, daß der künftige DaimlerChrysler-Forschungsvorstand Klaus-Dieter Vöhringer auch Clara seine berufliche Perspektive verdankt.

Hätte es Clara vier Jahre früher gegeben, wäre sie schon damals zum Einsatz gekommen: Unter ihrem Chef Helmut Werner macht sich die Daimler-Tochter Mercedes-Benz AG 1994 auf Partnersuche. Unter anderem versucht Werner, während über acht Monate langen Verhandlungen mit Chrysler ins Geschäft zu kommen. Die Amerikaner brauchen Unterstützung, weil ihr Hauptaktionär Kerkorian den gesamten Autohersteller übernehmen will. Werner zeigt großes Interesse: Sein Plan sieht vor, daß Chrysler und Mercedes ihr Geschäft auf ihren jeweiligen Heimatmärkten quasi eigenständig führen, den asiatischen Markt aber gemeinsam erobern. Auch Teilkooperationen bei der Entwicklung sind angedacht. Schrempp in seiner Funktion als frischgebackener Vorstandsvorsitzender der Daimler-Benz AG indes lehnt diesen Plan ab, ein Zusammengehen kommt nicht zustande. Aber damals schon setzt sich der Gedanke an Chrysler als Partner in seinem Kopf fest. 1997 halten die Amerikaner abermals nach Bundesgenossen Ausschau: Sie reden mit Volvo, mit Mitsubishi und auch mit der Münchner BMW AG – mit den Bayern indes gibt es nach den Gesprächen lediglich die Einigung auf eine gemeinsame Motorenfabrik in Brasilien.

Auch Daimler ist erneut auf Suche. »Wir haben damals immer wieder im Vorstand und mit dem Geschäftsfeld Pkw darüber gesprochen, daß wir mit der Marke Mercedes an Wachstumsgrenzen stoßen. Weiteres Wachstum aber konnte nur über weitere Marken generiert werden«, erinnert sich Cordes. Im August 1997 rät Goldman-Sachs-Berater Dibelius, sich besonders Chrysler genauer anzusehen. Die Planer definieren vier Unternehmen, die ihrer Ansicht nach groß genug sind, um alleine überleben zu können: General Motors, Ford, Toyota und Volkswagen. Zugleich kristallieren sich im Herbst 1997 denkbare Übernahmekandidaten heraus: die beiden Japaner Honda und Suzuki, auch hier die Schweden von Volvo, Frankreichs Renault und eben Chrysler. Von nun an wird gestrichen: Die Liste schrumpft zunächst um Suzuki und Volvo, deren Absatzzahlen zu niedrig liegen und die nicht ins Portfolio passen. Honda pocht auf Eigenständigkeit, bei Renault überdecken sich die Verkaufsräume in Europa mit den eigenen, die Stärke auf einem anderen Kontinent indes fehlt. Allerdings knüpft Daimler-Benz im Herbst 1997 immer engere Bande zur amerikanischen Ford Motor Company. Schließlich steigt Ford im Dezember in die Partnerschaft zwischen Daimler-Benz und der kanadischen Ballard Power Systems zur Entwicklung einer Brennstoffzelle für einen abgasfreien Autoantrieb ein. Angedacht ist inzwischen freilich mehr als das, doch die Gespräche gehen nur schleppend voran.

So bleibt auf Cordes' Liste ein Name übrig: Chrysler. »Wir haben dann, ich denke es war im Oktober oder November, darüber gesprochen, daß es richtig und sinnvoll wäre, die Kontakte mit Chrysler zu erneuern und Chrysler darauf anzusprechen, ob man die Anfang 1995 gestoppten Gespräche wiederbeleben kann«, sagt Cordes. Deshalb wählt Daimler auch den Tarnnamen »Gamma« für die Fusion: Die beiden ersten griechischen Buchstaben stehen für vorige, verworfene Fusionspläne, so steht das »Beta« für ein Zusammengehen mit Ford. Ursprünglich hatten die Daimler-Strategen den Chrysler-Coup »Projekt Blitz« getauft. Dieser Name jedoch hätte – zumal im angelsächsischen Raum – bösesten Wortspielen Tür und Tor geöffnet – »Blitzkrieg« wäre nur eines gewesen.

Auch Chrysler ist seit längerem auf Partnersuche. Im Oktober 1996 setzen sich die Amerikaner aggressive Ziele für die internationale Expansion aus eigener Kraft. Schon bald wird klar, daß diese Ziele nicht erreichbar sind. Das Unternehmen begründet den stockenden Verlauf mit unzureichenden Management-Kapazitäten. Chrysler habe eindeutig die finanziellen Möglichkeiten zu einer schnelleren Expansion, denn man könne jederzeit ein laufendes Aktienrückkaufprogramm stoppen. Die Aktionäre wären trotzdem zufrieden, solange die gewohnte Rendite erzielt wird.

Chrysler habe auch einige Schwierigkeiten, attraktive Investments auszumachen, wird offen zugegeben. Doch vor allem fehle die Mannschaft, um die internationalen Ziele umzusetzen. So beginnt Eaton, statt an Übernahmen an Allianzen zu denken. Das Augenmerk gilt einem Partner außerhalb der Vereinigten Staaten. Er muß die Produkte im Angebot haben, die Chrysler nicht hat, um international Märkte zu erobern. Eaton will vor allem in Asien zulegen, hat aber auch Südamerika im Blick. Die dortige Wirtschafts- und Finanzkrise und der drohende Abwertungswettlauf machen ihm Sorge, doch warten verbietet sich. Mittelfristig werde sich Asien von seiner Schwäche erholen, ist Eaton sicher. Dann muß man positioniert sein. Verschiedene Automobilhersteller werden untersucht. Ein paar kommen in die engere Wahl. Auf die Frage, ob Daimler-Benz sein Wunschpartner sei, ob er als erstes auf Daimler-Benz zugegangen wäre, weicht Eaton etwas aus. »Es gibt keinen Zweifel, daß Chrysler und Daimler-Benz perfekt zusammenpassen«, sagt er. Nachfragen beantwortet der Chrysler-Chef natürlich ähnlich ausweichend. Man

Die Konzerne ergänzen sich geographisch

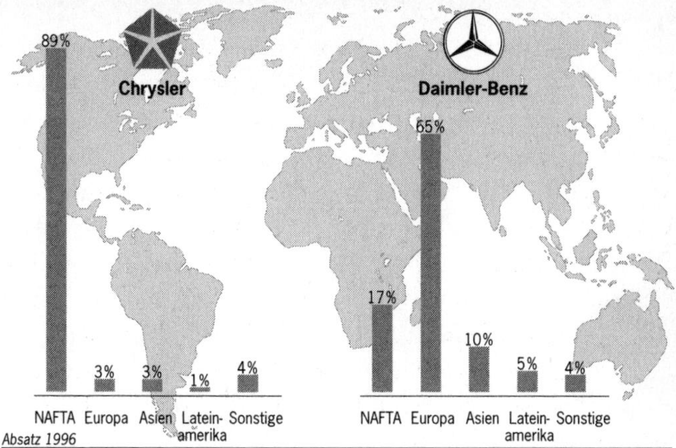

Absatz 1996

kann aber annehmen, daß BMW ganz oben auf dem Wunschzettel stand. Lutz sagt dazu auf der Chrysler-Hauptversammlung am 21. Mai, vor BMW habe man die höchste Achtung, doch die Produktlinie von Daimler-Benz passe besser zu Chrysler.

Schrempp hat Erfahrung im Zusammenführen und Verschmelzen. Bei der Dasa mußte er Kulturen verbinden. Und, viel entscheidender und damit prägender: Die Verschmelzung der ehemaligen Mercedes-Benz AG auf den Daimler-Konzern im Frühjahr 1997. »Wer das geschafft hat, dem wird auch die Zusammenführung von Daimler und Chrysler gelingen«, sagt Schrempp nur scheinbar im Scherz. Denn die Mercedes-Leute hatten ihren eigenen Kopf, hingen an ihrem Chef, dem Gentleman Werner. Schrempp beweist sich damals als exzellenter Taktiker, als er die Mercedes-Vorstände Hubbert, Zetsche und Lauk mit den Avancen eines Vorstandssitzes im neuen Daimler-Konzern auf seine Seite lockt. Der Daimler-Chef treibt die Übernahme von Mercedes – so zeigt sich heute – nicht nur der direkteren Führung wegen voran. Schon damals hätte man hellhörig werden können: Denn als hundertprozentige Tochtergesellschaft von Daimler wäre Mercedes niemals für einen ausländischen Konzern von der Preislage Chryslers interessant gewesen. Erst im Rückblick ergibt der Schremppsche Plan einen wirklichen Sinn. Der Daimler-Konzern hätte sich nur von Mercedes trennen können – ein undenkbarer Fall. Oder aber sich einen anderen Hersteller direkt einverleiben müssen, um Mercedes damit zu ergänzen. Dafür aber stand in Zeiten des Autobooms und der damit überschäumenden Börsenwerte niemand preisgünstig zur Debatte. Außerdem wäre es ein vielfach größerer Kulturschock gewesen, hätte sich das deutsche Vorzeigeunternehmen par excellence auf diese Weise in Amerika eingekauft. Lebhaft sind allen Beteiligten noch die Karikaturen englischer Zeitungen im Kopf, die einen deutschen Panzer unterm Hakenkreuz zeigten, der die britische Insel überrollte. Der Anlaß: BMW kaufte Rover.

Schrempp selber hat in seinen Jahren als Vorstand ein ganz eigenes System der Überprüfung entwickelt: Er zerlegt seine Themen in kleine Einheiten. Diese wiederum bespricht er in unverfänglichen Situationen mit seinem jeweiligen Gegenüber, der in der Regel nicht ahnt, an welchen Informationen und Einschätzungen dem Konzernchef wirklich gelegen ist. Die Sparringspartner können erfahrene Journalisten sein, Gewerkschafter, aber auch andere Konzernchefs. »Er diskutiert immer gegen dich. Es ist eine harte Schule, dem standzuhalten«, berichtet einer aus dem Umfeld. Aus den Mosaiksteinchen dieser Einschätzungen verschafft sich Schrempp ein Gesamtbild. So nebensächlich sich dieses Vorgehen zunächst anhören mag, es entspricht exakt dem, wie Schrempp später die Fusion innerhalb des Daimler-Konzerns bekanntmacht: scheibchenweise. Niemand darf zu viel zu früh erfahren.

Doch der Umbau der Konzernstruktur ist in diesen Monaten nicht der einzige verborgene Hinweis auf die lautlos eingefädelte Wachstumsstrategie: Auf dem Branchentreff zur Internationalen Automobil-Ausstellung in Frankfurt spricht jeder mit jedem – ganz unverdächtig. Im Herbst 1997 sitzt Schrempp bei einem Vortrag des Bertelsmann-Chefs und späteren Daimler-Aufsichtsrates, Mark Wössner, wie zufällig mit Chrysler-Vize Lutz an einem Tisch. Auch dabei tastet sich Schrempp, so ein Tischnachbar, scheinbar belanglos an die Fusionsüberlegung heran. »Hinterher hatte Schrempp das sichere Gefühl, auch Chrysler habe schon ähnliche Planspiele angestellt«, berichtet ein Schrempp-Vertrauter. Lutz empfiehlt dem Stuttgarter, in den nächsten Monaten ein Perspektiv-Gespräch mit Konzernchef Eaton zu führen und informiert zugleich seinen Vorstandschef. Ursprünglich ist das Gespräch schon für den Dezember angesetzt, wird dann aber auf Januar 1998 verschoben.

Dies trifft sich gut, denn jedes Jahr um diese naßkalte Zeit findet am Eeriesee in der US-Motorcity Detroit die Autoshow statt. Auch hier, wie in Frankfurt, lassen sich unauffälig Kontakte knüpfen, Pläne schmieden. Offiziell hält Schrempp einen Vortrag bei der amerikanischen Automobilzeitschrift *Automotive News*. Bernd Gottschalk, Präsident des mächtigen Verbandes der deutschen Automobilindustrie VDA, wundert sich, daß Schrempp bei den üblichen Gesprächen zwischen Verbandsspitze und Automobilherstellern zunächst fehlt. Einen Tag später erscheint er dann und entschuldigt sich mit einem wichtigen Termin. Wichtig ist er in der Tat: Am 12. Januar treffen sich Eaton

Die vergessene Firma am Ende der Welt

Auburn Hills ist ein Stadtteil von Detroit. Nach amerikanischem Verständnis liegt die Konzernzentrale von Chrysler nahezu im Stadtzentrum. Nach europäischen Maßstäben gilt das keineswegs. 65 Kilometer muß man vom Flughafen Metro Wayne County Richtung Norden fahren. Dauer: rund eine Stunde – wenn man Glück hat. Der Verkehr ist dicht, zu fast jeder Tageszeit drängeln sich die Autos auf drei Fahrspuren in beiden Richtungen bis zum Chrysler Drive.

Die Zentrale von Amerikas drittgrößtem Automobilhersteller ist einfach auszumachen. Fünfzehn Stockwerke ragt das imposante Gebäude aus der Umgebung hervor, auf der Spitze gekrönt durch eine meterhohe Glasfront, die einen fünfzackigen Stern formt, den Pentastar. Hinter dem Wahrzeichen von Chrysler verbirgt sich die Vorstandsetage. Schlangenförmig ranken sich die anderen Gebäude um den zentralen Turm. Chryslers ganzer Stolz, das Technische Entwicklungszentrum ist direkt an die Verwaltung angeschlossen – kurze Wege, schnelle Entscheidungen. Rund 10.500 Menschen arbeiten hier. Glas und polierter Granit spiegeln sich im Sonnenlicht über Auburn Hills. Ein sauberes Muster, quergestreift, goldbraun und schwarz.

Die Straße um die Konzernzentrale ist frei befahrbar, obwohl sie auf dem Firmengelände verläuft. Ein See mit Enten und ein Naturlehrpfad bilden eine trügerische Idylle. An der Rückseite des Gebäudes läßt sich ein Blick auf die Teststrecke erhaschen. Der dichte Wald gibt eine Kurve frei, dann verschwindet der Asphalt, auf dem die Zukunft erprobt wird, wieder zwischen den Bäumen. Zwei Techniker hantieren an einem alten Jeep. Ein Parkplatz noch mit Testwagen, einige davon mit blauen Decken vor neugierigen Blicken geschützt, der Rest ungetarnt und längst bekannt von den Straßen. Halten ist hier eigentlich verboten, doch die vorbeifliegenden Rennradfahrer auf Trainingstour stören sich an den gaffenden Touristen mehr als der Wachdienst von Chrysler.

Bis zur Eingangshalle, deren Dach ein großer Glaszylinder ist, gibt es keine Kontrollen. Im Vorraum zwei Autos der neuesten Generation, viel dunkler Stein und ein Bunker gegen Wirbelstürme. Das hauseigene Business-Fernsehen, das Chrysler Employee Network, berieselt die Mit-

arbeiter unaufhörlich mit Wirtschaftsnachrichten, Bildern von Produktneuheiten, Meldungen der Konkurrenz, Fragen und Antworten zur Fusion mit Daimler-Benz und dem Wetterbericht. Auf den Tischen liegt die *Chrysler Corporation Times*, vier Seiten stark. Titelstory: »We're creating opportunities.« Die Reise ohne Begleitung ist zu Ende. Durch ein Drehkreuz geht es vorbei an der Kantine. Dann hört das Staunen nicht mehr auf. Im Flur des hohen Hauses gibt es einen Friseur, einen Souvenirshop, eine Reinigung und einen Schuhputzer. Selbst seine Stimme für die nächste Stadtrats-Wahl kann man hier abgeben.
Einer der acht Aufzüge bringt die Besucher in die Vorstandsetage. An einen Lastenaufzug wurde auch gedacht – man weiß ja nie, ob sich der Chef die neueste technische Entwicklung gerne in sein Büro stellen möchte. Die Dame in der fünfzehnten Etage öffnet das große doppelflüglige Glasportal, neben dem Pentastar liegen die Vorstandsräume. Hier wird Schrempp das Büro von Lutz übernehmen. Die drei Sekretärinnen grüßen hinter einer aus dunklem Holz gefertigten Barriere und weisen den Weg durch die offenstehende Tür. Das erste Zimmer nutzt Eaton als Devotionalienkammer. Hier stapeln sich die kleinen Geschenke der Freundschaft, die ein Vorstandschef bekommt. An einem Regal lehnt ein Spaten. Den zweiten Raum füllen ein großer Schreibtisch, zwei riesige, knallbunte Autobilder und eine Dreier-Sitzgruppe aus schwarzem Leder mit rot-braunem Karomuster auf braunem Teppichboden. Auf dem Couchtisch steht ein grüner Steinbock auf schwarzem Sockel. Durch die raumhohen Spiegelfenster blickt Eaton auf die Umgebung. Wald. Wald, durchzogen von ein paar Straßen. Irgendwo leuchtet ein Schild von Burger King. Zwei Hotels. Die nächste Einkaufspassage ist viele Kilometer entfernt. Auburn Hills ist ein Kaff, eine lose Ansammlung von Häusern ohne Charme. Der Stadtplan von Detroit hält die letzte Gemeinheit parat: Die Zentralen von Ford und General Motors sind darin eingezeichnet, die von Chrysler fehlt. Hier, am Ende der Welt, hat Schrempp im Januar 1998 den Herrn der vergessenen Firma gefragt: »Mr. Eaton, was halten Sie von einer Fusion?«

und Schrempp in der Chrysler-Konzernzentrale zu einem ersten Gespräch. Berühmt wird es später wegen seiner Kürze.

Eaton ahnt, was auf ihn zukommt. Seine einzige Sorge ist, ob Schrempp ein Joint-venture vorschlägt, so wie es Werner 1994 tat. Der Amerikaner hätte sich auf ein Gemeinschaftsunternehmen nicht eingelassen, denn davon hält er nichts. Sie funktionieren nie, findet er. Weil sich die Partner zwar am Anfang einig seien, sich dann aber mit der Zeit wieder auseinanderentwickelten. Jeder stelle für sich einen Business-Plan auf, nur für das gemeinsame Projekt versuche man, einen Kompromiß zu finden. Änderten sich dann noch die Marktanforderungen, und das ist in der Automobilindustrie ständig der Fall, kämen unterschiedliche Lösungsvorschläge auf. Das könne nur zu Spannungen führen, die in Ineffizienzen und schließlich einer Trennung mündeten. Doch Schrempp denkt nicht an ein Joint-venture. »Sie können mich jetzt für naiv oder verrückt erklären«, setzt der mächtigste deutsche Manager an. Eaton tut nichts von beidem. »Auch ich habe mir über ein Zusammengehen schon Gedanken gemacht«, öffnet Eaton Schrempp die Tür zu Chrysler. Dann aber bedingt sich der Amerikaner Bedenkzeit aus. »Ich werde mich telefonisch melden«, verspricht Eaton. 17 Minuten dauert das erste Treffen, »nicht einmal Zeit genug, um gemeinsam einen Kaffee zu trinken«, wie Schrempp später bemerkt.

Schrempps Vorgehen in Auburn Hills ist typisch für ihn: Er versteht es, seine Gesprächspartner mit seiner direkten Art zu packen, sein Charisma zieht sie auf seine Seite. Hat er sich entschieden, geht Schrempp die Themen ebenso emotional wie direkt an. So wie damals, als er mit dem ehemaligen Fokker-Chef Jan Nederkoorn im Mövenpick-Restaurant beim Eisessen über einen Verkauf des Flugzeugherstellers sprach. So offen wie er auf Eaton zugeht, hemmungslos, direkt, packend – das bringt nur einer unter den deutschen Spitzenvorständen. Doch wer Schrempp nur als gefühlsstarken Kumpeltypen kennengelernt hat, unterschätzt ihn gewaltig: Denn die andere Seite des Jürgen Schrempp, die kühl-strategische, hat ihn längst kalkulieren lassen, ob sich das, was ihn reizt, auch rechnet.

So trifft Schrempp in Detroit nicht nur Eaton, sondern spricht gemeinsam mit Pkw-Chef Hubbert und Cordes auch noch einmal mit Ford-Chef Alex Trotman über eine Fusion. Trotman berichtet seinen Board-Kollegen zweimal vom Stand der Gespräche. Noch parallel zu den Verhandlungen mit Chrysler – am 13. und 14. Februar –, treffen sich Daimler-Benz- und Ford-Vorstände im Londoner Hotel Four Seasons, um die von Trotman vorgeschlagene Fusion zu prüfen. Schrempp jedoch hätte das Stuttgarter Haus als Juniorpartner einbringen müssen, die Ford-Familie will ihren Einfluß nicht aufgeben. Sie hält 40 Prozent am zweitgrößten Automobilhersteller der Erde. Eine endgültige Absage indes bekommt Ford erst im März – zu einem Zeitpunkt, als Daimler-Benz und Chrysler längst Grundsatzfragen wie die Festlegung der Unternehmenswerte im Geheimen aushandeln. Trotman ahnt in diesen Wochen nichts von den Parallel-Verhandlungen, die Daimler-Benz führt.

Nachdem Eaton grünes Licht signalisiert hat, beginnen die Maschinerien beider Konzerne im Hintergrund zu arbeiten. Welche Bedingungen müssen herrschen? Werden die Aktionäre und Mitarbeiter die Pläne billigen können? Wo kann ein solcher Mega-Konzern sitzen, wie kann er heißen? Wie müssen die Anteile verteilt sein, wer soll an der Spitze stehen? Welche Konstruktion ist steuerrechtlich sinnvoll? Dies sind wenige der tausend Fragen, die im

Raume stehen. Klar sind nur zwei Dinge, als Eaton eine Woche später Schrempp anruft: Beide Konzerne haben nur eine einzige Chance für eine Fusion. Und die kann nur genutzt werden, wenn so lange wie eben möglich absolutes Stillschweigen in der Öffentlichkeit herrscht. In dieser Hinsicht ist Schrempp gebranntes Kind: Der Umbau des Konzerns mit der Verschmelzung der Mercedes-Benz AG ab dem Herbst 1996 wurde als Machtkampf zwischen ihm und dem damaligen Mercedes-Cheflenker Werner auf Zeitungsseiten ausgetragen – bei dem viel sensibleren Fall DaimlerChrysler hätte jede Veröffentlichung des Plans zum sofortigen Scheitern geführt. Auch Eaton kann in dieser Hinsicht auf einschlägige Erfahrungen mit den Stuttgartern zurückblicken – ihm ist der erste Fusionsversuch mit Mercedes-Benz unter Werner in schlechter Erinnerung: »Den Deal fädelte er ein wie einen Parteitag im Ostblock: 30 Arbeitsgruppen und über 250 Manager sollten die Traumhochzeit vorbereiten«, resümiert das Branchenblatt *Auto, Motor und Sport.*

Dieses Mal arbeitet der Apparat auf beiden Seiten des Atlantiks ebenso geräuschlos wie nimmermüde. Pünktlich um neun Uhr abends schaltet sich in der Möhringer Daimler-Zentrale das Licht in den Büros automatisch ab, um dem Konzern Energiekosten zu sparen. Jeder, der dann noch am Schreibtisch sitzt, muß stündlich neu auf den Schalter drücken. Die Fusionsstrategen Cordes und Grube unterbrechen ihre Nachtarbeit in diesen Frühjahrstagen fast nur noch, um wieder einmal den Lichtschalter zu betätigen. Die Zeit drängt, und je weiter die Nacht voranschreitet, um so ungestörter läßt sich arbeiten. Sekretärinnen und Assistenten werden möglichst früh nach Hause geschickt, denn niemand darf etwas ahnen.

Die Geheimmission Gamma ist voll im Gange. »Vielleicht 25 Leute auf beiden Seiten des Atlantiks« haben im Februar und März die Weichen gestellt, heißt es später. »Ein Gutes hatte das, wir haben wieder gelernt, wie man selber Kopierer und Telefonanlage bedient und unsere Flüge selbst gebucht«, berichtet einer der Direktoren, die ab März dabei gewesen sind. »Man ahnte, worum es gehen könnte, Genaues aber wußten auch wir nicht«, erzählt einer aus dem Inner-Circle der 25. Jeder, der eingeweiht wird, muß eine eigene Vertraulichkeitserklärung unterzeichnen. Darin heißt es: »Im Rahmen der im Unternehmen zugewiesenen Aufgabe arbeitet der Unterzeichner an dem streng vertraulichen Projekt Gamma mit. (...) Angesichts der außerordentlichen Sensibilität dieses Projekts hinsichtlich der Öffentlichkeit und des Kapitalmarktes besteht Veranlassung, auf die Verpflichtung (zu Stillschweigen) besonders hinzuweisen. (...) Bei einem Verstoß gegen die genannten Verpflichtungen, die auch für die Zeit nach Beendigung der Tätigkeit für das Projekt oder das Unternehmen gelten, können sich dienstvertragliche Konsequenzen ergeben.«

Die Konzerne arbeiten im Geheimen, aber sie orientieren sich an Beispielen, die sie eingehend studieren: Vor allem an der Historie des schwedisch-schweizerischen Anlagenbauers ABB. Der Weltkonzern hatte sich zum Jahresbeginn 1988 aus den beiden Elektrotechnikkonzernen Asea (Schweden) und BBC Brown Boveri (Schweiz) gebildet. Zum Zeitpunkt der Fusion erarbeiteten rund 180.000 Mitarbeiter einen Umsatz von mehr als 27 Milliarden DM – zum Vergleich: DaimlerChrysler wird mittelfristig etwa den zehnfachen Umsatz mit etwas mehr als der doppelten Anzahl Menschen schaffen.

Stärker beeinflußt jedoch sind die Strategen von einem Negativbeispiel: Am 24. Februar des Jahres scheitert die bis dato größte Fusion der Industriegeschichte: Die beiden britischen Pharmakonzerne SmithKline Beecham plc. und Glaxo Wellcome plc. geben bekannt, ihre vor vier Wochen – und damit zeitgleich mit Daimler und Chrysler – aufgenommenen Fusionsgespräche abgebrochen zu haben. Ein Schock, der den Planern der beiden Autokonzerne noch einmal die Höhe der vor ihnen liegenden Hürden krass vor Augen führt. SmithKline Beecham wirft Glaxo in einer außergewöhnlich scharfen Erklärung vor, von den getroffenen Vereinbarungen abgerückt zu sein. Die beiden Seiten konnten sich nicht über die Besetzung wichtiger Führungspositionen einigen.

So darf DaimlerChrysler nicht enden – das steht für alle außer Frage. Die Konsequenz ist klar: Die Chemie zwischen den beiden Männer »on the top« muß stimmen. »Alles, was scheitern kann, muß handfest, schnell und schriftlich geklärt sein«, gibt Cordes als Parole aus.

Als erstes bekommen die beiden Konzerne Decknamen: Daimler heißt fortan Denver, Chrysler wird als Cleveland getarnt. Bei allen Gesprächen, bei jedem Anruf heißt es ab da nur noch »Denver? This is Cleveland!« Für die Besprechungen in wechselnden Hotels legen sich die Teilnehmer eine Legende zurecht, die sie immer dann weiterführen, wenn die Kellner hereinkommen. »Scheinbar wunderte sich niemand, daß wir, auch wenn sie eine Stunde später wieder in den Raum platzten, nahtlos an der Stelle weitersprachen, an der sie uns vor einer Stunde unterbrochen hatten«, staunt ein Teilnehmer der Geheimzirkel. Bevor die Verhandler das Hotelzimmer verlassen, spähen sie durch den Türspalt, ob die Luft auf dem Flur rein ist. Was sich eher anhört wie ein Räuber-und-Gendarm-Spiel Halbwüchsiger als die hochkonzentrierte Arbeit millionenschwerer Manager, macht durchaus Sinn. Sollten die Fusionsgespräche auch nur durch einen dummen Zufall an die Öffentlichkeit dringen, wäre der Plan für immer gescheitert. Rund um den Erdball würden die Börsenkurse der beiden Unternehmen in Minutenschnelle nach oben schießen, jede Übernahme damit unrentabel machen. Und möglicherweise entstünde ein Wettbieten, wie im Falle von Rolls-Royce durch VW und BMW.

Der Schreck fährt zwei Daimler-Unterhändlern in die Glieder, als sie bei einem ihrer Flüge mit der Concorde nach New York ein Paar Reihen vor sich einen Kollegen der Daimler-Motorenentwicklung sitzen sehen. Blitzschnell müssen glaubhafte Ausreden gefunden werden, warum man über den Atlantik unterwegs ist. Ein anderes Mal nimmt Grube die Concorde nach New York, um dort zu den amerikanischen Verhandlungspartnern von Cordes zu stoßen. Der aber empfängt ihn schon am Flughafen mit der Botschaft, daß die Gespräche in einer Sackgasse steckten. Grube kann auf dem Absatz kehrt machen, und nimmt dieselbe Concorde wieder zurück.

Doch was kaum für möglich gehalten worden war, gelingt: Der Coup geht lautlos über die Bühne. Drei Strategien haben Christoph Walther und Roland Klein, die Leiter der Öffentlichkeitsarbeit und der Daimler-Presseabteilung gemeinsam mit ihren amerikanischen Kollegen vorbereitet: Im für sie schlimmsten Falle eines detaillierten Berichtes hätten die Konzerne Gespräche zugegeben, aber keine Einzelheiten genannt. Würden Daimler und Chrysler zumindest direkt als Fusionspartner genannt, hätten die Pressesprecher unisono gesagt, beide Unternehmen sprächen mit einer Vielzahl anderer möglicher Partner. Eine Antwort, die indes schnell in die richtige Richtung ausgelegt worden wäre. Im Falle bloßer Vermutungen hätten Chrysler und Daimler die eilige Rechercheure ausbremsende Auskunft »kein Kommentar« gegeben. Daß es keine Vermutungen gab, kann im nachhinein nur verwundern. Denn im Rückblick erscheinen – trotz der Bemühungen um absolute Verschwiegenheit auf beiden Seiten – die Hinweise doch so deutlich, daß beide Partner sich glücklich schätzen können, daß ihr Vorhaben nicht durch frühzeitige Gerüchte torpediert worden ist.

Denn im Januar 1998 reisen Mercedes-Benz und Chrysler aus Kostengründen mit einer gemeinsamen Gruppe von Automobil-Journalisten in die Vereinigten Staaten. Eaton und Lutz bemerken damals schmunzelnd, daß sich die Zahl von knapp 20 Herstellern bis ins nächste Jahrtausend halbieren werde. Und auch bei Chrysler sei man auf der Suche nach einem Partner. Doch noch denkt keiner der kundigen Zuhörer an den sicheren Hafen Stuttgart. Im März 1998 tagt beim Verband der Automobilindustrie eine Runde mit führenden Vertretern der deutschen Automobilindustrie, der damaligen Umweltministerin Angela Merkel und CDU-Kanzleramtsminister Friedhelm Bohl. Es geht um Abgaswerte der Automobile im nächsten Jahrtausend. Die Diskussion ist früher zu Ende als geplant, und weil man nun einmal zusammensitzt, fragt Bohl nach den Einschätzungen zur künftigen Entwicklung der Autobranche. Was man denn von der Globalisierung halte. Und welche Anforderungen der Weltmarkt stelle. Ein Herr der Runde fällt mit besonderem Detailwissen auf. Er schüttelt spontan Zahlen und Fakten aus dem Ärmel, referiert mit außerordentlicher Genauigkeit über die Auswirkungen internationaler Zusammenschlüsse und läßt schließlich ein staunendes Publikum zurück: Es ist Daimler-Benz-Pkw-Vorstand Hubbert. Doch alle Hinweise in diesen Wochen sind zu ungenau, zu verschlüsselt, als daß konkrete Recherchen angestellt worden wären. Aber die Gerüchteküche beginnt allmählich zu köcheln. Schon ist zu hören, Hilmar Kopper wolle wohl nicht mehr Vorsitzender des Aufsichtsrates bei Daimler-Benz bleiben. Damit würde die Deutsche Bank – wie im übrigen von Rolf E. Breuer, Koppers Nachfolger als Vorstandssprecher, mehrfach angekündigt – ihren Anteil von 21,8 Prozent am Stuttgarter Konzern verkleinern. Auch das in Frankfurt weit von der Hand gewiesene Gerücht enthält, wie die Rückschau zeigt, ein Körnchen Wahrheit. Denn Kopper kann nicht länger oberster Aufseher Daimlers sein, weil der Konzern in die neue AG überführt wird. Und der Anteil der Frankfurter verringert sich aufgrund der größeren Basis in der neuen Konstellation.

Wenige Wochen später schrammt eine deutsche Journalistin in New York an der Geschichte ihres Lebens vorbei. In der *Börsen-Zeitung* vom 29. April schreibt sie eine kurze Meldung, an der Wall Street werde über eine Superfusion geraunt, die »den Fall Krupp/Thyssen noch in den Schatten stellt«. Sie erwartet einen grenzüberschreitenden Takeover: »Einzelheiten erfahren wir in Kürze – oder auch nicht.« Sechs Tage muß sie noch warten. In diesen sechs Tagen mehren sich auch auf dem Frankfurter Börsenparkett die Hinweise auf einen Big-bang. Einen Tag vor der Fusionsankündigung kursieren dann die Namen Daimler und Chrysler unter Frankfurter Aktienhändlern.

Daß niemand aus Analysten- und Journalistenkreisen in jenen Tagen die Zeichen so recht zu deuten und das Puzzle zusammenzusetzen vermag, hat in diesem Frühjahr noch einen anderen Grund: Immer wieder kommt im Zusammenhang mit Daimler die Rede auf Japan, darauf, daß Daimler-Benz sich dort neu aufstellen wolle. Dabei geht es um frühzeitig gestreute Gerüchte aus dem Nissan-Konzern. Mit ihm steht Daimler seit dem Herbst des Vorjahres in Gesprächen über Kooperationen, die bis hin zu einer

Umgeleitet nach Poughkeepsie

Robert Eatons Zeitplan in der Woche, in der die Fusion bekanntgegeben wird.

Sonntag, 3. Mai 1998
Am Nachmittag fliegt Eaton von Pontiac nach New York. Dort trifft er sich mit Führungskräften von Chrysler und Daimler-Benz, Rechtsanwälten und Investmentbankern. Nach mehrstündigen Verhandlungen beschließen sie die Fusion.

Montag, 4. Mai 1998
Am frühen Morgen treffen sich Eaton und Schrempp in New York. Die beiden Vorstandsvorsitzenden nehmen Videokassetten für das Unternehmensfernsehen auf. Beide geben jeweils für die Mitarbeiter des anderen Konzerns eine Stellungnahme ab.
Nachmittags folgt eine Generalprobe: Eaton und Schrempp üben mit ihren Öffentlichkeitsarbeitern den Auftritt auf der Pressekonferenz zur Bekanntgabe des Deals.
Abends trifft Eaton seine Rechtsanwälte und Investmentbanker, um weitere Details zu klären.

Dienstag, 5. Mai 1998
8.00 Uhr. Eaton diskutiert mit seinen Vorstandskollegen in den Räumen der Investmentbank CSFB. Das Board gibt sein vorläufiges Einverständnis. Zustimmung zum neuen Namen DaimlerChrysler AG.
Am Nachmittag fliegt Eaton mit dem Firmenjet nach Deutschland. Ankunft in Frankfurt am Main am Mittwoch, um 7.00 Uhr morgens Ortszeit.

Mittwoch, 6. Mai 1998
Eaton, Kopper und Schrempp frühstücken gemeinsam in der Deutschen Bank. Im Anschluß fliegt der Chrysler-Chef nach London. Ab 11.00 Uhr klärt er im Dorchester Hotel mit seinen Mitarbeitern letzte Fragen.
Am frühen Nachmittag findet eine Telefonkonferenz des Chrysler-Boards statt. Dessen Mitglieder erteilen ihr o.k.
Zwischen 22.00 Uhr und 22.30 Uhr setzen sich die Verhandler im Dorchester Hotel zusammen und unterzeichnen die Verträge.

Um 23.30 Uhr geht Eaton ins Bett. Präsident Thomas Stallkamp informiert in Auburn Hills die leitenden Führungskräfte von Chrysler.

Donnerstag, 7. Mai
07.00 Uhr. Die internationale Presse wird informiert. Eaton ruft die wichtigsten Kunden und Geschäftspartner an.
13.00 Uhr. Eaton und Schrempp geben ihre Pressekonferenz in der London Arena.
14.15 Uhr. Fast dreistündige Telefonkonferenz mit Finanzanalysten und Journalisten.
Ein gemieteter Hubschrauber bringt Eaton danach zum Flughafen. Mit dem Firmenjet landet er gegen 23.00 Uhr in Frankfurt.

Freitag, 8. Mai
Eaton stellt sich den Fragen von Finanzanalysten im Frankfurt Airport Hotel.
Um 11.30 Uhr fliegt er zurück nach New York. Die Maschine wird von der Flugüberwachung auf eine ehemalige Luftwaffenbasis bei Poughkeepsie umgeleitet. Von dort muß Eaton mit dem Auto in das 69 Meilen entfernte New York gebracht werden.
Zu dem um 15.00 Uhr angesetzten Analystentreffen im Waldorf-Astoria Hotel kommt er deshalb 25 Minuten zu spät.
Um 18.30 Uhr fliegt Eaton zum ersten Mal seit einer Woche nach Hause.

Samstag, 9. Mai
08.30 Uhr. Eaton fliegt nach Toledo, Ohio, um die Ehrenrede auf der Abschlußfeier an der dortigen Universität zu halten. Rückflug nach Detroit am Mittag.
Fahrt zum Technikzentrum von Chrysler nach Auburn Hills für eine einstündige Pressekonferenz.
Abendessen im Familienkreis.

Sonntag, 10. Mai
Eaton feiert mit seiner Frau Connie Muttertag.

Kapitalbeteiligung gehen können. Und hier geschieht genau das, was Schrempp bei den Fusionsgesprächen mit Chrysler so fürchtet: Das frühzeitige Gerede treibt den Preis für die angestrebte Beteiligung so hoch, daß ein verärgerter Schrempp im Juni 1998 eigens für ein zweistündiges Gespräch nach Tokio fliegt, um den Japanern die Leviten zu lesen – seitdem herrscht Ruhe bei dem angeschlagenen japanischen Automobilbauer.

Schließlich kommt Schrempp und seinen Mannen noch zugute, daß im Frühjahr 1998 alles wie gebannt auf den Übernahme-Poker zwischen Volkswagen und BMW um Rolls-Royce und Bentley blickt. Der Zeitpunkt hätte für Eaton und Schrempp kaum günstiger sein können. Die beiden Konzernchefs wissen das. Rund zwanzig Berichte über Fusionsversuche, deren Erfolg oder Scheitern, habe er im Vorfeld ausgewertet, erzählt Schrempp – und eine Konsequenz gezogen: »Das Gelingen von Fusionen entscheidet sich in den ersten Wochen – bleibt da alles unter der Decke, lassen sich die größten Probleme aus dem Weg räumen, sind die Erfolgschancen groß.«

Wie bei einem Steinwurf ins Wasser weitet sich die Kunde von der neuen Herausforderung hinter den Daimler-Kulissen aus – doch sie bleibt gesteuert, gelenkt, zu keinem Zeitpunkt unbestimmt. Auf deutscher Seite sind es zunächst nur Schrempp, Cordes und die Spitzenberater von Goldman Sachs, die Bescheid wissen. Dann kommen ihre engeren Mitarbeiter hinzu, es folgen die Rechtsanwälte und Fusionsexperten, mit denen die Konzerne seit Jahren zusammenarbeiten. Kopper wird in die Pläne eingeweiht, nicht jedoch der Daimler-Benz-Vorstand oder -Aufsichtsrat. Anders auf amerikanischer Seite: Das Chrysler-Führungsgremium, das Board, wird von Eaton schon am 5. Februar über das Vorhaben informiert. Dies ist eine gute

Woche, nachdem Eaton Schrempp seine Zustimmung zu den Gesprächen signalisiert hat. Schrempp hingegen hält den Plan zwei Monate länger vor seinen Leuten verborgen. Anders gesagt: Vor dem ersten inhaltlichen Gespräch, zu dem Eaton und sein Finanzchef Valade mit Schrempp und Cordes am 12. Februar zusammenkommen, weiß das Chrysler-Board über den Plan detailliert Bescheid. Von da an hält Eaton seine Leute auf dem laufenden: Am 5. und 23. März und am 7. April kommt das Gremium zusammen. Die Daimler-Leute ahnen nichts davon. »Damit hat uns Eaton regelrecht hinters Licht geführt«, sagt einer später. Anders in Stuttgart: Erst auf der regulären Dienstagssitzung am 7. April erläutert Schrempp seinen Vorstandskollegen, woran er seit Wochen feilt. Nur Pkw-Vorstand Hubbert und sein Vertriebskollege Zetsche werden schon im März eingeweiht, da sie für die Planungen dringend gebraucht werden. Dagegen sind die Vertreter der Investmentbanken praktisch von Beginn an dabei, schon zu einem Treffen am 17. und 18. Februar sind sie geladen.

Die Banker von Goldman Sachs sind alles andere als Unbekannte für die Daimler-Leute. Sie berieten die Stuttgarter beispielsweise schon 1993 bei der Einführung ihrer Aktie an der New Yorker Börse. Dibelius übernimmt für die nächsten Monate die Rolle, die eigentlich Daimler-Finanzchef Manfred Gentz hätte übernehmen müssen: Er ersetzt quasi den Finanzchef von Deutschlands größtem Konzern. Chrysler holt sich die Berater der Schweizer Crédit Suisse First Boston ins Boot. Auch sie sind keine Unbekannten für die Konzernführer.

Mit seinem Kurs, den eigenen Leuten gegenüber weniger offen zu sein als sein Gegenüber Eaton seinen Mitarbeitern gegenüber, behält Schrempp im Endeffekt recht. Das unterschiedliche Vorgehen ist aber auch ein Spiegelbild der unterschiedlichen Kulturen beider Konzerne: Bei Daimler dreht sich vieles um den »Machtmensch Schrempp«, bei Chrysler hingegen herrscht eher eine offene Diskussionskultur. Allerdings kontrolliert auch Chrysler genau, wer etwas erfährt: »Immer, wenn jemand neues eingeweiht wurde, hieß es unmißverständlich: Bisher haben alle dichtgehalten, wenn jetzt etwas nach außen dringt, liegt die undichte Stelle bei dir«, erzählt ein Chrysler-Insider. Einen detaillierten Bericht erhält auch Kopper offiziell erst am Donnerstag, dem 16. April – Schrempp und Cordes geben ihm einen »Überblick über die Diskussionen mit Chrysler«, wie es im amerikanischen Fusionsbericht später heißt. Dieser bestätigt auch, daß Daimler-Benz-Finanzvorstand Manfred Gentz an der Fusion in dieser Phase praktisch nicht beteiligt ist. Während Valade, sein Gegenüber auf Chrysler-Seite, seit dem 12. Februar an den Strategiegesprächen teilnimmt, ist Gentz in den detailgenauen Protokollen nicht aufgeführt. Demnach hat der künftige DaimlerChrysler-Finanzvorstand erst gemeinsam mit dem gesamten Vorstand, einen Monat vor der Veröffentlichung, davon erfahren. Daß Valade hingegen einer der Macher der Fusion ist, bringt auch Probleme, denn er taucht normalerweise nicht auf Automessen auf. »Hier in der Firmenzentrale wurde wild spekuliert, warum der Finanzchef nach Genf fliegt«, erzählt ein Chrysler-Mann mit Blick auf ein Geheimtreffen während des Autosalons.

Ein Rezept zur Geheimhaltung der Gespräche sieht vor, daß die Vertreter beider Seiten immer getrennt kommen und gehen. »Nichts ist so gefährlich, wie am Flugplatz von Journalisten oder Bankern erkannt zu werden«, heißt es. Eaton versucht, für seine Trips nach Europa nur einen Arbeitstag zu opfern. »Wenn er nur einen Tag in der Zentrale fehlt, fällt das nicht auf – eine Dienstreise nach Europa allerdings schon«, heißt es bei Chrysler. Als Eatons Hotelzimmer nach dem Nachtflug von Detroit gen Frankfurt morgens noch nicht bezugsfertig ist, duscht er kurzerhand im Hotelzimmer seines Piloten. Dann folgen vier Stunden Verhandlung und der Rückflug über den Atlantik. Am nächsten Morgen sitzt Eaton wieder an seinem Schreibtisch in Auburn Hills. Auf unpassende Zeitpunkte kann keine Rücksicht genommen werden.

Am 11. Februar treffen sich Schrempp und Cordes mit Eaton und Valade im Hotel »Präsident Wilson«, nahe dem Genfer See. Obwohl sie nur knapp zwei Stunden miteinander sprechen, erkennt das Quartett schnell, daß die Chemie untereinander stimmt. »Das war entscheidend«, sagt Schrempp rückblickend. In den nächsten Wochen beginnen Cordes und Valade mit der wirklichen Ausarbeitung per Telefon. Grube entwickelt in dieser Zeit ein eigenes System, um ständig den Verlauf der Verhandlungen im Überblick zu haben: Die Verhandlungsteams markieren in ihren Laptops jedes Thema rot, gelb oder grün. Wie bei der Ampel signalisieren die Farben: Das Thema hängt, es wird gerade verhandelt oder freie Fahrt, das Thema ist durch.

Vor Beginn des Genfer Automobilsalons, am 2. März, sitzt das Quartett erneut in Europa, diesmal in Lausanne, zusammen. Nun werden die Punkte konkreter, über die die Männer reden. Nachdem sich Eaton und Schrempp schon im Januar versichert hatten, die Fusion nicht wegen eines Streits um die Besetzung der Spitze von DaimlerChrysler scheitern zu lassen, einigen sich die beiden nun auf die Doppelspitze: Drei Jahre lang will das Duo das Mega-Unternehmen gemeinsam führen, danach nimmt Eaton seinen vergoldeten Abschied. Sollte der Amerikaner früher gehen müssen, steht ihm eine Abfindung von rund 44 Millionen DM zu. Unabhängig von seinen Aktienoptionen in dreistelliger Millionenhöhe, die er seit Jahren angehäuft hat.

Der März ist der härteste Monat. Jetzt pokern die Teams um die Fragen der finanziellen Bewertung der beiden Unternehmen. Es war »absolutely tough«, erinnert sich einer der Amerikaner. Dabei geht es zu wie auf einem orientalischen Basar – die Unterhändler steigen mit viel zu hohen Forderungen ein, und versuchen, den anderen herunterzudrücken. Eaton und Schrempp indes haben zwar mehrfach telefoniert, sich aber seit Monatsanfang nicht mehr gesehen. »Wir müssen die beiden wieder zusammenbringen«, lautet in diesen Tagen das Credo von Cordes und Valade. Denn nur wenn das neue Duo harmoniert, geht es voran. Als die Bewertungen schließlich stehen, setzen sich Schrempp und Eaton noch einmal hinter verschlossenen Türen zusammen. Was nur noch ein formaler Akt sein soll, zieht sich über Stunden hin. Draußen bangen ihre Stäbe, die Wochen an den Umtauschverhältnissen gefeilt haben. Schließlich läßt sich Schrempp einen Taschenrechner in den Raum reichen. »Da dachten wir, es ist endgültig vorbei«, erinnert sich einer. Irgendwann kommt Schrempp dann aus der Tür, verzieht keine Miene. Erst dann sagt er schlicht: »Die Sache steht.«

Offen freilich ist noch ein weiterer Punkt: Welche Rechtsform soll die neue Gesellschaft erhalten? Schnell ist klar: Daimler könnte niemals unter amerikanischem Recht arbeiten, so daß eine Übertragung auf Chrysler ausscheidet. Aus steuerlichen Gründen erscheint die Verlagerung in die Niederlande attraktiv. Erst am 7. April, einen Monat vor der Ankündigung, fällt die Entscheidung zugunsten Deutschlands. »Beide Seiten erkannten, daß die Akzeptanz der Fusion auf Daimler-Seite stiege, wenn das neue Unternehmen eine deutsche Aktiengesellschaft würde«, heißt es

Architekten. Gary C. Valade (links) und Eckhard Cordes im Jeep.

dazu nüchtern in den Protokollen. Auch für einen als kühl geltenden Strategen wie Schrempp wäre es zu diesem Zeitpunkt unmöglich gewesen, Deutschlands größten Konzern ins Ausland abwandern zu lassen. Im nachhinein geben die Daimler-Verhandler zu, daß für sie niemals ernsthaft zur Debatte stand, Daimler etwa in eine niederländische Aktiengesellschaft umzuwandeln. Aber es stärkt ihre Position, wenn das Gegenüber scheinbar Alternativen besitzt. Hinzu kommen auch gewichtige finanzielle Gründe: Die Deutsche Bank, als größter Aktionär von Daimler-Benz, spart durch den Konzernsitz in Deutschland viel Geld. Hätte sie ihre Daimler-Benz-Papiere in Aktien eines neuen, ausländischen Unternehmens wechseln müssen, wäre die Differenz zwischen Buch- und Kurswert als Buchgewinn zu versteuern gewesen. Bei einer inländischen Transaktion hingegen kann der Großaktionär schlicht alte gegen neue Papiere tauschen. Der Fiskus bedient sich nur bei Kleinaktionären, die unter bestimmten Bedingungen innerhalb eines halben Jahres Daimler-Aktien gekauft haben. Ein drittes Argument für den Standort D bilden die Arbeitnehmer Daimlers: Sie wären als Mitarbeiter bei einer Holding mit Sitz in Holland oder den USA plötzlich nicht mehr in der bisherigen Form unter die Mitbestimmung gefallen – der Widerstand wäre programmiert gewesen. Ob indes all diese Argumente auch im nächsten Jahrhundert für eine DaimlerChrysler AG noch Bestand haben, bleibt abzuwarten. »Dann entscheiden die Aktionäre«, ist die einzige Antwort aus den Reihen der neuen Konzernführung. Und diese Aktionäre sind mehrheitlich Amerikaner.

In den ganzen Wochen laufen die Verhandlungen nicht nur von Angesicht zu Angesicht, sondern auch fast endlos über Telefone, per Konferenzschaltung. Dibelius erinnert sich, daß während eines Aufenthaltes in Tokio nachts um eins sein Mobiltelefon klingelt. Bis morgens um fünf erklärt er dann den Chrysler-Leuten am anderen Ende der Leitung in Detroit die Grundzüge des deutschen Aktienrechts, vor allem den Unterschied zwischen einem Spruchstellenverfahren in Folge eines Hauptversammlungsbeschlusses, das eine Entscheidung nicht aufschiebt, und einer Anfechtungsklage. Erst am Ende die Frage, wo er derzeit eigentlich stecke. Auf die Antwort, er sei gerade in Tokio, folgt die Entschuldigung dafür, ihn ja wohl um seinen Schlaf gebracht zu haben. Die Amerikaner haben große Furcht, daß das deutsche Aktienrecht den Anteilseignern Tür und Tor für eine endlose Prozeßkette öffne, die den Start der DaimlerChrysler AG torpediere. Auch diese Sorge führt dazu, von einer direkten Kapitalerhöhung wieder Abstand zu nehmen – in diesem Fall hätte die Konkurrenz von Ford oder BMW nur eine Aktie kaufen müssen, um dann als Aktionär gerichtlich gegen den Deal vorgehen zu können.

Schwierig gestalten sich auch die Vorträge vor der amerikanischen Börsenaufsicht Securities and Exchange Commission (SEC). Die Amerikaner bohren nach den Referaten von Valade und Cordes in die Tiefe, unter anderem wollen sie genau wissen, ob das kurz zuvor durchgeführte Daimler »Schütt-aus-hol-zurück-Verfahren« schon im Zusammenhang mit der Fusion gestanden habe. Dabei wird ein sonst steuerwirksamer, zu hoher Eigenkapitalbestand des Unternehmens an die Aktionäre ausgeschüttet, um anschließend mittels einer Kapitalerhöhung wieder zurückzufließen. Als die SEC die Umtauschquote für Daimler-Benz-Aktien in DaimlerChrysler-Papiere von 80 Prozent festgelegt hat, ruft Eaton am 28. April im Stuttgarter Hauptquartier an. Dort sitzt der Vorstand gerade gemütlich zusammen, um den 75. Geburtstag des verdienten

Die geheime Phase der Fusionsverhandlungen

1997	
August	– Konkrete Überlegungen bei Daimler-Benz, ein zweites Mal nach 1995 auf Chrysler zuzugehen *Dibelius (Goldman Sachs) legt Konzept mit Chrysler als Partner vor*
September	– Schrempp spricht Lutz während der IAA an – Eaton und Valade checken mögliche Partner
1998	
12.1.	– Schrempp und Eaton treffen sich am Chrysler-Firmensitz *Schrempp schlägt Eaton in 17minütigem Gespräch vor, eine Fusion zu prüfen*
Ende Januar	– Eaton willigt telefonisch in Verhandlungen ein
5.2	– Eaton informiert sein Board
11.2.	– Treffen Schrempp, Eaton, Cordes, Valade im Hotel Wilson am Genfer See *Vorstellung der Unternehmen, Austausch über Perspektiven*
13. bis 14.2.	– Daimler-Benz-Vorstände Cordes, Hubbert und Zetsche verhandeln in London mit drei Ford-Managern über eine Fusion Daimler-Benz und Ford
17. bis 20.2	– Cordes, Grube und Dibelius sprechen mit Valade, Capo und Bott (CSFB) *Mittwoch: Unternehmenspräsentation* *Donnerstag: Warum eine Fusion* *Freitag: Welcher Weg, erstmals mit Juristen*
2.3.	– Schrempp, Eaton, Cordes, Valade in Lausanne, vor Genfer Automobilsalon 5 Stunden getagt *Entscheidung Doppelspitze, Überlegung zum Sitz der Gesellschaft*
5.3.	– Eaton informiert sein Board – Banker treffen sich in New York zur Diskussion *Information über Fortgang*
6.3.	– Cordes, Grube und Dibelius sowie Valade, Capo und Koch (CSFB) *Information über Fortgang*
11.3.	– Cordes, Grube und Dibelius sowie Valade, Capo und Koch *Bewertungsfragen*

18. bis 19.3.	–	Cordes, Grube und Dibelius sowie Valade, Capo und Koch treffen sich mit Anwälten
		Bewertungsfragen
22.3.	–	Schrempp und Cordes in New York ohne Chrysler
23.3.	–	Eaton informiert Vorstand
27.3.	–	Daimler- und Chrysler-Vertreter treffen sich bei CFSB
7.4.	–	Schrempp gibt Daimler-Vorstand erste Hinweise
	–	Eaton informiert Chrysler-Vorstand
9. bis 10.4.	–	Schrempp und Eaton in London
		Entscheidung über Fusionsweg
16.4.	–	Banker und Rechtsanwälte treffen sich
		Entscheidung Umtauschverhältnis
18.4	–	Schrempp und Eaton informieren Kopper in seinem Privathaus
19.4.	–	Schrempp informiert Daimler-Vorstand
21.4.	–	Cordes, Grube und Dibelius sowie Valade, Capo und Koch in New York
		Entscheidung über drei Boards und Festlegung auf Veröffentlichung am 7. Mai
		Vorbereitung »pooling of interest«
22.4.	–	Eaton informiert Vorstand
	–	Cordes und Valade tragen vor US-Börsenaufsicht SEC vor
27.4.	–	Cordes, Grube, Dibelius sowie Valade, Capo und Koch treffen sich in London
29.4.	–	Eaton informiert Vorstand
1. bis 3.5.	–	Daimler-Vorstand diskutiert in Gruppen und gemeinsam mit Schrempp
4.5.	–	Schrempp und Eaton in New York
		Besetzung des Vorstands, Namensentscheidung
5.5.	–	Chrysler Board stimmt zu
6.5.	–	Bericht über den Deal im *Wall Street Journal*
	–	Unternehmen bestätigen Gespräche
	–	Schrempp und Eaton tragen Kopper das endgültige Modell vor
	–	Nachmittags tagt der Daimler-Aufsichtsrat in Stuttgart
	–	Unterzeichnung des Fusionsvertrages in London
	–	Formale Gründung der DaimlerChrysler AG
7.5.	–	Um 13 Uhr Ortszeit wird der Deal in London veröffentlicht
14.5.	–	Daimler-Aufsichtsrat stimmt der Fusion zu

Aufsichtsrates Johannes Semler gebührend zu feiern. Cordes hat nicht mehr viel von der Feier, er hängt über Stunden am Telefon.

Als kleines Zugeständnis für die andere Seite räumt Schrempp den Amerikanern ein, daß DaimlerChrysler zusätzlich zu den für eine Aktiengesellschaft vorgeschriebenen Vorstand und Aufsichtsrat auch ein einflußreiches Aktionärskomitee haben soll. Am 21. April einigen sich Eaton und Schrempp in New York darauf, wo und wie oft die einzelnen Gremien künftig zusammentreten. Zugleich fällt die Entscheidung, am Donnerstag, dem 7. Mai 1998, mit dem Fusionsvorhaben an die Öffentlichkeit zu gehen. Als Ort kommt nur London in Frage. Deutschland und Amerika scheiden aus, da jede Entscheidung für eines dieser Länder für ein Ungleichgewicht der Fusion gesprochen hätte.

Die Organisation für den Auftritt in London hat begonnen. Chrysler hat ein Flugzeug gechartert, um Autos an die Themse transportieren zu lassen. Eine Auswahl aus der eigenen Modellpalette soll im Veranstaltungszentrum London Arena zur Ansicht bereitstehen, wo das große Ereignis der Weltpresse verkündet wird. Wenige Stunden vor dem Abflug jedoch annullieren die Amerikaner den Flug. Einige Manager haben Angst bekommen, daß die ungewöhnliche Fracht am Flughafen auffallen könnte. Natürlich werden jeden Tag Autos mit Flugzeugen auch nach Europa transportiert, doch ein Querschnitt durch das Chrysler-Angebot hätte jemanden stutzig werden lassen können. So fliegen die eingeweihten Führungskräfte ohne ihre Autos über den Atlantik.

Am Chrysler-Sitz in Auburn Hills laufen derweil die Vorbereitungen auf Hochtouren. Pressechef Steven J. Harris hat seiner Crew den Auftrag erteilt, die Telefonnummern der wichtigsten Journalisten aufzutreiben – und zwar dienstlich und privat. Nachfragen der eigenen Mannschaft befriedigt er mit dem Hinweis auf ein bedeutendes Ereignis, über das er noch nicht sprechen könne und das bis auf weiteres geheim bleiben müsse. Die Presseabteilung macht sich an die Arbeit. Auf neugierige Fragen antwortet sie, man wolle die Datei aktualisieren oder hat sonst eine fadenscheinige Ausrede. Nahezu unglaublich, aber wahr: Kein Journalist findet an der Rundrufaktion etwas Außergewöhnliches. Allenfalls verwundert seien sie gewesen, daß Chrysler nach den privaten Telefonnummern gefragt habe, doch weiter beunruhigt habe sie das nicht, erzählen amerikanische Reporter.

Am Montag, dem 4. Mai, treffen sich Schrempp und Eaton noch einmal in New York, um letzte Feinheiten abzustimmen. Ein Punkt ist immer noch offen: Der Name der neuen Gesellschaft. Für Eaton steht fest: Sie kann nur Chrysler-Daimler-Benz heißen. Schrempp reklamiert, immerhin das größere Unternehmen zu vertreten – der Name könne deshalb nur Daimler-Benz-Chrysler heißen. »Keiner gab nach«, erinnert sich Eaton. Noch einmal steht die Fusion auf des Messers Schneide. Schließlich der rettende Vorschlag: DaimlerChrysler AG. In ihm spiegelt sich die Kompromißbereitschaft, die den Deal erst möglich werden läßt: Daimler verzichtet auf den historischen Namen Benz, dafür nimmt Chrysler auf dem Rücksitz Platz.

Schrempp ahnt schon, daß der Verlust des Namens des Autopioniers Karl Benz in Deutschland nicht gut ankommen wird. Immerhin war es Benz, der 1886 mit der Kaiserlichen Patentschrift 37435 das erste Automobil mit Gasmotorenbetrieb anmeldete. In Baden, etwa in den Daimler-Benz-Werken Mannheim und Gaggenau, gehen die Arbeiter auch heute noch »beim Benz schaffen«. Auch die Familie will sich nicht mit dem alleinigen Überleben ihres Namens in der Marke Mercedes-Benz abfinden. »Das ist ein Skandal. Schon immer wurden wir von den Stuttgartern so behandelt«, bemerkt Gertrud Benz, die 80jährige Frau des Erfinder-Enkels. Genutzt hat es ihr nichts; DaimlerChrysler kostet seinen Preis.

Hindernisse indes bleiben. Noch am Montag abend will Eaton aus New York erbost abreisen. Während die Daimler-Gruppe im Hotel Four Seasons beim Abendessen sitzt, tagen die Chrysler-Leute in einem anderen Hotel der Metropole. Eaton ruft die Deutschen an: »You're walking away from what you have committed«, wirft er ihnen vor. Seine Anwälte haben ihm von veränderten Verhandlungspositionen der Daimler-Benz-Mannschaft in letzter Minute berichtet. Schrempp muß persönlich zurückrufen und die Sache bereinigen.

Die Nerven liegen in diesen Tagen und Nächten des Frühlings blank. Am Dienstag abend ruft Eaton Schrempp erneut an und sagt ihm, er könne nicht mehr dafür garantieren, daß der Deal in seinem Board durchgehe. Erst Stunden später gibt Valade Bescheid, die Abstimmungen seien gelaufen.

Nun steht der öffentlichen Bekanntgabe nichts mehr im Wege. Zur Vorbereitung der Londoner Pressekonferenz arbeiten die Konzerne seit Tagen fast ausschließlich mit Fremdagenturen. Deren Mitarbeitern wird erzählt, es gehe um die Präsentation eines neuen Autos. Daß es um die erste Präsentation des drittgrößten Automobilunternehmens der Erde geht, das die Wirtschaftswelt durcheinanderwirbeln wird, ahnt hier keiner. Doch das Risiko ist hoch – Hunderte sind mit der Vorbereitung des Auftritts am 7. Mai beschäftigt. Flüge für Journalisten aus Asien, Amerika und Europa werden gebucht, ein Buffet für

1.000 Menschen bestellt. Hotelzimmer werden beschafft, Zubringerservices aufgebaut, Dolmetscher organisiert. Techniker verlegen hunderte Kabelmeter, bereiten Live-Schaltungen für das Fernsehen rund um den Erdball vor. Zeitpläne werden aufgestellt, Interviewräume eingerichtet, Pressemappen vorbereitet. Doch niemand merkt etwas.

Nur Steven Lipin befördert sich an diesem 6. Mai endgültig in den Olymp des amerikanischen Journalismus. Der 35jährige New Yorker präsentiert im *Wall Street Journal* unter dem Titel »Daimler und Chrysler führen Geheimgespräche über 35-Milliarden-Dollar-Deal« die Pläne so ausrecherchiert, daß praktisch keine Fragen bleiben. Der Kurs der Daimler-Aktie schießt daraufhin von 178 auf 201 DM, das Chrysler-Papier steigt von 41 auf 53 Dollar. Die Daimler- und Chrysler-Presseleute hätten gewarnt sein können: Zwei Tage vor der Pressekonferenz in London klingelt bei Chrysler-Pressechef Harris das Telefon. Wie man denn so die Entwicklung in der internationalen Automobilindustrie einschätze, will der Reporter des *Wall Street Journal* gerne wissen. Und wie Chrysler zur Konsolidierung der Branche stehe. Was man zu unternehmen gedenke oder ob es schon Pläne gebe, wie der Konzern sich im härteren Wettbewerb rüsten wolle. Konkrete Fragen auf das bevorstehende Ereignis bleiben aus. Am selben Tag fragt das Bonner Büro des *Wall Street Journal* bei Daimler-Benz nach. Die Fragen sind ähnlich allgemein gehalten. Zudem ruft nicht der für die Automobilindustrie zuständige Redakteur an, sondern ein Kollege, der das politische Ressort betreut. Harris ist beunruhigt, doch die allgemeinen Fragen lassen keine abschließende Beurteilung zu. Er ruft Christoph Walther, den Leiter der Daimler-Benz-Öffentlichkeitsarbeit, an, der gerade bei einem Journalisten zu Hause ist, um über die Schrempp-Biographie zu sprechen. Walther verläßt den

Raum und berichtet von dem Gespräch mit dem Bonner Büro des *Wall Street Journal*. Nach kurzer Diskussion beschließen die beiden: Die Journalisten wissen nichts. Die Anfragen kommen zufällig zu diesem Zeitpunkt. Sie stützen sich auf die ohnehin im Umbruch befindliche Branche. Und wenn sie doch etwas wissen, dann ist es ohnehin zu spät. So ist es!

Harris ist in London angekommen und mit den Vorbereitungen für den großen Auftritt beschäftigt. An der amerikanischen Ostküste ist es drei Uhr morgens, als in seinem Haus das Telefon zum ersten Mal klingelt. Es hört an diesem Tag nicht mehr auf. Seine Frau nimmt die ersten Anrufe entgegen, doch Auskunft kann sie nicht geben. Der Chrysler-Pressechef hat seine Frau nicht eingeweiht. Sie weiß nur eins: Ihr Mann ist in den vergangenen Wochen öfter weg gewesen als sonst, er war ungewöhnlich im Streß, und er war mehr als üblich auf Reisen. Es passiert etwas Großes, hatte er ihr gesagt, ohne konkret zu werden. Um sieben Uhr kann Frau Harris die Frage, ob die Geschichte im *Wall Street Journal* stimmt, nicht mehr hören. Sie hängt das Telefon aus.

Woher aber hatte Lipin seine Story, mit der er die Wirtschaftswelt kurzfristig aus den Angeln hebt? Lipin schweigt natürlich auf diese Frage. Niemand gibt seine Informanten preis. Aber »ein hartes Stück Arbeit« sei es gewesen, sagt der rotblonde New Yorker. Und er habe gezittert, denn hätte diese Geschichte nicht gestimmt, es wäre sein Ende bei Amerikas größter Zeitung gewesen. Der studierte Wirtschaftswissenschaftler ist kein Autospezialist, sondern schreibt ausschließlich über Firmenfusionen. Vor sieben Jahren hat er beim *Journal* angeheuert. Vor vier Tagen hat ihm jemand einen Tip gegeben, den er zur Geschichte ausbaut. So detailliert, wie die Amerikaner sie an diesem Morgen bringen, kann die Story nur aus dem Inner-Circle, von einem, der dabei war, gekommen sein. Wer aber verrät nach monatelanger erfolgreicher Geheimhaltung einen solchen Coup, droht, ihn damit noch zum Scheitern zu bringen? »Da hat jemand kalte Füße gekriegt«, heißt es am Tag darauf bei Daimler-Benz. Längst wird gemunkelt, es handele sich um jemand aus dem Chrysler-Beraterstab der Investmentbank Crédit Suisse First Boston – beweisen wird sich dies wohl nie lassen. Denkbar ist auch, daß diese kalten Füße einem amerikanischen Manager gehören. Denkbar ist, daß er Aktien in größerem Stile orderte, da abzusehen war, daß die Kurse beider Unternehmen nach Bekanntgabe der Fusion an den Weltbörsen sprunghaft steigen würden. Da dies aber aufgrund der Insider-Gesetze beider Länder verboten ist, blieb ihm nur der Ausweg, im letzten Moment doch noch hintenherum die Öffentlichkeit zu informieren. Ein Indiz

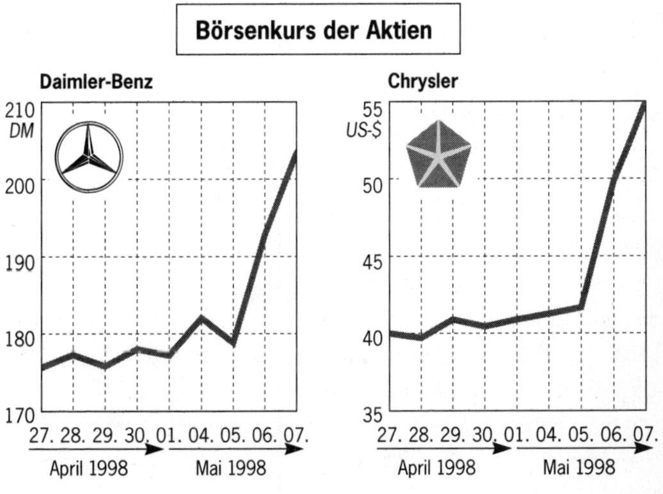

Autohändler. Jürgen Schrempp (links) und Robert Eaton bei der Vertragsunterzeichnung in der Nacht des 6. Mai 1998.

für diese These: Die amerikanische Börsenaufsicht SEC beginnt mit ihren Ermittlungen wenige Wochen nach Bekanntwerden der Pläne. Eaton hingegen sieht die Sache genau andersherum: Er ist davon überzeugt, daß die undichte Stelle Goldman Sachs heißt – die Daimler-Berater hätten die Geschichte mit allen Details an das *Wall Street Journal* gegeben.

Die Daimler-Benz-Pressestelle schreibt an diesem Mittwoch um 9 Uhr morgens in einem halbseitigen Fax, abgefaßt in hölzernem Juristendeutsch, beide Häuser bestätigten, »daß sie sich in Gesprächen befinden über eine mögliche Zusammenführung der beiden Unternehmen«. Eaton und Schrempp sitzen zu diesem Zeitpunkt längst beim Frühstück mit Kopper im Frankfurter Turm der Deutschen Bank. Ihre Teams arbeiten weitere Tagesordnungspunkte ab. Am Tag der Vertragsunterzeichnung ist es noch einmal das Thema Abgaben – Fragen nach der Höhe der Grunderwerbsteuer stehen im Mittelpunkt. Wie hoch wird sie nach der Fusion ausfallen? Die Fachleute schätzten zwischen 100 und 200 Millionen DM, am Ende wird sie bei 160 Millionen DM liegen.

Die Politiker bekommen erst in der Nacht Bescheid. Hubbert ruft Baden-Württembergs Wirtschaftsminister Walter Döring (FDP) an. »Bleibt der Konzernsitz in Stuttgart?« ist dessen erste Frage. Als Hubbert dies bejaht, meint Döring: »Dann isch guat, macht was ihr wollt.« So wie die Geschichte die Beobachter des Konzerns überrascht, so überrascht sie auch dessen Mitarbeiter und Aufsichtsräte. Bis auf Schrempps Mentor und obersten Aufseher, Kopper, ist keiner von ihnen bis in alle Details eingeweiht. Eine Woche zuvor bekommen die Räte per Fax eine Einladung für eine außerordentliche Sitzung am 6. Mai nach Stuttgart auf ihre Schreibtische – für sie nach

Schrempps Amtsantritt nichts Ungewohntes: »Die kommen gerne, immer wenn Schrempp ohne Tagesordnung einlädt, wird es spannend«, berichtet ein Schrempp-Vertrauter. Punkt 17 Uhr eröffnet Kopper die Sitzung in der Möhringer Konzernzentrale. Voller Stolz kostet Schrempp die Anerkennung der Räte aus. Cordes präsentiert danach die Details des Deals. »Obwohl keine Abstimmung vorgenommen wurde, signalisierten mehrere Ratsmitglieder ihr grundlegendes Einverständnis mit der Transaktion«, heißt es im Fusionsprotokoll. Kein Wunder, nachdem Kopper schon die Zustimmung einiger Großaktionäre eingeholt hatte.

Gegen 8 Uhr abends sind auch die Ängste der Arbeitnehmer-Vertreter im Rat ausgeräumt, die Manager haben überzeugend vertreten, daß der Zusammenschluß Arbeitsplätze sichere, statt sie zu zerstören. Doch entscheiden will und kann der Rat an diesem Abend nichts mehr – schon um das Gesicht zu wahren, einem Beschluß die nötige Grundlage zu verleihen, vertagt er sich auf den 14. Mai. Schrempp und seine Entourage fliegen nach der Sitzung nach London, um sich dort im Dorchester Hotel mit den Amerikanern zu treffen. In all den Wochen haben sich vier Notwendigkeiten herauskristallisiert, die eine solche Mega-Fusion erst möglich machten:

- Die Konzernchefs müssen zueinanderfinden.
- Emotionsbeladene Themen müssen bis zuletzt ausgespart bleiben.
- Der Kreis der Eingeweihten sollte so klein wie eben möglich bleiben.
- Der Deal muß schnell über die Bühne gehen – je länger die Gespräche dauern, um so mehr Schwierigkeiten tauchen auf.

Abends um halb elf bringen Eaton und Schrempp den Toast aus, die Verträge sind unterzeichnet. Während der Verhandlungen hatten die Deutschen eine Wette abgeschlossen, wie das Ganze ausgehen könnte. »Zu Beginn standen wir bei 80 zu 20 gegen den Deal«, erinnert sich einer.

Vorbereitet wie ein Staatsstreich

»Vaterlandslos? Nein!«
Überschrift der *Welt am Sonntag* zu einem Schrempp-Interview

Jürgen Schrempp kann ein breites Grinsen nicht unterdrücken: »Die Braut ist schön, und der Bräutigam extremst potent.« Die Braut ist in diesem Fall Chrysler, der Bräutigam Daimler-Benz. Auf dem Podium im blaugeschmückten Veranstaltungszentrum »London Arena« haben die Brautleute Platz genommen und verkünden der ganzen Welt ihr Glück. Die Pressekonferenz wird zur Lehrstunde für die Abläufe im neuen Konzern, denn Schrempp läßt keinen Zweifel aufkommen, wer hier das Sagen hat. Sein Farbfoto in der Pressemappe hat die doppelte Größe des Schwarzweiß-Porträts von Eaton. Vor den zweihundert aus der ganzen Welt eingeflogenen Journalisten referiert der Freiburger eine gute Viertelstunde über die Perspektiven des Deals. Eaton bleibt, zunächst einmal die Fahrzeugpalette von Chrysler vorzustellen.

Die beiden Konzernchefs sitzen hinter einem Tisch aus Metall und hellem Holz. Der Saal ist abgedunkelt. Projektoren werfen zwei Erdkugeln – Europa und Nordamerika im Zentrum – an die Wand. Während Fotografen und Kameraleute das Duo ins Visier nehmen, klingt die Rockmusik, die bis dahin die Halle füllte, langsam aus. Die beiden Weltkugeln verschwinden, nun steht nur noch eine an der Wand, und über der Mitte des Atlantiks prangt in der bekannten Daimler-Benz-Typographie: »DaimlerChrysler

Lichtbild. Robert Eaton und Jürgen Schrempp stellen sich bei der Bekanntgabe der Fusion den Fotografen.

Aktiengesellschaft«. Dann das Dia eines Händedrucks und der Satz: »Eine Fusion, auf Stärke basierend«. Das ist die Botschaft. Und Bräutigam Schrempp läßt keinen Zweifel am Erfolg der Lebensgemeinschaft: »Heute gründen wir das führende Automobilunternehmen des 21. Jahrhunderts, eines, das das Tempo der Automobilwelt im nächsten Jahrtausend bestimmen wird.« Nein, eine Nummer kleiner geht es in der Arena nicht. Sein »Kollege und Freund Bob« sitzt dabei und lächelt.

Vorbereitet wie ein Staatsstreich, abgewickelt wie ein Gipfel der führenden Industrienationen: In London ist nichts von Geburtswehen zu spüren, hier läßt man dem Muskelspiel freien Lauf. »Meine Damen und Herren, Sie werden zustimmen, daß dies eine historische Fusion ist, die das Aussehen der Industrie ändern wird«, sagt Schrempp. »Und wir werden Arbeitsplätze schaffen, auf beiden Seiten des Atlantiks«, verkündet der Mann, der in seinen Zeiten als Dasa-Chef noch als Jobkiller verdammt wurde. Da staunt selbst Eaton: »Toll« ist das erste Wort, das ihm nach Schrempps Monolog entfährt. »Weil wir unter den ersten sind, hatten wir die Chance, unsere Lieblingspartner auszuwählen«, berichtet er. Und um die sensiblen amerikanischen Aktionäre zu beruhigen, kündigt er schon heute an, man wolle dem Aufsichtsrat vorschlagen, künftig mehr als das Doppelte der jährlichen Daimler-Benz-Dividende auszuschütten. An Eaton ist es, im Nebensatz die Maxime des neuen Unternehmens zu formulieren: »Es geht darum, Ideen in Gewinne umzuwandeln, und das schneller als die Konkurrenz.«

Den Journalisten verschlägt es fast die Sprache. Einerseits staunend vor solcher Perspektive, andererseits in extremer Zeitnot aufgrund drohender Redaktionsschlüsse, bleiben die Fragen eher dürftig. Erst die nächsten Monate, ja, Jahre werden zeigen, ob aus dieser Ehe wirklich das »profitabelste Unternehmen der Welt« hervorgeht, oder ob sie zum Desaster wird. Schrempp stellt sich der Herausforderung: »Ich weiß es, und Bob weiß es: In dem Zusammenführen der unterschiedlichen Kulturen liegt die größte Kunst des Managements.«

Du schwebst auf Wolke sieben

»Investmentbanker sind die gierigen Kinder des Fusionszeitalters«
Die Zeit

Sie kennen die Marotten, die geheime Freundin und den Lieblingswein eines Vorstandschefs. Sie wissen, wann er seine Frau anruft, und wie hart er sein Frühstücksei bevorzugt. Sie verbringen Tage und Nächte mit ihm und erleben seine schwersten Stunden. Aber sie können schweigen wie der Pfarrer nach der Beichte. Die Kombination aus Wissen und Verschwiegenheit ist das Kapital des Investmentbankers.

Die Fusionswelle bei Banken, Versicherungen und Industrieunternehmen wäre ohne die Arbeit der Bankberater undenkbar. Unternehmenschefs können Visionen haben, Ziele formulieren – ihre Gegenüber von den Banken machen daraus Strategiepläne. Sie schreiben das Drehbuch der feindlichen Übernahme eines Unternehmens, sei es, das des Angriffs oder das der Verteidigung. Bei ihrem Job wird Monopoly greifbar. Merger and Acquisitions, Fusionen und Übernahmen, gelten als die Königsdisziplin des Investmentbankings. Sie voranzutreiben setzt Einfluß voraus, dokumentiert Macht und bringt Geld. »Du bist Ende Zwanzig, sitzt vor einem 55jährigen Konzernvorstand und diskutierst zwei Stunden mit ihm: Das sind die Probleme und so können wir sie anpacken. Du zeigst ihm, was du draufhast, daß du seine Industrie bis in den letzten Winkel kennst, und der Mann ist beeindruckt. Du sitzt an einer

Schaltstelle, bist Teil von Entscheidungsprozessen. Wenn du aus diesem Meeting rausgehst, schwebst du auf Wolke sieben. Darum mache ich diesen Job«, erzählte ein Investmentbanker einem Reporter der *Zeit.* Einsteiger bekommen Jahresgehälter von gut 200.000 DM. Ausgewiesene Profis werden für zweistellige Millionenbeträge von der Konkurrenz abgeworben.

Für Daimler-Benz ist das Beste auch auf diesem Feld gerade gut genug. Goldman Sachs gilt als das erfolgreichste Haus im internationalen Investmentbanking. Geht es um die eigenen Zahlen, brauchen sich die Berater nicht zu verstecken, und sie tun es auch nicht. Nach eigenen Angaben sind sie Branchenführer bei Aktienemissionen und in der Beratung bei Fusionen und Übernahmen. Die Krise der frühen neunziger Jahre, als 35 Partner das Institut verließen und rund 1.000 Angestellte gefeuert wurden, gilt als überwunden. Die Banker haben Daimler-Benz in allen Höhen und Tiefen der vergangenen Jahre begleitet: Bei der Börseneinführung der Daimler-Benz-Aktie an der New Yorker Wall Street, bei der Abwicklung der AEG und auch bei der Verschmelzung der Mercedes-Benz AG auf die Muttergesellschaft.

Nur mit dem eigenen Börsengang tun sie sich schwer: Für den Herbst 1998 geplant, muß er aufgrund der Baisse verschoben werden. Dabei haben 189 Partner, denen das New Yorker Haus gehört, schon ein Dutzend Anläufe seit den achtziger Jahren hinter sich, um den Sprung an die Wall Street zu wagen. Der Grund: Nur auf diese Weise lassen sich Top-Berater holen und halten. Denn sie alle wollen Unternehmensanteile und Optionen auf Aktien des eigenen Hauses – zusätzlich zu ihrem Gehalt. Ein Investmenthaus aber lebt von seinen Leuten: »Der Erfolg hängt von den Mitarbeitern ab. Wer es schafft, exzellente Leute zu gewinnen, auszubilden und zu halten, hat die besten Chancen«, sagt Jon S. Corzine, der seit 1994 an der Spitze von Goldman Sachs steht. 1869 von dem bayerischen Auswanderer Markus Goldman in New York gegründet, ausgebaut gemeinsam mit seinem Schwiegersohn Samuel Sachs, beschäftigen die Amerikaner heute mehr als 11.000 Mitarbeiter in 35 Büros rund um den Erdball. Seit 1995 hat Goldman Sachs umgerechnet etwa 16 Milliarden DM vor Steuern verdient, allein im ersten Halbjahr 1998 etwa 3,7 Milliarden DM.

Auf eine wesentlich profanere Geschichte blickt der Chrysler-Berater mit dem komplizierten Namen Crédit Suisse First Boston zurück. Dieser Name sagt schon alles über die Geschichte des Investmenthauses: In dem prächtigen Gebäude an der New Yorker Madison Avenue residiert ein Institut, das den gleichen Weg zurückgelegt hat, auf dem es nun viele seiner Kunden berät. Anfang 1997 legte die Schweizer CS Holding die Unternehmensfinanzierung der Universalbank Kreditanstalt in Zürich mit der Investmentbank CS First Boston zusammen. An letztgenannter hielten die Eidgenossen seit Jahren die Mehrheit. So verdoppelte sich die Zahl der Mitarbeiter über Nacht auf runde 10.000, das Eigenkapital hat sich auf umgerechnet rund 14 Milliarden DM vervierfacht. Allein in New York sitzen etwa 4.500 Mitarbeiter, die vorwiegend aus Amerika kommen. Schweizer trifft man hier kaum.

Doch spielt die Staatsangehörigkeit im internationalen Investmentgeschäft kaum noch eine Rolle. Die Dienstsprache ist Englisch, der Arbeitsplatz die ganze Welt. Bei der Daimler-Chrysler-Fusion nehmen die Banker seit Mitte Februar offiziell an den Geheimgesprächen teil. Sie sichern die finanzielle Seite des Deals, arbeiten aufgrund ihrer Erfahrungen das komplizierte Verschmelzungsprocedere aus, leisten die Kärrnerarbeit auf der technischen Seite der Zusammenführung.

Während der Deal ohne Goldman Sachs und CSFB nicht denkbar gewesen wäre, scheint die Hereinnahme der dritten Investmentbank in die Verhandlungen eher eine Konzession an die Deutsche Bank als Hauptaktionär von Daimler-Benz zu sein. Die Deutsche Morgan Grenfell, die Investmentsparte der Frankfurter, wird erst vier Wochen vor Schluß mit an den Tisch geholt. Hinter vorgehaltener Hand mutmaßen die, die dabei waren, dies sei einzig und allein auf Wunsch Koppers geschehen, eine Notwendigkeit habe nicht bestanden. Der Aufsichtsratschef der Deutschen Bank weiß, daß die Teilnahme am Deal von Weltformat erstens Reputation für das immer noch krankende Geschäftsfeld Unternehmensübernahmen bringt und zweitens Geld in die Kasse des Instituts spült. Auf diese Weise kann der größte Aktionär auch noch ganz legal an der Fusion mitverdienen. Allerdings hat es die Deutsche-Bank-Tochter nicht leicht. Während der schwierigen Phase der Fusion wird einer ihrer führenden Unterhändler von der amerikanischen Konkurrenz Morgan Stanley Dean Witter, New York, abgeworben.

Erst als der Deal steht, kommt eine weitere Bank ins Gespräch. Mit ihr hat niemand gerechnet, am wenigsten wohl sie selber. Im Vergleich ist sie klein und unbedeutend, aber sie hat zwei entscheidende Vorteile: Einerseits gilt sie als solide, andererseits stand sie in ihrer Geschichte nie mit einem der beiden Konzerne in Geschäftsbeziehungen. Die 1789 gegründete Sal. Oppenheim jr. & Cie. KGaA in Köln wird zum Vehikel der Transaktion. Trotzdem handeln sich die Banker schnell Ärger mit den Fusionspartnern ein. Im Gegensatz zu den bis heute weitgehend verschwiegenen Investmentbankern geben sie am Tag der Vertragsunterzeichnung der Konzerne in London mit stolz geschwellter Brust eine Presseerklärung heraus. Darin erklären sie ihre Rolle als Hülle, auf die die Konzerne verschmolzen werden sollen. Viel – außer Ansehen – sei an der Rolle als Geburtshelfer nicht zu verdienen, sagt der Aufsichtsratsvorsitzende Matthias Graf von Krockow. Aus der neugegründeten Oppenheim AG wird in den nächsten Tagen die Daimler-Chrysler AG – es ist die stille Geburt des neuen Unternehmens.

Als Eaton und Schrempp ihre Unterschriften unter den Fusionsvertrag setzen, liegen auch hinter den Anwälten Wochen der Schwerstarbeit. Allein 100 Stunden Arbeitszeit in den letzten sieben Tagen vor der Bekanntgabe der Fusion stellt Paul H. Wilson Jr., Partner der Rechtsanwaltskanzlei Debevoise & Plimpton, Chrysler für seine Dienste in Rechnung. Nach der Fusion zieht J. Michael Schell, Partner der Daimler-Berater Skadden, Arps, Slate, Meagher & Flom ein Fazit, dem sich wohl die Beteiligten aus allen Bereichen anschließen können: »Dieser Deal ist so hart wie keiner, an dem ich bislang gearbeitet habe und so schwierig wie keiner, den ich mir vorstellen konnte.«

Die Juristen der Konzerne werden lange Zeit im Dunkeln gehalten. »Dies hat nicht mit geringer Wertschätzung zu tun, sondern wir brauchen für diesen Deal die besten Leute, die es auf der Welt gibt«, erklärt ein Daimler-Vorstand. Das Vertragswerk muß so ausgefeilt sein, daß es über Jahre die Grundlage der Verschmelzung sein kann. Für die juristische Absicherung sind die erfahrensten Kanzleien der Erde engagiert. Mehr als 30 Rechtsanwälte aus sechs Kanzleien auf zwei Kontinenten befassen sich in den ersten Monaten mit der Fusion. Wirklich eingeweiht in die Unternehmenspläne aber sind auch hier nur ganz wenige.

Im siebten Himmel Handelsblatt, 8. Mai 1998

Ausgerechnet Chrysler entscheidet sich für Rechtsbeistand aus Deutschland. Bruckhaus, Westrick, Heller, Löber vertreten die Amerikaner. Was auf den ersten Blick erstaunt, macht durchaus Sinn. Auf dem Weg zur Neugründung einer deutschen Aktiengesellschaft ergeben sich zahlreiche Schwierigkeiten, für die gerade deutsche Rechtsexperten Lösungen beitragen können. Mit der Kanzlei hat sich Chrysler einen Berater ausgesucht, der zu den größten Europas zählt. In ihrer heutigen Form entstand die Kanzlei durch die Fusion der deutschen Bruckhaus, Westrick Stegemann mit der österreichischen Kanzlei Heller, Löber, Bahn & Partner Anfang 1998. Auch diese schrieb – in ihrer Branche – Geschichte: Es war der erste große Zusammenschluß einer deutschen Kanzlei über die Landesgrenzen. Und es entstand die größte deutsche Kanzlei mit insgesamt 268 Rechtsanwälten und einem Steuerberater. Allein 18 von ihnen besitzen eine ausschließlich ausländische Zulassung. Der Umsatz, der nicht genannt wird, könnte an die Viertelmilliarde jährlich heranreichen. Ein Dutzend der Bruckhaus-Partner sind in die Daimler-Chrysler-Fusionsverhandlungen einbezogen. Da viel Neuland betreten wird, sei die Zusammenarbeit mit den Anwälten des künftigen Partners von entscheidender Bedeutung gewesen, sagt Harald Voss, der gemeinsam mit zwei weiteren Seniorpartnern federführend das Mandat betreute.

Um den rechtlichen Rahmen aufzubauen, sei es notwendig gewesen, geistige Anleihen bei bisherigen grenzüberschreitenden Fusionen aufzunehmen, erzählt Thomas Buhl, Frankfurter Rechtsanwalt in der Kanzlei von Cleary, Gottlieb, Steen und Hamilton. Sie beraten in den ersten Wochen die Chrysler-Leute, werden dann allerdings zunehmend durch Bruckhaus ersetzt, da nach Meinung der Beteiligten dort die größere Erfahrung im deutschen Aktienrecht vorliegt. Zu den Leihgebern zählt er in erster Linie das deutsch-amerikanische Zusammengehen von W. R. Grace's National Medical Care Inc. mit der Fresenius AG, aber auch die Fusion zwischen dem amerikanischen Pharmariesen Upjohn Inc. und der schwedischen Pharmacia AB. »Am Ende aber mußte der Plan maßgeschneidert sein, um die wirtschaftlichen Ziele zu erreichen und einer Fusion von Gleichen gerecht zu werden.«

Führend im Bunde der Chrysler-Berater ist die Kanzlei Debevoise & Plimpton. 1931 von zwei Anwälten gegründet, steht die Kanzlei ihren Klienten heute mit 390 Rechtsanwälten in allen drei wichtigen Wirtschaftsregionen bei – in Asien, Europa und Amerika. Debevoise ist so etwas wie die Hauskanzlei von Chrysler, seit Jahren arbeitet der Autohersteller eng mit den Rechtsanwälten aus der New Yorker Third Avenue Nummer 875 zusammen. Sie hatten die Amerikaner schon betreut, als es ihnen Anfang der 80er Jahre ausgesprochen schlecht ging. Damit sieht auch die Struktur auf der Chrysler-Seite anders aus: Während bei Daimler-Benz eindeutig die Investmentbank Goldman Sachs die führende Rolle unter den Beratern einnimmt, ist es auf Chrysler-Seite nicht CSFB, sondern es sind die vertrauten Anwälte von Debevoise & Plimpton.

Nur ein paar Blocks weiter, ebenfalls in der repräsentativen Third Avenue, residiert die Kanzlei, von der Daimler-Benz sich vor allem in Fragen des US-Rechts beraten läßt: Skadden, Arps, Slate, Meagher & Flom. Ihre Beziehung zu den Stuttgartern beginnt schon 1980, seitdem ist die mehr als 1.100 Rechtsanwälte zählende Praxis immer wieder in Transaktionen des Konzerns eingebunden. Im Verhältnis ist die Kanzlei noch jung: 1948 gründeten Marshall Skadden und Leslie Arps, die beide von der Wall Street kamen, gemeinsam mit dem Anwalt der Fluggesellschaft Pan Am die Kanzlei. Um gegen die Alteingesessenen antreten zu können, erwies sich Skadden immer wieder als ausgesprochen unorthodox. Seit den 70er Jahren eilt ihr der Ruf einer doppelten Reputation voraus: Zum einen ist die Kanzlei bekannt dafür, einen der weltweit höchsten Stundensätze zu nehmen, zum anderen gilt Joe Flom in Industriekreisen als einer der besten Strategen gegen Versuche einer feindlichen Übernahme durch die Konkurrenz. Heute wird ihr Jahresumsatz auf umgerechnet gut 1,2 Milliarden DM geschätzt.

Auch in Fragen des deutschen Rechts steht den Stuttgartern eine amerikanische Kanzlei bei. Shearman & Sterling blickt auf eine intensive Beziehung zu den Schwaben zurück: 1996 beriet sie bei der federführend von dem Konzernstrategen Cordes geplanten Auflösung der AEG. In dem 125 Jahre alten Traditionshaus arbeiten 638 Rechtsanwälte in 14 Städten der Erde – von Abu Dhabi bis Toronto. Die Klientel ist weit gefächert. Von Banken wie der Citicorp bis zur Regierung Mexikos während der Nafta-Verhandlungen. Vor allem haben die Amerikaner aber wichtige Erfahrungen in Diensten der Treuhandanstalt gesammelt, bei der auch Dibelius schon engagiert war: »Die Arbeit in Ost-Deutschland half uns, in komplizierten Strukturen zu denken«, erinnert sich Georg Thoma, einer der deutschen Repräsentanten von Shearman & Sterling.

Eine besondere Rolle kommt der Frankfurter Sozietät Hengeler Mueller Weitzel Wirtz als Fünftem im Bunde zu. Sie wird quasi zwischen den Parteien angesiedelt, dient dazu, als neutraler Ratgeber die verschiedenen Modelle der Verschmelzung zu beurteilen. Ihre Anwälte müssen Pro und Contra aller Vorschläge noch einmal checken und die Ergebnisse beiden Seiten vorlegen. Auch diese Kanzlei blickt in ihrer eigenen Geschichte schon auf eine Fusion zurück. Entstanden ist sie, die heute zu den größten deutschen zählt, aus der fast hundert Jahre alten Düsseldorfer Kanzlei Hengeler Kurth Wirtz und der Frankfurter Mueller Weitzel Weisner. Heute arbeiten hier 120 Rechtsanwälte in drei deutschen und vier ausländischen Büros.

Hinzu kommen die juristischen Berater der Partner: Die Chrysler-Investment-Banker von CSFB holen sich Rat bei Simpson, Thacher & Bartlett. Davis Polk & Wardwell unterstützen die Deutsche Bank als größten Einzelaktionär von Daimler, und der größte Chrysler-Aktionär, die Tracinda Corp., holt sich Hilfe bei Fried, Frank, Harris, Shriver & Jacobson.

Bei so viel bezahltem Sachverstand wundert es nicht, daß sich die Kosten schnell auf mehr als eine halbe Milliarde DM nur für die Phase des Zusammenschlusses summieren. Die Vergütung der Investmentbanken macht dabei – inklusive der eher geringen Gebühren für die Börsenzulassungen – etwa 210 Millionen DM aus. Rechtsberatung, Wirtschaftsprüfung und Kosten von Umtausch und Kapitalerhöhung liegen bei etwa 340 Millionen DM. Hinzu kommt noch die durch die Verschmelzung ausgelöste Grunderwerbsteuer von etwa 160 Millionen DM.

Ausgerechnet die Suche nach den Wirtschaftsprüfern gerät zu einem Treppenwitz der Wirtschaftsgeschichte. Denn aufgrund der Fusionswelle, die auch schon durch die Branche der Prüfer gefegt ist, ist deren Zahl soweit geschrumpft, daß Daimler-Benz und Chrysler nur mit Mühe im April die vier benötigten Institute auftreiben. Sie dienen in erster Linie dazu, die ausgehandelten Tauschverhältnisse zu überprüfen. Auf Chrysler-Seite steht der »Hausprüfer« Deloitte Touche Tohmatsu International, die in den USA kurz unter Deloitte & Touche laufen, der fünftgrößte Prüfer der Erde. Auf Daimler-Benz-Seite steht das weltweit drittgrößte Institut, die KPMG International. Sie ist ein loser Verbund von Einzelfirmen, die in 150 Ländern der Erde arbeiten. Mit der C & L Deutsche Revision Aktiengesellschaft, Wirtschaftsprüfungsgesellschaft, findet sich der erste unabhängige Prüfer. Der zweite ist die damalige Schitag Ernst & Young, Deutsche Allgemeine Treuhand Aktiengesellschaft, Wirtschaftsprüfungsgesellschaft, deren geplante eigene Fusion mit KPMG 1998 gescheitert ist. Gerichtlich bestellt zur Kontrolle der Umtauschverhältnisse wird die BDO Deutsche Warentreuhand Aktiengesellschaft, Wirtschaftsprüfungsgesellschaft.

Trotz der noch so detaillierten Arbeit ihrer Anwälte, Banker und Prüfer sind alle Beteiligten gespannt auf die Entscheidungen der Kartellbehörden. Beim ersten Vorfühlen hatten sie schon Zustimmung signalisiert. Im Juni dann das Aufatmen. Der aufgrund seiner Konsequenz gefürchtete EU-Wettbewerbskommissar Karel van Miert sagt: »Die Fusion ist nicht so problematisch, weil auf dem Automarkt weiterhin ein harter Konkurrenzkampf herrschen wird.« Offiziell folgt das grüne Licht aus Brüssel wenige Wochen später. Auch die Federal Trade Commission of the USA erhebt keine Einwände.

Die Entdeckungsreise

»Es gibt auch andere Werte als die reine Knete«
Christian Strenger, DWS-Fonds

Zulieferer fürchten sich vor mehr Druck, Betriebsräte vor Stellenkürzungen, doch einer profitiert ganz sicher von der Fusion: der Stuttgarter Flughafen. Im August wird erstmals öffentlich darüber nachgedacht, daß der Schwaben-Airport künftig auch für wöchentliche Sonderflüge zwischen Detroit und Stuttgart offen stehen müsse. Später werden von hier aus eigene DaimlerChrysler-Flugzeuge die Manager über den Atlantik bringen. In den vergangenen Monaten schon waren die Dealmaker fast mehr in der Luft als am Boden. Gegenüber der Öffentlichkeit ist die »quiet period« ausgerufen, die stille Phase in den Monaten zwischen Vertragsunterzeichnung und Veröffentlichung der Verschmelzungsberichte am 8. August in den USA und in Deutschland. Cordes bringt es wie gewohnt auf den Punkt: »Das beste wäre, wir legen uns ins Bett und stehen solange nicht mehr auf, bis die Berichte stehen.« Solange nämlich besteht die Gefahr, daß der Deal durch zu frühe Öffentlichkeit platzt. Die amerikanische Börsenaufsicht lauert nur darauf, daß Details durchsickern, bevor sie offiziell und zeitgleich in den Berichten verbreitet werden. Eines allerdings genießen die Manager: das Baden im Lob. Schrempp strotzt vor Selbstbewußtsein, weiß, daß er es den deutschen Industrieführern genauso wie unliebsamen Journalisten gezeigt hat. »Ein rotweintrinkender Rambo bringt eine solche Fusion nicht zustande«, sagt einer seiner

Vertrauten. Das Lob kommt von allen Seiten, von Helmut Kohl bis Gerhard Schröder, der SPD-Wirtschaftsexperte Siegmar Moßdorf findet den Deal schlicht »einen Hammer«, der damalige FDP-Bundeswirtschaftsminister Günter Rexrodt hält ihn für einen »klugen Schritt«.

Wichtiger für die Konzerne als Politikerlob ist die Zustimmung in den Reihen der eigenen Mitarbeiter. Die deutschen Betriebsräte geben nach der nächsten Aufsichtsratssitzung bei Daimler-Benz am 14. Mai eine eigene Erklärung ab. »Arbeitnehmervertreter stimmen Zusammenschluß mit Chrysler zu«, lautet der schlichte Titel. »Der geplante Zusammenschluß begründet für die Mitarbeiter keine Nachteile, wie zum Beispiel rationalisierungsbedingten Personalabbau oder Ausgründungen«, zitieren die Betriebsräte erleichtert aus einem Schreiben der Unternehmensleitung an die Arbeitnehmervertreter. Als »so nicht ganz richtig« stellen die Pressesprecher des Hauses indes Minuten nach der Veröffentlichung einen anderen Satz der Betriebsräte in ihrer Erklärung dar. Darin heißt es: »Auf unsere Forderung im Aufsichtsrat hin hat sich die Unternehmensleitung zudem bereiterklärt, in die Vorbesprechungen der Arbeitnehmervertreter im Aufsichtsrat der neuen DaimlerChrysler AG mit dem Vorstand zusätzliche Repräsentanten der amerikanischen Belegschaften einzubeziehen.« Die Antwort des Unternehmens läßt nicht auf sich warten: »Wir informieren auch künftig nur die gewählten zehn Aufsichtsräte der Mitarbeiterseite im Vorfeld, zusätzliche Vertreter können schon mit Blick auf die Insider-Richtlinien nicht berücksichtigt werden«, heißt es.

Hinter den Kulissen herrscht in diesen Wochen hektische Betriebsamkeit. Es sind die Tage und Nächte, in denen Chrysler-Präsident Stallkamp schon mal um 2 Uhr morgens bei einem führenden Daimler-Mitarbeiter anruft, um

Hör-Saal. Jürgen Schrempp erklärt seinem neuen Vorstand in Untertürkheim die Zukunft.

ihn auf einen Fehler im Schriftzug der neuen Gesellschaft aufmerksam zu machen. Elf Arbeitsgruppen, bestückt von beiden Unternehmen, tasten sich an die Details der Fusion heran. Es geht um Steuern und Standorte, um Börsenplätze für die neue Aktie und Bonuszahlungen für die Manager. Jetzt bricht auch die Zeit des Kennenlernens an. Die Manager bekommen einen Vorgeschmack davon, was es heißt, für die erste »Welt AG« zu arbeiten: Innerhalb von sieben Tagen fliegen die Daimler-Vorstände zunächst zum Antrittsbesuch für 48 Stunden nach Detroit, daraufhin die Amerikaner ins ferne Stuttgart. Das offizielle Programm der Visiten gleicht sich. Voller Stolz präsentiert jede Mannschaft der anderen ihre neuen Autos. Schrempp darf in der Conner-Avenue-Fabrik den neuen Dodge Viper ausprobieren, einen Sportwagen mit zehn Zylindern und mehr als 400 PS. Auch den Chrysler-Imageträger, den Plymouth Prowler, führen die Chrysler-Chefs vor. In Stuttgart dann zwängen sich Valade und Gentz bei strahlendem Sonnenschein auf der Einfahrbahn im Untertürkheimer Werk in die Kabine des Mercedes-40-Tonners Actros. Die Motorenfabrik Cannstatt wirkt beim Rundgang, als sei der Boden geleckt worden. Mit Schutzbrillen ausgerüstet, eilt der Troß von einer Produktionsstation zur nächsten. Zuletzt geht es in die Fertigung des Mercedes-Werkes Sindelfingen. Deutsche und Amerikaner öffnen sich gegenseitig die Türen ihrer Entwicklungszentren, wo das Herz der Zukunft im Geheimen pocht. Um manches beneiden die Daimler-Oberen bei ihrer Entdeckungsreise ihre neuen Partner: So verfügen diese über eigene Firmenjets, mit denen sie entspannt jeden Punkt der Erde erreichen können. Und das Chrysler-Hauptquartier in Auburn Hills mit seinen Einkaufsläden und Friseursalons erinnert nicht gerade an die auch nach Jahren noch sterile Daimler-Feste in

Möhringen. Auf der anderen Seite ist auch in Amerika nicht alles Gold, was glänzt: Als die deutschen Unterhändler in einer Konferenzpause vor dem Sitzungssaal Rücksprache mit Stuttgart nehmen wollen, eilen sie zu den Telefonkabinen auf dem Vorstandsflur. Doch müssen sie feststellen, daß die Apparate dort nicht für Gespräche ins Ausland freigeschaltet sind. Die Fusion kommt eben auch für die Amerikaner überraschend.

Auch die Sitten nach Dienstschluß sind andere, als man sie aus Stuttgart kennt. Die fröhliche Abendrunde mit den neuen US-Kollegen nimmt für die deutschen Vorstände ein zu jähes Ende, als sich Eaton und sein Troß schon um kurz vor neun Uhr abends verabschieden. Da ist man in Stuttgart anderes gewohnt. Als die Amerikaner eine Woche später zu Gast an Neckar und Nesenbach sind, bucht Daimler für den Abendempfang das Bierhaus West. Es gibt Trollinger und Bier, Schnitzel, Maultaschen – und eine Überraschung. Jeder der Gäste von der anderen Seite des Atlantiks erhält ein ferngesteuertes Modell des Mercedes-Roadsters SLK. Während die Bodyguards vor der Holztüre der Stuttgarter Traditionskneipe auf ihre Chefs warten, verwandeln sich die Konzernherren drinnen in Schulbuben: Rund um die Tisch- und Stuhlbeine lassen sie ihre vierrädrigen Präsente kreisen. Über die Liebe zum Auto wachsen die Manager zusammen.

Als Schrempp am Freitag nachmittag vor die leitenden Angestellten seines Konzerns tritt, um das 25jährige Bestehen des Gesamtsprecherausschusses zu würdigen, ist er sichtlich begeistert. Mitreißend spricht er von den Perspektiven, die das Gemeinschaftsunternehmen habe. Hier sagt Schrempp auch den vielzitierten Satz, es werde »eine Angleichung der deutschen Gehälter geben, aber keine Amerikanisierung«. Und der neue Konzern solle Trendsetter bei

Gut gepolstert. Jürgen Schrempp testet die Mercedes-Vergangenheit.

neuen Gehaltsmodellen sein – »auch wenn wir dabei riskieren, eins auf die Nase zu kriegen«. Die Führungskräfte nimmt Schrempp mit seiner nahezu frei gehaltenen, vor Optimismus schier überquellenden Rede im Handstreich für sich ein. »Die Mitbestimmung ist am Schluß eine konstruktivere Art, Lösungen zu finden, als sie in anderen Ländern und auch in den USA praktiziert wird«, bekennt der Daimler-Primus unter dem Beifall seiner Leute. Von »Rambo« keine Spur. Schrempp erntet bei den Arbeitnehmervertretern im Aufsichtsrat genauso wie bei seinen leitenden Angestellten die Früchte, die er Wochen zuvor in den Verhandlungen mit Eaton gesät hat: Damals konnte er den Amerikaner davon überzeugen, daß man durchaus ein erfolgreiches Unternehmen führen kann, auch wenn es der Mitbestimmung unterliegt. »Man muß etwas länger diskutieren, aber am Ende ziehen dafür auch alle mit«, hatte Schrempp gesagt. Bislang scheint er recht zu behalten.

Auch die Aktionäre ziehen mit. Noch indes wird ihnen nicht mehr abverlangt, als guten Mutes zu sein und nicht zu viele Fragen zu stellen, da diese ohnehin nicht beantwortet werden könnten. Daran halten sich die Anteilseigner. 15.000, mehr als je zuvor sind Ende Mai zur 102. und letzten ordentlichen Daimler-Hauptversammlung nach Stuttgart geeilt. In der Schleyer-Halle kommt Festtagslaune auf. Schrempp hat den Saal in der Hand. Angesichts des Beifalls, der seine mehr als einstündige Rede immer wieder unterbricht, platzt der Daimler-Benz-Chef in der anschließenden Debatte fast vor Stärke. »Sie haben dem Unternehmen innerhalb von zwei Jahren sein Gesicht wiedergegeben«, lobt Christian Strenger, der eher als nüchtern bekannte Sprecher der Deutschen Gesellschaft für Wertpapiersparen mbH (DWS). »Die ganze Welt wird zum Marktplatz unserer Autos«, freut sich ein Kleinaktionär über die künftig goldgeränderten Bilanzen. Da braucht es ausgerechnet den Fondsvertreter Strenger, der die Vorstände mahnt: »Es gibt auch andere Werte als die reine Knete.« Gegen Ende dann, abends um neun Uhr, folgt die Abstimmung über Pläne und Mandate. 99,9 Prozent stehen angesichts der Mehrheitsverhältnisse bei allen 13 Tagesordnungspunkten außer Frage. Nach der Abstimmung reckt Schrempp beide Daumen in die Luft, als hätte er gerade an Bord von Mercedes-Formel-1-As Mika Häkkinen die schwarzweiße Zielflagge gesehen. Der innere Zirkel des Konzerns trifft sich nach der ersten Sitzung des neu gewählten Aufsichtsrates in der oberen Etage der Schleyer-Halle, um mit Schrempp bis zwei Uhr morgens auf den Erfolg anzustoßen. Nur wenige Stunden später machen sich Cordes und Gentz samt Gefolge wieder auf den Weg nach Detroit, um am »transatlantischen Brückenschlag«, wie Schrempp den Kauf von Chrysler nennt, zu feilen.

Die Stuttgarter scheinen in diesen Tagen Erfolg und Glück gleichermaßen gepachtet zu haben. Ende Juli präsentiert Schrempp in der Frankfurter Börse eine Halbjahresbilanz, die vor Rekorden strotzt. Betriebsergebnis (operating profit) und Überschuß (net income) kann Daimler-Benz gegenüber den ersten sechs Monaten 1997 verdoppeln. »Wir haben die Planung von 134 auf gut 140 Milliarden DM Umsatz angehoben«, kann Schrempp auf der letzten eigenständigen Ergebnisvorlage des Konzerns der Wirtschafts- und Finanzpresse verkünden. Bis Ende Juni sind 427.700 Personenwagen verkauft. Insgesamt sollen es 1998 mehr als 850.000 werden, gegenüber 715.000 im Vorjahr. Bei soviel Zuversicht bleibt es Gentz vorbehalten, den Part des Bremsers zu geben: »Der Trend muß sich fast zwangsläufig verlangsamen«, warnt er vor überzogenen Erwartungen für die zweite Jahreshälfte.

Auch die Chrysler Corp. kann nicht klagen. Im ersten Halbjahr 1998 verkauft Chrysler weltweit 1,67 Millionen Autos, davon 1,44 Millionen in Amerika und Kanada. Der Marktanteil in den Vereinigten Staaten steigt auf 16,2 Prozent, gegenüber 15,6 Prozent im Vorjahreszeitraum. Chrysler setzt in den ersten sechs Monaten umgerechnet knapp 57,5 Milliarden DM um und verdient dabei rund 3,5 Milliarden DM nach Steuern. Der Abstand zur Konkurrenz hat sich in bezug auf die Meßgröße Ertrag je Auto noch vergrößert. Nach Berechnungen des Konzerns verdient Chrysler jetzt je verkauftem Fahrzeug durchschnittlich 1692 Dollar. Ford komme auf 1348 Dollar und der durch Streiks in seinen Werken zusätzlich gebeutelte General-Motors-Konzern nur auf 286 Dollar.

In Deutschland verzeichnet Chrysler das beste Halbjahr seiner Geschichte. Bis Juni werden 11.200 neue Autos zugelassen, neun Prozent mehr als im Vorjahreszeitraum und mehr, als das Unternehmen erwartet hat. Im Gesamtjahr rücken 22.000 Einheiten in greifbare Nähe. Damit würde Chrysler Deutschland erstmals die Grenze von 20.000 Neuzulassungen überspringen. Der drittgrößte amerikanische Automobilkonzern, der schon am Abgrund stand, weist liquide Mittel von umgerechnet rund 17 Milliarden DM aus. Aus dem Verschmelzungsbericht geht hervor, daß Chrysler damit am Höhepunkt seiner Ertragskraft angelangt ist. Doch das kann Eatons Optimismus nicht bremsen: »In der Regel übertreffen wir unsere Prognosen.«

Nun endlich findet auch das erzwungene lange Schweigen in bezug auf die Fusion sein Ende: Am 6. August reichen die beiden Unternehmen gemeinsam den Bericht ein, der von der Wirtschaftswelt ersehnt wird: Das »U.S. Registration Statement« und der einen Tag später erscheinende deutschsprachige Verschmelzungsbericht geben Auskunft über fast alle Fragen, die im Raume stehen. Das Wichtigste: Sie öffnen die Tür zur Zukunft einen Spalt weit, erlauben einen Blick auf künftige Gewinne beider Unternehmen jeweils getrennt und verschmolzen zum DaimlerChrysler-Konzern. Auch werden nun die Firmenwerte veröffentlicht, die zur Festlegung der Tauschkurse führen. Grundlage für deren Ermittlung sind die Börsenkurse beider Unternehmen zum Stichtag 15. April 1998. Diese Werte werden um Dividendenzahlungen und Kapitalerhöhungen im ersten Halbjahr ergänzt und letztlich mit den Unternehmenswerten abgeglichen. Hierbei fließen auch die Ertragsprognosen bis zum Jahr 2000 ein. Unter dem Strich ergibt sich, daß der Chrysler-Börsenwert zum Stichtag gegenüber Daimler-Benz um 28 Prozent unterbewertet ist. Nach den Berechnungen der Wirtschaftsprüfer liegt der Daimler-Benz-Firmenwert bei 110 Milliarden DM. Bei rund 583 Millionen Aktien macht dies einen Unternehmenswert von 188,55 DM je Aktie aus. Der Wert von Chrysler liegt bei 82,3 Milliarden DM, der Wert der einzelnen Aktie bei 119,32 DM. Chrysler hat etwa 690 Millionen Papiere ausgegeben. Auf das neue Unternehmen übertragen heißt dies, sein Firmenwert liegt bei 192,3 Milliarden DM. Da nicht ganz eine Milliarde Aktien zu berücksichtigen sind, ergibt sich ein Wert je Aktie von 189,20 DM.

Schwindelerregend klingen die Perspektiven. Im Jahr 2000 will Daimler-Benz das Ergebnis vor Finanzergebnis und Ertragssteuern nach 3,6 Milliarden DM 1997 auf 10,2 Milliarden DM steigern. Der Zuwachs bei Chrysler fällt geringer aus. Nach geschätzten 9,5 Milliarden DM soll das Ergebnis auf 10,7 Milliarden DM im Jahr 2000 wachsen. Auch erlauben die Berichte erste Spekulationen über die Dividende: »Sie muß wettbewerbsfähig sein. Sie wird für Chrysler-Aktionäre auf dem gewohnten Niveau bleiben, für Daimler-Benz-Aktionäre allerdings eine deutliche Erhöhung darstellen«, sagt Eaton. 1997 hat Chrysler 1,60 Dollar Dividende (etwa 2,70 DM) ausgeschüttet. Hochgerechnet auf den künftigen Chrysler-Anteil ergibt sich eine Mindestdividende für den neuen Konzern von mehr als 4,50 DM für 1999, das erste Jahr der vollen Geschäftsfähigkeit. Es werden schließlich 4,60 DM. Zum Vergleich: Daimler hat seinen Anteilseignern für das vergangene Jahr 1,60 DM je 5-DM-Aktie gezahlt. DaimlerChrysler wird sich der Mehrheit seiner Anteilseigner beugen. 44 Prozent des Kapitals der neuen Gesellschaft werden in amerikanischen Depots gehalten, 37 Prozent in deutschen. In Amerika aber werden in der Regel mehr als die Hälfte der Gewinne eines Unternehmens ausgeschüttet, in Deutschland liegt die Quote bei knapp 40 Prozent. Aus Deutschland kommen warnende Stimmen. Sie pochen darauf, daß ein Unternehmen sich bei der Ausschüttung besser zurückhalte und dafür mehr investiere. Selbst wenn DaimlerChrysler einen Mittelweg beschreitet, bekommen in der Konsequenz die bisherigen Daimler-Anteilseigner deutlich mehr, die ehemaligen Chrysler-Besitzer zumindest das gleiche wie zuvor. Verbessern sich die Daimler-Aktionäre, so kommen auf die amerikanischen Chrysler-Eigner Nachteile zu. Da sie künftig Anteile einer deutschen Aktiengesellschaft halten werden, schwankt ihre Ausschüttung mit den Wechselkursen. Sie erhalten ihre Dividende in DM, die dann in Dollar umgerechnet wird. Auch die Besteuerung wird höher ausfallen als bislang.

Völliges Neuland für deutsche Verhältnisse wird DaimlerChrysler mit der Form der Ausschüttung betreten. Denn Aktionäre amerikanischer Gesellschaften sind daran gewöhnt, eine Quartalsdividende zu bekommen. Sie wird in vielen Fällen quasi als vierteljährliches Zusatzeinkommen oder Rente angesehen, die sich im Jahresverlauf auch verzinst. Das deutsche Aktienrecht hingegen erlaubt nur eine Abschlagszahlung »nach Ablauf des Geschäftsjahres«. Ihr muß der Aufsichtsrat zustimmen, und der Vorabbetrag darf höchstens die Hälfte des Jahresüberschusses nach Abzug der Einstellung in Gewinnrücklagen ausmachen. Auch der Zuwachs der Ausschüttung ist nach dem Gesetz gebremst: So darf der Abschlag höchstens die Hälfte des vorjährigen Bilanzgewinns ausmachen. Würde nun der neue Konzern etwa Anfang April anstelle eines Viertels fast die Hälfte der zu erwartenden Gesamtdividende ausschütten, und folgte die zweite Hälfte wie bislang im Juni, stünden sich auch die amerikanischen Anteilseigner zinslich besser als zuvor. Für das Unternehmen indes bedeutete dies einen Zinsverlust für drei Monate auf die Hälfte der Ausschüttung für rund eine Milliarde Aktien. Beschreitet DaimlerChrysler diesen Weg, würde der Konzern auch andere deutsche Aktiengesellschaften unter Druck setzen.

Noch etwas ändert sich für die Aktionäre der DaimlerChrysler AG: Erstmals werden Namensaktien ausgegeben. Die Inhaber werden in einem Aktienbuch aufgeführt. Dieses erste transatlantische Aktienregister wird parallel in New York und Frankfurt geführt und minütlich per Computer um Käufe und Verkäufe abgeglichen. Wer davor zurückschreckt, dort namentlich aufgeführt zu werden, kann sich durch seine Bank vertreten lassen. Die Vorteile der Namensaktien liegen auf der Hand: Zum einen bleiben die Aktionäre dadurch für das Unternehmen jederzeit erreichbar, zum anderen sind Namensaktien international gebräuchlich und direkt handelbar. Umwege über die Ausgabe von Anteilsscheinen (ADR), wie sie Daimler-Benz bislang in New York beschreiten mußte, sind nicht länger notwendig.

Aktionärsstruktur der DaimlerChrysler AG

Anteile in Prozent

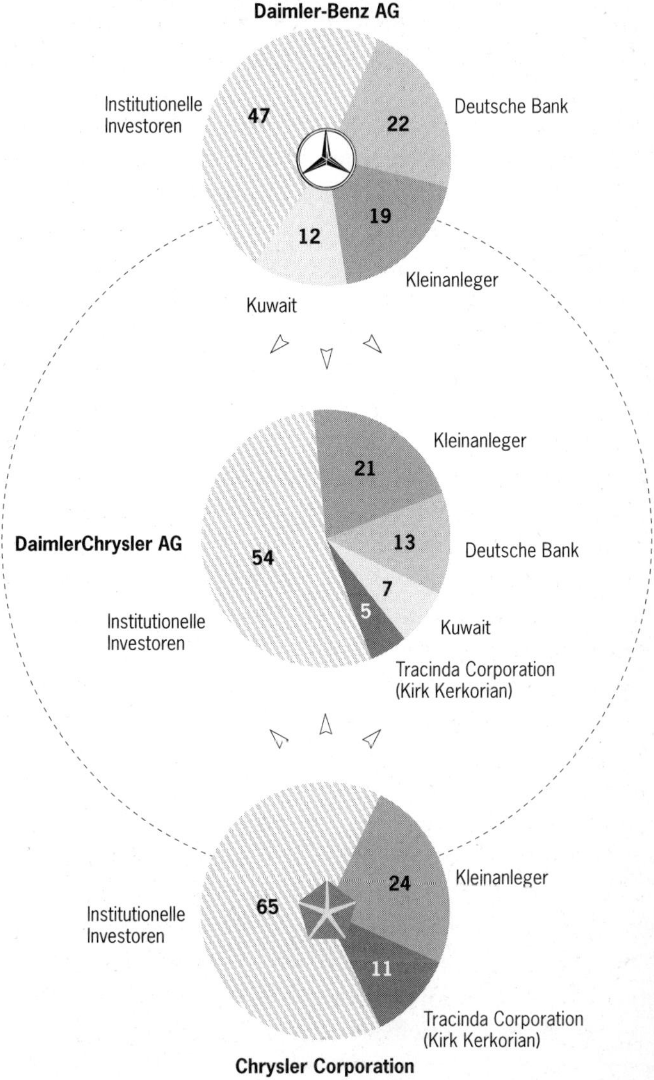

Unter seinem neuen Börsenkürzel DCX wird DaimlerChrysler in acht Ländern an 19 Börsen notiert werden. Im deutschen Aktienindex DAX wird der neue Wert rund 14 Prozent des Werts aller DAX-Aktien stellen. Damit überholt DaimlerChrysler das bislang schwerste Papier, das des Münchner Versicherungskonzerns Allianz, der 9,8 Prozent einnimmt. Daimler-Benz war mit 7,8 Prozent gewichtet.

Im Sommer 1998 setzen sich die Erfolgsmeldungen für den Konzern fort. Mitte August verliert der Unternehmenskritiker Ekkehard Wenger vor dem Stuttgarter Oberlandesgericht auch in der zweiten Instanz bei dem Versuch, den Aktienoptionsplan des Konzerns als unrechtmäßig verbieten zu lassen (Aktenzeichen 20 U 111/07). Zwei Tage später berichtet Pkw-Vorstand Hubbert, daß Daimler und Chrysler sich in der Produktion an einer ersten Stelle treffen werden. Im österreichischen Graz sollen ab Mitte 1999 etwa 30.000 Geländewagen der Mercedes M-Klasse vom Band rollen. Bei der dortigen Steyr-Daimler-Puch-Fahrzeugtechnik AG & Co. KG lassen die Stuttgarter seit 1979 ihren Geländewagen (G-Modell) und die Allradversion der E-Klasse bauen. Trotz des ähnlichen Namens hält Daimler-Benz keine Anteile an der Spezialfabrik. Mehr als 66 Prozent liegen bei dem Automobilzulieferer Magna International Corp., gut 33 Prozent im Streubesitz. Die Österreicher sind auf ihrem Feld so kompetent, daß auch Chrysler hier bauen läßt. Seit 1991 baut Graz jährlich 47.000 Jeep Grand Cherokee, in einem Nachbarwerk 60.000 Minivans Voyager für Europa zusammen. »Da auch Chrysler in Graz fertigen läßt, können wir Synergien erzielen und erreichen die Kapazitätserweiterung schneller und kostengünstiger«, sagt Hubbert.

Ende August treffen sich erstmals die beiden Vorstände und die Vereinigungsgruppe der Konzerne. Der Ort liegt

Die wichtigsten Kooperationen

Daimler-Benz

Karmann
CLK Cabrio-Produktion

SMH
Kleinwagen-Projekt Smart

Honda
Fertigungskooperation für Südafrika

VW
Komponentengeschäft (Motoren, Achsen, Blechteile)

Ballard
Forschungsverbund Brennstoffzelle

Ford
Forschungsverbund elektrischer Antriebsstrang

Daewoo (SsangYong)
Lizenzfertigung; Motorenlieferung

Egyptian German Automotive
E-Klasse-Fertigung für Ägypten

Nissan Diesel Corp.
Leichter Lkw

Porsche
Forschungsverbund Cabriodächer; Abgasreinigung

Steyr-Daimler-Puch
Allrad-Produktion E-Klasse, G-Modell

Celco
E-Klasse-Fertigung für Indien

Chrysler

BMW
gemeinsame Motorenfertigung

Mitsubishi
Komponentengeschäft (Motoren)
Fertigungskooperation für die Modelle Chrysler Sebring Coupé und Dodge Avenger

General Motors
Forschungsverbund Getriebe und Antrieb

Steyr-Daimler-Puch
Fertigungskooperation für die Modelle Chrysler Voyager und Jeep Grand Cherokee

in Amerika, jedoch auf neutralem Terrain. Das »Greenbrier« in West Virginia ist in den Vereinigten Staaten eine Institution: Hotel erster Güteklasse, Treffpunkt des Landadels, in dem die Kinder schon in den Anfängerkursen für das Golfspiel College-Kleidung tragen müssen. Unter dem Hotel ein Bunker, einst gebaut, um den gesamten amerikanischen Kongreß in Kriegszeiten zu beherbergen. Hier in West Virginia ist der richtige Ort, so erscheint es den

Managern, um eine sichere Zukunft zu planen. Hier stellt Daimler-Benz' oberster Öffentlichkeitsarbeiter Walther Ende August die neu entwickelte Konzernfarbe Blau erstmals vor, präsentiert das Konzept für die Gründungsphase, bis hin zu den Feiern für die Börseneinführung der neuen Aktie in Frankfurt und New York. Sollen die Mitarbeiter sie live im Fernsehen der Unternehmen verfolgen können? Sollen die Schichten dafür unterbrochen, die Produktionsbänder angehalten werden? Das geplante Treffen der Top-Manager im Dezember wird vorbereitet. Das wichtigste aber: Was wurde aus den 29 Arbeitsgruppen, die bis hierher die Vorbereitung trugen? Sie arbeiten an Themen wie »Produkte«, »Einkauf«, »Verkauf« oder »Steuern und Finanzen«. Da geht es beispielsweise schon um einen neuen Pickup in Südafrika oder den Bau eines gemeinsamen Minivans. Wo stehen die Gruppen, welche Aufgaben sind nun dringend zu erledigen? Ungeklärt ist zu diesem Zeitpunkt die Frage, ob diejenigen amerikanischen Autohändler, die bislang den Chrysler-Schriftzug über ihrem Geschäft prangen hatten, künftig automatisch auch DaimlerChrysler verwenden dürfen – und damit in den kostbaren Besitz der Marke Mercedes kämen.

Wichtiger noch ist das Aushängeschild der neuen Gesellschaft: die neue Aktie. Was soll auf ihr gezeigt werden? Natürlich die Köpfe der beiden Firmengründer, Gottlieb Daimler und Walter Chrysler. Das einzige Problem dabei: Der, der mit der Erfindung des Motorwagens den Grundstein des Erfolgs legte, Karl Benz, würde erneut nicht gewürdigt. Abends, beim gemeinsamen Bier im Hunt Club auf dem Greenbrier-Gelände, unternimmt der Badener Schrempp einen neuen Anlauf, den Badener Benz für das Unternehmen zu retten – auch sein Konterfei gehöre auf die Aktie. »No way«, ist Eatons klare Antwort. Schrempp schlägt dem Amerikaner einen Deal vor. Er weiß, daß Eaton in Auburn Hills gerade ein Automuseum hat bauen lassen. Und er erinnert sich auch, das sein Freund Bob während seines Antrittsbesuchs in Stuttgart mit größtem Vergnügen im dreirädrigen Benz-Patent-Motorwagen von 1886 durch das Mercedes-Museum gekurvt ist. Damit kann er ihn packen. »Aus der Privatschatulle zahle ich dir eine Replik des Motorwagens, wenn sein Erbauer auf die Aktie kommt«, schlägt Schrempp vor. Der Amerikaner kann nicht widerstehen. Schrempp selber hat sich nach der Fahrt im Museum schon einen Nachbau für die Empfangshalle der Konzernzentrale in Stuttgart-Möhringen bauen lassen – für rund 70.000 DM. Ein guter Preis, um nun den Erfinder des Motorwagens auf alle Ewigkeit zu würdigen. Karl Benz kommt zwar im Konzernnamen nicht mehr vor, lebt aber in der Marke Mercedes-Benz und auf der neuen Aktie weiter, mittig zwischen Daimler und Chrysler. Trotz aller Händel der Top-Leute, der Teufel steckt im Detail. Die Gestaltung der neuen Aktie zeigt später beispielhaft, wie fern sich die Konzerne noch sind: Ausgerechnet die Unterschrift Chryslers wird auf dem Papier falsch wiedergegeben – der Vorname Walter ist mit »H« geschrieben. Die Grafiker dürfen einen zweiten Anlauf nehmen.

Im Greenbrier ahnt davon noch keiner etwas. Die Stimmung ist gut. In der Doppelfunktion des Ratgebers und Pausenclowns tritt der amerikanische Management-Guru Michael Hammer auf, der der Managerriege zwar nicht ihre Entscheidungen abnehmen kann, ihnen aber in blumigen Worten schildert, was überhaupt zu entscheiden sei. Gegessen wird im Greenbriers zünftig amerikanisch, mal direkt vom Buffet, mal in der angemieteten Holzhütte auf dem weitläufigen Hotelgrund. Und hier gibt es eine Überraschung für die Top-Leute: Jeder bekommt ein weißes

Hemd und ein anthrazitfarbenes Poloshirt, versehen mit dem Schriftzug »DaimlerChrysler«. Die Company wächst zusammen.

Allerdings sehen das nicht alle gerne. Fast zeitgleich versucht ein Chrysler-Mitarbeiter, die größte Fusion der Automobilgeschichte mit modernster Technik im letzten Moment noch zu kippen. Daimler-Benz findet als erster die Seite im Internet, die unter dem reißerischen Namen »Die Wahrheit zur Daimler-Chrysler-Übernahme« steht. Ihr Verfasser, so heißt es, sei in der dritten Generation bei Chrysler beschäftigt, schütze sich aber durch Anonymität. In den Konzernen werden Nachforschungen angestellt, und der Autor wird bekannt. Die knapp 40 Din-A4-Seiten haben im ersten Monat nur etwa 4.000 Zugriffe gehabt – für das Internet eine verschwindende Zahl. Doch sie öffnen völlig neue Wege, da alle Leser sich in vollkommener Anonymität äußern können – während Zeitungen anonyme Briefe in aller Regel nicht drucken. Zudem kostet die Seite quasi nichts, ist aber auf der ganzen Welt zu lesen.

Gemessen an den teilweise scharfen Angriffen der amerikanischen Internet-Autoren fällt die offizielle Kritik an dem geplanten Deal überraschend gering aus: Nur sieben Gegenanträge sind bis zur außerordentlichen Daimler-Benz-Hauptversammlung eingegangen, und auch auf der anderen Seite des Atlantiks läßt die Kritik von Juden und Kriegsveteranen deutlich nach. Sie fürchteten einen Ausverkauf ihres Unternehmens an den Konzern, der mit seiner Produktion einst die Hitler-Armee unterstützte.

Ende August setzen sich Kopper, Eaton und Schrempp zusammen, um noch vor den beiden zeitgleichen außerordentlichen Hauptversammlungen letzte Absprachen treffen zu können. Über Chrysler gibt es dabei kaum etwas zu besprechen, wohl aber über die Stuttgarter. Die Aktionäre

Tauschobjekt. Robert Eaton und Jürgen Schrempp kurven im Benz-Motorwagen durch das Mercedes-Museum.

erhalten für Daimler-Benz ungewohnt farbig ausgestaltete Informationsbroschüren. Zur Hauptversammlung selber geht es dann nur per Stuttgarter Straßenbahn. Schuld sind Vorderwälder Rinder und Schafe von der Schwäbischen Alb. Denn dort, wo bei den Aktionärstreffen von Daimler-Benz alljährlich die Autos parken, werden im Herbst das Volksfest Cannstatter Wasen und das Landwirtschaftliche Hauptfest aufgebaut. Und nur weil Deutschlands größter Konzern mit Chrysler fusionieren will, rückt kein schwäbischer Bauer zur Seite. Für den Fall, daß mehr als 16.000 Aktionäre in die Hanns-Martin-Schleyer-Halle drängen, hat der Konzern vorsichtshalber auch das benachbarte Gottlieb-Daimler-Stadion angemietet. Insgesamt 10.000 Parkplätze stehen an allen Stuttgarter Einfallstraßen zur Verfügung. Sonderbusse bringen die Aktionäre zur Halle, dort werden sie nach dem Durchschreiten der Sicherheitsschleusen von 250 handverlesenen Daimler-Benz-Auszubildenden empfangen. Schrempp und Kopper haben sich auf lange Sitz-Zeiten eingerichtet. Der oberste Daimler-Rat trinkt schon am Vortag nichts mehr, um im schlimmsten Fall 14 Stunden Debatte durchhalten zu können, ohne einmal den Saal verlassen zu müssen.

Kritik aus dem Internet

Mercedes hat Chrysler fast so schnell verschlungen wie Hitlers Truppen Polen erobert haben.

Bob, wie kannst du uns das nur antun?

Eaton hat seine Mitarbeiter verkauft, nur um sich seine Taschen zu füllen.

In einigen Jahren werden wir es bedauern, daß die Entscheidungen über Fabrikschließungen in Amerika in Stuttgart und nicht in Detroit fallen.

Die Chrysler-Manager sind gefangen von der Idee, einen Mercedes als Dienstwagen zu bekommen. Sie sind eifersüchtig auf ihre Kollegen von Ford und General Motors, die mit Jaguar und Saab herumfahren.

Auf lange Sicht werden tausende Arbeiter auf beiden Seiten des Atlantiks ihre Jobs verlieren.

Dieser Deal macht aus einer Handvoll alternder Manager Multimillionäre.

Diese angebliche Fusion ruiniert einen der stolzesten amerikanischen Industriebetriebe.

Führungsstil und Unternehmenskultur von Daimler-Benz hinken zwanzig Jahre hinterher.

Wenn Chrysler Bedarf nach einem globalen Partner verspürt, wäre der Kauf von BMW die richtige Entscheidung gewesen.

Daimler-Benz ist eine Last.

Wenn der Smart ein intelligentes Auto ist, bleibe ich lieber dumm.

Mitarbeiter von Daimler-Benz sind arrogant. Sie wissen alles besser.

Die Idee von zwei Unternehmenssitzen und zwei gleichberechtigten Vorstandsvorsitzenden ist schwachsinnig.

Eaton sagt, es werde keine Entlassungen geben. Das ist eine Lüge aus seinem 100-Millionen-Dollar-Mund.

In zwei oder drei Jahren hätte Chrysler Daimler-Benz gekauft. Und nicht umgekehrt.

Bei dieser Fusion wackelt der Schwanz mit dem Hund.

Daimler ist nur in einem Punkt Chrysler überlegen: Die Cafeteria ist schöner.

Mercedes bietet langweilige Autos zu unglaublich hohen Preisen.

Das ist der Anfang vom Ende für Chrysler.

Heute wird Geschichte greifbar

»Bob, Du weißt nicht, was auf Dich zukommt.«

Evelyn Davis, Aktionärin

Der Jüngste ist gerade mal ein Jahr alt. Im Kinderwagen schiebt Mutter Astrid Boessneck ihren Nils durchs Gedränge in die Stuttgarter Schleyer-Halle. Nils ist Aktionär, zur Geburt hat er 60 Daimler-Aktien bekommen. Und Nils ist hauptversammlungserfahren. Schon im Frühjahr, gerade ein halbes Jahr alt, war er »beim Daimler« zu Gast. »Ich hoffe, daß er wenigstens bis zum Ende der Schrempp-Rede durchschläft«, sagt die Mutter.

Nils kann schlafen. Denn der Daimler-Vorstandschef hüllt seine Aktionäre in eine weiche Wolke der Zufriedenheit. Zu einer außerordentlichen Hauptversammlung haben sie sich am 18. September zusammengefunden, um über die Fusion der Stuttgarter mit der amerikanischen Chrysler Corp. zum drittgrößten Automobilhersteller der Erde zu entscheiden. Deutschlands größtes Unternehmen steht nach Umsatz und Ergebnis auf dem Zenit. Die Aktionäre applaudieren.

Keiner will sich entgehen lassen, wenn »Geschichte greifbar« wird. 300 Shuttle-Busse haben die Unternehmenseigner von den Parkplätzen vor der Stadt zur Hanns-Martin-Schleyer-Halle im Osten Stuttgarts gebracht. Das unansehnliche Gelände zwischen Halle und Stadion hat sich in einen riesigen DaimlerChrysler-Erlebnispark verwandelt. Eintritt nach einer Sicherheitskontrolle wie vor einem Israel-Flug. Wer drin ist, bekommt in weißen Zelten

Brezeln, Würstchen und Getränke. Gut 15.000 Anteilseigner sind gekommen. Sie schlendern über die Wege, die Daimler-Einkaufstüte mit Prospekten und Broschüren immer fest unter den Arm geklemmt.

Schon beim langen Weg vom Eingangszelt bis in die Halle blitzt der Chrom. Seit acht Uhr morgens ergießt sich der Strom der Aktionäre durch ein Spalier von Autos. Links der Plymouth Prowler, rechts der Mercedes-Benz SLK. Links das Dodge Ram Quad Cab, rechts die Mercedes M-Klasse. Dazwischen die Aktionäre, die »ihre Autos« tätscheln und bestaunen. Nur der kleine Zweisitzer Smart, von vielen als Kuckucksei im Daimler-Nest betrachtet, muß ein wenig abseits unter einer Brücke stehen. »Ab damit ins Museum«, wird ein Aktionär später fordern. Der Smart steht draußen im Regen, neben dem Podium in der Halle glänzt die nagelneue S-Klasse. DaimlerChrysler will alle Sinne ansprechen: Autos, wohin der Blick streift, und von oben Beschallung. »Die Welt ist ihr Spielfeld geworden, und sie spielen sich jetzt die Pässe über den Ozean zu«, sagt Boris Becker per Video. Bei Daimler-Benz als Werbepartner unter Vertrag, kommt er als Geheimwaffe zur Aktionärsüberzeugung auf unzähligen Bildschirmen zum Einsatz.

Notwendig wäre sie nicht geworden. »Des isch scho a historischer Moment«, meint Karl Herrlinger, der zum elften Mal als Aktionär an der Daimler-Hauptversammlung teilnimmt. »Da muß ma' dabeisein.« Schrempp hat die Daimler-Eigentümer fest in der Hand. Der Hauch der Geschichte senkt sich über die Halle. In keiner Rede zuvor hat der Daimler-Chef »die Aktionärinnen und Aktionäre« so oft direkt angesprochen. Anglizismen, die den Sprachgebrauch bei Daimler mehr und mehr prägen, haben seine Redenschreiber rigoros ausgespart. Nur nicht den Eindruck aufkommen lassen, hier gehe es um einen kalt vollzogenen, nach technischen Regularien durchgepaukten Merger. »Shareholder-value« – was ist das? Heute sagt Schrempp: »Wertschöpfung beginnt bei Wertschätzung.«

Der Daimler-Vormann will nicht nur Zustimmung erreichen, sondern Angst nehmen, den Aktionären, den Mitarbeitern und auch den Zulieferern. Immerhin sollen neue Verträge allein beim Einkauf 900 Millionen DM im ersten Jahr einsparen. Was die Aktionäre freut, könnte die Lieferanten ängstigen. Doch Schrempp probiert den Spagat. Auf das Erwähnen der gewaltigen Einsparungen folgt die Beruhigung: »Dabei werden wir auf die bewährte Zusammenarbeit mit unseren Zulieferern bauen. Wir brauchen Partner.« Zwar sieht der Herr der Sterne gegen das grelle Scheinwerferlicht nichts, doch erkennt er im Publikum »viele vertraute Gesichter und Menschen, die mit ihrem Leben, ihrem Wissen, ihrem persönlichen Einsatz für die Geschichte von Daimler-Benz stehen«. Nur auf dem Podium, wie jedes Jahr vor heller norwegischer Fichte errichtet, fehlen zwei der bekannten Gesichter. Expo-Chefin Birgit Breuel sei noch in »wichtigen politischen Gesprächen«, erklärt Aufsichtsratschef Hilmar Kopper, und BP-Chef und Daimler-Aufsichtsrat John Browne, gerade mit der Fusion seines eigenen Unternehmens mit der amerikanischen Amoco beschäftigt, ist ebenfalls abwesend. Den »Vorstoß in eine neue Dimension«, wie Schrempp den Zusammenschluß zu Beginn seiner Rede nennt, kann das nicht aufhalten. Knapp 50 Minuten braucht er, um das Gebäude des »Musterbeispiels für eine gelungene transatlantische Fusion« zu errichten.

Als Kopper nach fünf Stunden Diskussion die Redezeit je Anteilseigner auf acht Minuten begrenzt, betreten auf der anderen Seite des Atlantiks gerade die ersten Chrysler-

Aktionäre das Hotel du Pont in Wilmington. Ob sie wissen, an welch historischem Ort sie sind? Ins Gästebuch haben sich Charles Lindbergh, John F. Kennedy, Jacques Cousteau, Eleanor Roosevelt, Elizabeth Taylor, Katharine Hepburn, Norman Rockwell, Henry Kissinger, Kathleen Turner und Bob Hope eingetragen. Die 150 Aktionäre sind in das Prunkhotel gekommen, um selbst ein Stück Geschichte hinter sich zu lassen. Ihre Chrysler Corporation verabschiedet sich nach 73 Jahren; von den Anteilseignern, aber auch von Delaware. Nicht etwa in Auburn Hills, dem Stadtteil von Detroit im Bundesstaat Michigan, wo die Konzernzentrale steht, ist der Sitz von Chrysler. Sondern in Delaware. Wie viele andere amerikanische Unternehmen hat sich Chrysler in dem Bundesstaat an der Ostküste niedergelassen. Hier treffen sich die Partner, 1955 hat auch Daimler-Benz of North America seinen Sitz in Delaware genommen. Geringe Steuern machen die Ansiedlung attraktiv.

Der Weg in den Gold Ballroom führt an diesem warmen Tag durch den Seiteneingang. Das Hauptportal des zwölfstöckigen Hotel du Pont an der 11th and Market Street ist von Baugerüsten verstellt. Nüchtern wirkt der lange Gang, bis die Aktionäre nach rechts in den Seitenflügel einbiegen. Vorbei am Brandywine Room führt der Weg auf blaßrotem Teppich, flankiert von Stilmöbeln und Vitrinen mit teurem Schmuck und Fabergé-Eiern, durch die mondäne Eingangshalle auf die Marmortreppe. Ein Zettel mit der Aufschrift »Chrysler«, an einen Ständer gepinnt, weist den Weg in den Gold Ballroom. Noch fünf Treppenstufen und der Blick hinter die majestätischen Holztüren ist frei: Auf eine Trennwand, davor links und rechts einige zusammengeschobene Tische, mit Decken abgehängt. In der Ecke sortiert ein Zwei-Mann-Ärzteteam seine Medikamente.

Rechts notieren zwei Damen die Anwesenheit. Ein Sicherheitsbeamter leistet ihnen Gesellschaft. Er wirft einen Blick in Handtaschen und Aktenkoffer. Von den in Stuttgart auf der Daimler-Benz-Hauptversammlung üblichen Sicherheitsschleusen keine Spur. Die meisten Chrysler-Aktionäre haben ohnehin nur das dabei, was sie sich gerade vom Buffet geholt haben. Das ist auf der linken Tischreihe aufgebaut und besteht aus mehreren Kannen Kaffee und ein paar Dutzend Pappbechern. Sonst nichts. Die kulinarisch verwöhnten Anteilseigner aus Stuttgart würden sich die Augen reiben. Wofür aber vorsorgen? Die Versammlungen in Amerika dauern in der Regel nicht länger als eine Stunde.

Wer an dem Wachmann vorbeikommt, und das tut jeder, blickt auf rund 250 Stühle, meterhohe Wandspiegel, ausladende Kronleuchter, die kunstvoll ausgestalteten und bemalten Decken und Wände sowie ein kleines Podium, hinter dem ein blaues Schild mit der Aufschrift »Chrysler Corporation« hängt. Der neue DaimlerChrysler-Schriftzug ist nirgends auszumachen. Auf der Bühne ein Rednerpult, daneben drei Sitzplätze, drei bronzefarbene Kaffeekannen und drei Namensschilder: Mr. O'Brien, Mr. Eaton, Mr. Valade.

Im Vorraum ist Evelyn Davis aufgetaucht. Sie begrüßt jeden, den sie für einen Journalisten hält, und drängt die anwesenden Kamerateams zu Interviews. Ihre kreischende Stimme wird immer lauter: Seit dreißig Jahren besuche sie fast jede Hauptversammlung in Amerika. Aus ihren Erlebnissen macht sie eine regelmäßig erscheinende Broschüre namens »Highlights and Lowlights«. Darin werden die Lokalitäten der Hauptversammlungen, das Verhalten der Führungskräfte und die Geschäftsergebnisse analysiert. Aber auch für Tratsch, für die Gerüchteküche gibt es

Raum. Die letzte Chrysler-Hauptversammlung in Wilmington ist für Davis ein absolutes Lowlight.

Eaton betritt den Raum und schüttelt Hände. Bei Davis verharrt er einen Moment, lächelt und spricht einige Worte. Er weiß, was auf ihn zukommt. Um 9.02 Uhr Eastern Time eröffnet der Chrysler-Chef die außerordentliche Hauptversammlung. Einziger Tagesordnungspunkt: Die Verschmelzung mit der Daimler-Benz AG.

»Guten Morgen, mein Name ist Bob Eaton«, stellt sich der Chrysler-Chef seinen Aktionären vor. Er begrüßt einzeln rund ein Dutzend anwesende Führungskräfte. Nur eine Frau ist darunter. Hatten Kritiker nicht Daimler-Benz vorgehalten, im Vergleich zu den Amerikanern zu wenig Frauen zu beschäftigen? Während vereinzelt noch Aktionäre mit ihren kaffeegefüllten Pappbechern einen Platz suchen, beginnt Eaton seine geradezu leidenschaftliche Werbung für die Fusion. »Wir sind sehr glücklich, sie heute hier in Wilmington begrüßen zu dürfen. Es ist etwas ganz Besonderes, diese Versammlung in Delaware abzuhalten – unserem Firmensitz seit 73 Jahren. Chrysler war aber mehr als nur ein eingetragenes Unternehmen. Mit unserem Werk und dem Teilezentrum in Newark spielen wir auch seit langer Zeit eine große Rolle für die Wirtschaft in Delaware. Das wird so bleiben. Wir sind heute morgen hierhergekommen, um über den vorgeschlagenen Zusammenschluß mit Daimler-Benz abzustimmen. Je nach Perspektive wird sich dadurch nichts ändern oder alles. Zum Beispiel wird sich für unsere Angestellten in Newark nicht viel ändern. Sie werden weiterhin unseren Verkaufsschlager Dodge Durango bauen, doch dic Fusion wird ihre Zukunft sicherer machen.

Dieser Zusammenschluß ist deshalb einmalig, weil der Ankündigung im Mai nicht die übliche Nachricht von

Sternsinger. Robert Eaton überzeugt die Chrysler-Aktionäre.

Arbeitsplatzabbau und Werksschließungen gefolgt ist. Das wäre der Normalfall in der heutigen Zeit gewesen, aber das ist nicht Bestandteil dieser Fusion. Diese ist anders, weil sie nicht der verzweifelte Versuch von zwei schwachen Unternehmen ist, das Überleben durch gegenseitiges Anlehnen zu sichern. Es ist kein Zusammenschluß von Unternehmen, die sich gegenseitig brauchen. Es ist keine Übernahme durch eine starke Firma, um eine schwächere zu retten. Dies ist eine Fusion von zwei gleich starken Unternehmen. Es ist kein Zusammenschluß der Rationalisierung, sondern für Wachstum. Wir zerstören nichts, sondern wir schaffen Chancen. Zwei der erfolgreichsten Automobilhersteller der Welt bringen ihre individuellen Stärken ein und bauen damit das vielleicht erste wirklich internationale Unternehmen. Und in diesem Sinne wird die Fusion alles verändern.«

Und Eaton fährt fort: »Wenn auch die Aktionäre von Daimler-Benz zustimmen, wird noch vor Ende des Jahres 1998 das neue Unternehmen mit dem Namen Daimler-Chrysler an den Start gehen. Es wird, wie Chrysler es heute ist, mit seinen Minivans, Geländewagen und Pickups eine starke Kraft im nordamerikanischen Markt sein. Und es wird, wie Daimler-Benz es heute ist, wegen des ausgezeichneten Rufs des Namens Mercedes eine starke Kraft in nahezu allen internationalen Märkten sein. Zudem wird es ein bedeutender Wettbewerber im Geschäft mit Lastwagen, Flugzeugen, Eisenbahnen, Informationstechnologie und Telekommunikation.

Im Mai hatte ich gesagt, unser Vorstoß wird die Tür zu anderen Fusionen dieser Größenordnung aufstoßen. Wir mußten nicht lange warten, bis sich British Petroleum und Amoco fanden. Andere werden folgen.

Seit dem Frühjahr beschäftigen wir uns mit der Zukunft

unserer beiden Unternehmen. Doch das bedeutet nicht, daß wir die Vergangenheit vergessen. Das stolze Erbe von Chrysler und Daimler-Benz wird bewahrt.«

Davis hat es nicht auf ihrem Stuhl gehalten. Ihre große dunkle Handtasche in der linken, einen kleinen Stapel Papier in der rechten Hand und wegen der Schwerhörigkeit einen Kopfhörer über den Ohren, schleicht sie schon seit Minuten rastlos durch den Raum. Eaton hat seine Aufforderung, man möge nun mit der Aussprache beginnen, noch nicht beendet, da ergreift sie das Mikrophon. Auf die übliche persönliche Vorstellung jedes Redners durch eine Chrysler-Mitarbeiterin verzichtet Davis und poltert los: »Bob, du verscherbelst uns an Kriegsverbrecher.« Von einer gleichberechtigten Fusion zu sprechen sei lächerlich. Nach dem Zusammenschluß habe Eaton nichts mehr, denn alle Macht gehe an Schrempp über. »Siehst du nicht, was hier vor sich geht?« Ihre Stimme scheint sich fast zu überschlagen. Erster zaghafter Applaus. Eaton bleibt gelassen, lächelt etwas verstohlen und versucht zu antworten. Doch Davis läßt ihm keine Sekunde. Sie berichtet von den Qualen, die ihr die Nazis zugefügt haben, jene Verbrecher, an die Daimler-Benz geliefert habe. Von der Verschleppung, von der Flucht. Mit fünfzehn Jahren habe sie, als Halbjüdin in Holland geboren, in einer Fabrik arbeiten müssen, die von Daimler-Benz und Krupp betrieben wurde. Und zum Beweis zieht sie ihren Rock etwas hoch und deutet auf eine Narbe am rechten Bein. In Deutsch ruft sie: »Ich war ja noch ein Kind.« Wieder Applaus. Eaton ergreift das Wort, sich bewußt, daß dieser Sachverhalt in der amerikanischen Diskussion eine viel größere Bedeutung hat als in Deutschland. Es sei viel Unrecht geschehen, sagt der Chrysler-Chef mit ruhiger Stimme. In seiner eigenen Familie habe er die Tragödie miterlebt, denn der Vater seiner

Frau sei drei Wochen vor deren Geburt in der Normandie gefallen. Er sei nach Frankreich gereist und habe sich die Kriegsstätten angesehen. Das mache ihn sehr betroffen. Doch dürfe man nicht nur nach hinten blicken. Die heutige Generation sei eine andere. Und der Zusammenschluß eines deutschen und eines amerikanischen Unternehmens könne auch ein kleiner Baustein für eine friedliche Zukunft sein. Davis darf zunächst keine weiteren Fragen stellen. Doch sie wird wiederkommen.

Nur eine Frau noch macht auf die Vergangenheit von Daimler-Benz im Dritten Reich aufmerksam. Chrysler werde nun alle jüdischen Kunden verlieren. Sie habe eine Freundin, die verkaufe jetzt ihren Jeep. Eine andere Aktionärin findet das Umtauschverhältnis eine Frechheit. Sie habe einige tausend Aktien von ihren Eltern geerbt und müsse nun zusehen, wie aus einer Aktie 0,63 Aktien werden. Eaton erklärt ihr, daß die geringere Anzahl Papiere den gleichen Wert wie vorher habe und daß sie zusätzlich von dem Kurssprung nach der Fusionsmeldung profitiert habe. Das ist der Dame zu kompliziert, sie gibt auf. Ein anderer möchte in tiefstem Slang wissen, ob er nun zu Vorzugskonditionen Mercedes kaufen kann. Das ist bis auf weiteres nicht vorgesehen, sagt Eaton. Man habe lange darüber nachgedacht, sich jedoch entschieden, die Vergünstigungen in ihrer bestehenden Form zunächst beizubehalten. Das heißt: Kein verbilligter Mercedes-Roadster für Chrysler-Mitarbeiter und kein günstigerer Jeep Grand Cherokee für die Arbeiter aus Sindelfingen. Warum ausgerechnet Deutschland als Firmensitz gewählt wurde und wie man künftig an Hauptversammlungen teilnehmen könne? Eaton erklärt, er hätte gerne Amerika als Firmensitz gesehen und erläutert etwas undurchsichtig die Steuersituation. Auch der Hinweis des neben ihm sitzenden Chefjuristen William

J. O'Brien erhellt die Sachlage nicht besonders. Immerhin erfährt der Aktionär, daß die Vereinigten Staaten und Holland als Alternativen geprüft wurden. Deutschland sei als klarer Sieger aus der zwei Monate dauernden Untersuchung hervorgegangen. Das muß als Antwort reichen, und es reicht. Gregory Palma aus New Jersey hat eine Träne im Auge, als er von dem Verlust einer großen amerikanischen Firma spricht. Ein Ausverkauf der Identität sei das. Daimler-Benz werde das neue Unternehmen kontrollieren. Eaton versucht zu beruhigen. Es werde keinen dominanten Partner geben. Und er wiederholt, daß alle etwas traurig seien, weil etwas verlorengehe. Doch man baue eine vielversprechende Zukunft.

Davis ist wieder am Mikrophon und ihre kreischende Stimme erfüllt abermals den Raum. Diesmal sind die Finanzen Stein des Anstoßes. Eaton erhalte zwischen 100 und 200 Millionen Dollar aus dem Deal. Wenn er vorzeitig zurücktrete, gebe es noch ein Bonbon von 24 Millionen Dollar. Das sei wahrlich ein goldener Fallschirm, der seinesgleichen suche. Noch nie zuvor habe sie eine solch unverfrorene Selbstbedienung erlebt. Ein paar Spitzenmanager füllten sich auf Kosten der Aktionäre ihre Taschen. Geld ist ein Reizthema bei dieser Fusion, und Eaton verliert für einen Moment seine Geduld. Er will antworten, doch Davis redet weiter. »Evelyn«, ruft Eaton. »Nein, Bob, du weißt nicht, was auf dich zukommt. Aber ich weiß es«, schreit sie zurück. Ein Wort gibt das andere. Davis hat noch etwas nachzulegen. Die Deutsche Bank habe im Zuge der Fusionsvorbereitungen 65 Millionen Dollar Beratungsgebühren kassiert. Für was eigentlich, möchte sie wissen, wo die Bank doch gleichzeitig der größte Aktionär von Daimler-Benz sei. Und überhaupt veranstalte Eaton die ganze Fusion nur, um seinen baldigen Rückzug zu vergolden und den Erzfeind aus früheren Tagen, Jack Smith, an der Spitze von General Motors abzulösen. Eaton lacht laut, faßt sich aber schnell wieder und setzt dem Redefluß ein Ende. Sie habe nur noch ein paar Kleinigkeiten, versichert Davis. Gelächter im Saal. Doch sie läßt den Chrysler-Chef antworten. Er bekomme keinen Penny zusätzlich durch die Fusion, sagt Eaton. Das ganze Geld hätte er ohnehin erhalten, die Fusion beschleunige die Auszahlung nur. Die Idee, er wolle den Vorstandssessel bei General Motors einnehmen, sei völliger Blödsinn. Zu dem Beratungshonorar für die Deutsche Bank fällt ihm auch nach Rücksprache mit O'Brien nichts Brauchbares ein. Das sei Angelegenheit von Daimler-Benz, die auch bezahlt hätten.

Der aus Deutschland angereiste Vertreter der Schutzgemeinschaft der Kleinaktionäre stellt einige Fragen zu den Kulturunterschieden, den stark abweichenden Gehältern und der künftigen Dividendenpolitik. Die Aufmerksamkeit im Saal ist groß. Einen Sprecher aus Deutschland hat niemand erwartet. So nutzt dieser die Gunst der Stunde gleich noch, um für seine Vereinigung Werbung zu machen. »Wenn sie mal was über die Verhältnisse in deutschen Unternehmen wissen wollen, hier ist unsere Anschrift.« Die Promotiontour ist geglückt. Eaton antwortet ihm, daß nach rund drei Jahren die beiden Firmen zueinandergefunden haben sollen. Zu den dann noch bestehenden Fragen werde sicherlich die unterschiedliche Kultur gehören. Er selbst wolle sich dann aber zurückziehen, denn keine Firma könne auf Dauer mit zwei Chefs geführt werden. Die Dividende werde angepaßt, was in der Praxis wohl eine deutliche Erhöhung bei Daimler Benz und eine Beibehaltung bei Chrysler bedeute. In der Gehaltsfrage versteht Eaton die ganze Aufregung nicht. »Wir müssen eine wettbewerbsfähige Entlohnung zahlen, um gute Leute zu bekommen. Die meisten Führungskräfte aus beiden Unternehmen bekommen ohnehin etwa gleichviel. Eine kleine Gruppe von Top-Managern aber, die einen internationalen Job macht, kann man nicht an nationalen Maßstäben messen. Sie muß eben viel verdienen. Das werden wir angleichen«, sagt er. Als wettbewerbsfähig erachtet Eaton selbstverständlich seine eigene Größenordnung. Schrempp kann sich auf eine kräftige Gehaltserhöhung freuen.

Nach rund fünfzehn Wortmeldungen reicht es Eaton. Er ruft zur Abstimmung auf. An den zwei Mikrophonen hat sich eine Schlange von Rednern gebildet, die noch etwas sagen wollen. Doch die Mitarbeiter beginnen mit der Verteilung der Stimmzettel. Nur gut zwei Dutzend Aktionäre nehmen einen Zettel. Die übrigen haben schon im Vorfeld per Brief, Internet oder kostenloser Hotline ihr Votum abgegeben. Davis kreuzt für ihre 500 Anteile demonstrativ Nein an, tritt an das Rednerpult und wirft Eaton ihren Stimmzettel hin. Der gibt ihn einer Mitarbeiterin, die die übrigen Zettel ebenfalls einsammelt. Noch eine Wortmeldung. Nach fünf Minuten betritt der Wahlleiter den Raum: »Mr. Chairman, die Aktionäre haben sich mit 97,5 Prozent des teilnehmenden Kapitals für die Fusion mit Daimler-Benz ausgesprochen. Abgestimmt haben 486.084.859 Aktien, das sind 75 Prozent des Kapitals.«

Weitere Wortmeldungen versinken in der Bedeutungslosigkeit. Nach knapp zwei Stunden ist die letzte Hauptversammlung von Chrysler beendet. Eaton tritt vor die Journalisten. Das Abstimmungsergebnis habe seine Erwartungen übertroffen, sagt er. Wenn er sie je hatte – nach diesem Tag sind alle Zweifel an dem planmäßigen Vollzug des Zusammenschlusses verflogen.

Auch in Stuttgart werden die Kritiker leiser. Dieter Kauffmann von der Schutzgemeinschaft der Kleinaktionäre

Oktoberfest. Aussprache bei der außerordentlichen Daimler-Benz-Hauptversammlung.

übt sich schon in der neuen Konzernsprache: »Let's walk, let's work and win together.« Bei soviel Zukunft stört es keinen, daß Aktionäre, Aufsichtsrat und Vorstand noch einmal kurz auf die Vergangenheit zurückgeworfen werden. Einige Anteilseigner haben versehentlich die Stimmkartenblöcke der vorigen Hauptversammlung im Frühjahr erhalten. Kopper schafft Klarheit: »Wenn bei Ihrem Stimmblock die Stimmkarte mit der Nummer 1 fehlt, haben Sie einen falschen Stimmkartenblock bekommen.«

Eher an die Vergangenheit stürmischer Daimler-Hauptversammlungen erinnert auch der Auftritt des Konzernkritikers Ekkehard Wenger gegen Abend. Nach weniger als zwei Minuten dreht ihm Kopper das Mikrofon ab. Anders als früher jedoch, wo der als bärbeißig gefürchtete Vorsitzer sich von Wenger zu unbedachten Handlungen provozieren ließ, geht diesmal Wenger Kopper auf den Leim: Nachdem die nach elf Sitzungsstunden genervten Aktionäre Wengers angestrengte Rede von Beginn an mit Pfiffen quittieren, tituliert der Unternehmenskritiker sie als »Pöbel«. Als Kopper zweimal nachfragt, rastet der Professor aus: »Wer hier rumsitzt, kann mit Recht als Pöbel bezeichnet werden.« Kopper erkennt seine Chance, das alljährliche Rededuell für sich zu entscheiden, und stichelt noch einmal. »Seit es die 5-Mark-Aktie gibt, kann nicht mehr verhindert werden, daß auch Pöbel auf den Hauptversammlungen auftritt«, ruft da Wenger, der Vertreter des Vereins für mehr Aktionärsdemokratie in den Saal. Pfiffe, Buhrufe, ungläubiges Kopfschütteln auf dem Podium.

Die Abstimmung kann das Gezänk der beiden Lieblingsfeinde nicht stören. Hier sind alle einer Meinung. Bye, bye Daimler-Benz – good morning Chrysler. 99,89 Prozent Zustimmung zur Fusion – Ergebnisse, die sozialistische Staatsführer hätten neidvoll erblassen lassen. Doch es geht noch besser: 99,9 Prozent der vertretenen 351.795.000 Aktien stimmen für die Annahme des Verschmelzungsvertrages.

Der allerdings ist zu diesem Zeitpunkt längst verschwunden. Ein Besucher hatte die öffentlich gezeigte Urkunde schon morgens in der Schleyer-Halle mitgehen lassen. Die Hierarchen stört das nicht mehr. Vorstands- und Aufsichtsratschef liegen sich neun Minuten nach elf Uhr nachts auf dem Podium in den Armen.

Vom Global Play zum Global Pay

»Nach meiner Einschätzung ist es das erste und einzige Mal, daß eine solche Transaktion so einhellig positiv beurteilt wird.«

Eckhard Cordes, Daimler-Benz

Ein Düsseldorfer gilt nicht als Kind von Traurigkeit, läßt auch mal Fünfe gerade sein. Doch der Düsseldorfer Alfons Görgemanns dürfte an die Grenzen seiner Großzügigkeit stoßen, will er als stellvertretender Betriebsratschef im neuen DaimlerChrysler-Konzern noch Spaß an der Arbeit finden: »Wenn ich bei Gehältern Verhältnisse von 10 zu 1 höre, halte ich das für unanständig«, poltert er im Mai 1998 in seinem breiten Rheinisch vor 300 geladenen Führungskräften des Konzerns. Spätestens mit dem Erscheinen des Verschmelzungsberichtes Mitte August 1998 muß Görgemanns neue Maßstäbe für »anständig« und »unanständig« entwickeln – denn dank der Fusion öffnet sich für Eaton eine Goldader.

Für den Leser einer deutschen Tageszeitung klingen solche Summen geradezu fantastisch: Eaton erhielt 1997 umgerechnet rund 11 Millionen DM plus 740.451 Aktienoptionen mit einem damaligen Wert von rund 9 Millionen DM als Jahressalär. Genauso viel, nämlich 20 Millionen DM, verdiente auch der zehnköpfige Daimler-Benz-Vorstand – allerdings zusammen. Die Herren machen im Verschmelzungsbericht keinen Hehl daraus, wohin die Reise geht: »Insbesondere ist beabsichtigt, daß die Vergütungs- und Zuwendungsprogramme (einschließlich

Aktienoptionsrechten) der DaimlerChrysler AG mit den jeweils in der US-amerikanischen sowie der deutschen Automobil- und Automobilfinanzierungsindustrie üblichen Programmen wettbewerbsfähig sind, und zwar sowohl in Hinblick auf Art und Vielfalt der Programme als auch im Hinblick auf die Höhe der Zuwendungen«, heißt es im Vertragswerk.

Bis heute gilt bei den Stuttgartern eine Teilung in amerikanische und deutsche Sitten, denn amerikanische Daimler-Manager wie etwa Jim Hebe, Chef der Lastwagensparte Freightliner, bekommen schon deutlich mehr als ihr Chef Schrempp. Und die Verhältnisse werden sich weiter ändern. Auf Dauer führt nun kein Weg an einer deutlichen Anhebung der deutschen Spitzengehälter vorbei. Dabei ist die öffentliche Diskussion über die Gehaltsstruktur aus Daimler-Sicht durchaus glücklich verlaufen – im Blickfeld steht praktisch nur Eatons 20-Millionen-DM-Gehalt. »Ein solches Einkommen ist in Deutschland nicht zu vermitteln«, stellt der damalige Chef des mächtigen Gesamtbetriebsrates, Karl Feuerstein, unmißverständlich fest. Um diese extreme Summe indes wird es auch nicht gehen – den Daimler-Hierarchen fällt es leicht, sie abzuweisen. Sorgen indes müssen sie sich nicht, denn auch wenn Eatons Gehalt nicht erreicht wird, zahlt sich die Fusion für die Daimler-Spitzen aus. Auf dem eigenen Gehaltskonto.

»Es wird eine Angleichung der deutschen Gehälter geben, aber keine Amerikanisierung«, sagt Schrempp im Sommer 1998. Genauer festlegen will er sich noch nicht. Denn der Daimler-Vormann weiß, daß er Lösungen braucht, die einerseits am Stammsitz des Konzerns in Deutschland noch akzeptiert werden, andererseits international wettbewerbsfähig sind. Dies aber ist ein Spagat, der kaum zu erreichen ist. Begründet ist er in den unterschiedlichen Kulturen der Völker. Während in den USA der Gedanke »the winner takes it all« Erfolgreichen nahezu unbegrenzte Vergütung erlaubt, steht in Deutschland die soziale Ausgewogenheit im Vordergrund. Die Angemessenheit der Vorstandsbezüge ist sogar im deutschen Aktiengesetz verankert. Wie aber sollte der nächsten Generation von Managern begründet werden, daß diejenigen Kollegen mit deutschem Paß nur einen Bruchteil des Geldes eines Amerikaners bekommen – bei gleicher Arbeitsleistung für denselben Konzern? Auch die »Kontinentlösung« ist keine, denn die Manager werden in der selbsternannten »Welt-AG« bei ihrem Einsatz auf drei Erdteilen wechseln. Und wer in den USA entsprechend hoch bezahlt wurde, wird nicht, nur weil er in die Zentrale nach Stuttgart abgeordnet wurde, Einbußen auf einen Bruchteil seines Gehaltes hinnehmen wollen.

Vor der außerordentlichen Hauptversammlung nimmt der öffentliche Druck auf Daimler so zu, daß es mit Schweigen nicht mehr getan ist. Öl in das Feuer gießt ausgerechnet Bob Eaton, als er wenige Tage vor dem Treffen in Stuttgart in einem Interview frank und frei erklärt, er könne sich durchaus vorstellen, daß Schrempp das gleiche verdienen werde wie er selber. »Auch die Gehälter der übrigen Vorstandsmitglieder von Chrysler und Daimler müssen angeglichen werden. Es wird sonst schwierig, wenn alle an einem Tisch sitzen und gleich viel leisten müssen«, fährt der Chrysler-Vormann voller Naivität fort. Im Daimler-Headquarter schlägt man die Hände über dem Kopf zusammen.

Zum Erstaunen aller geht Daimler-Benz auf der Stuttgarter Hauptversammlung daraufhin in die Offensive. Auf die bohrenden Fragen der Aktionäre erläutert Kopper ein vierstufiges Kompensationsmodell für die neue Gesellschaft. »Wir wollen keine willkürliche Anhebung der deutschen Gehälter auf amerikanisches Niveau. Eine flächendeckende Amerikanisierung wird es nicht geben.« Keiner der 16.000 Aktionäre registriert die wohlgesetzten Worte des designierten obersten DaimlerChrysler-Aufsehers in ihrer haarspalterischen Exaktheit. Eine »flächendeckende« Anpassung wird es sicher nicht geben – nur eine kleine Führungsriege wird profitieren. Und »willkürlich« ist die Anpassung auch nicht, sondern mühevoll austariert. Auch Schrempp muß einen Tag nach der Hauptversammlung einräumen, daß das Modell zumindest »in der Struktur« demjenigen Chryslers entspreche. Im einzelnen ist geplant, den künftigen Vorständen eine niedrige fixe Vergütung auszuzahlen. Diese allerdings ist nur im amerikanischen Vergleich »niedrig« – Kopper erklärt, sie entspreche »auf absehbare Zeit« ungefähr den heutigen Daimler-Vorstandsgehältern.

Im Klartext: Selbst wenn bei miserablen Leistungen eines einzelnen oder bei einer unterdurchschnittlichen Unternehmensentwicklung alle Boni gestrichen würden, bekommt der DaimlerChrysler-Vorstand zumindest das gleiche Gehalt wie heute. Wobei Schrempp anmerkt, daß auch das heutige Gehalt zu Teilen an die Dividende gekoppelt sei. Hinzu kommen drei verschiedene Zulagen: Ein jährlicher Bonus, der an das Erreichen von Zielen wie etwa den Jahresüberschuß gebunden ist. Es folgt »ein mittelfristig wirksamer Leistungsanreiz« in Form sogenannter Phantom-Aktien. Sie sind geknüpft an das Erreichen bestimmter Integrations- oder Renditevorgaben. Zum Auszahlungszeitpunkt bekommen die Vorstände dann bares Geld in Höhe des fiktiven Aktienwertes. Das Modell – das etwa auch das Softwarehaus SAP AG praktiziert – hat die Eigenschaft, das Eigenkapital des Unternehmens nicht zu belasten, aber in die Gewinn-und-Verlustrechnung einzugehen. Allerdings schließt die Einführung virtueller Aktien ein Paradoxon ein: Da die herkömmlichen Aktienoptionen nicht ergebnisbeeinträchtigend sind, bringen sie die Finanzanalysten zu einer besseren Bewertung des Unternehmens. Der Gewinn je Aktie als Grundlage der Beurteilung wird – anders als bei den Phantom-Aktien – nicht geschmälert. Schrempp traut sich trotzdem das das Unternehmen belastendere Modell zu: »Diese Idee übernehmen wir von Chrysler – sie ist hervorragend, weil sie das kurzfristige Denken beendet. Die Ziele werden für drei Jahre festgelegt«, meint der designierte DaimlerChrysler-Chef. Auch die vierte Stufe dürfte sich erst nach Jahren für den einzelnen auszahlen. DaimlerChrysler wird Wandelanleihen ausgeben. Kopper verweist darauf, es sei geplant, daß jeder Vorstand eine bestimmte Anzahl von Aktien des eigenen Unternehmens zu halten habe. Für Schrempp besteht ein Vorteil des Systems darin, daß es künftig unterschiedliche Boni für jeden Vorstand gebe.

Angedacht, so berichtet ein Daimler-Insider, werde auch die Bildung eines Pools von Führungskräften bei DaimlerChrysler, die so bezahlt würden, daß sie künftig weltweit eingesetzt werden könnten. Dies müsse eine etwa 100 Köpfe zählende Gruppe sein, unabhängig von jeder Hierarchie, die über außerordentliche Qualifikationen in beruflicher, sprachlicher und kultureller Hinsicht verfüge. Da diese Spitzenmanager bei jeder Company der Erde eingesetzt werden könnten, bestehe ständig die Gefahr der Abwerbung. Also müßten sie so bezahlt werden, daß ein amerikanischer Arbeitgeber nicht schon aufgrund des Gehaltes locke. »Wir müssen auch in Struktur und Höhe des Gehaltes den Weltbürger schaffen«, heißt es. Dabei dürfe die Rede nicht mehr von deutscher oder amerikanischer, sondern nur noch von einer Konzern-Vergütung sein. Aus dem global play wird ein global pay.

Zurück in der Realität zeigen sich tiefe Gräben zwischen deutschen und amerikanischen Spitzenverdienern. Im Durchschnitt haben die Top-Manager der 365 größten US-Gesellschaften 1997 jeweils mehr als 13 Millionen DM verdient. Verglichen mit seinem künftigen Kompagnon Eaton zählt der Daimler-Chef bislang zur Niedriglohngruppe. Eatons 20 Millionen DM stehen bei Schrempp geschätzte 2,7 Millionen DM Jahresgehalt gegenüber. Im deutschen Vergleich ist das nicht wenig: So verfügt Deutsch-Banker Rolf E. Breuer über gut zweieinhalb Millionen DM, der Hoechst-Vorstandschef Jürgen Dormann über 2,6 Millionen DM geschätztes Einkommen. Spitzenreiter war Mark Wössner als Bertelsmann-Chef mit 7,5 Millionen DM. Die Angaben variieren – denn anders als die der Vereinigten Staaten weisen die deutschen Geschäftsberichte lediglich die Gesamtsumme der Vorstandsvergütung auf. Vorbei die Zeiten, als der schwäbische Pietist und Bosch-Chef Hans L. Merkle bemerkte, kein Mensch könne mehr als 600.000 DM im Jahr ausgeben. Heute scheint die Kompensation hinten und vorne nicht zu reichen. So stimmte Deutsch-Banker Jürgen Krumnow gegenüber dem *Hamburger Abendblatt* ein Klagelied über sein millionenschweres Vorstandsgehalt an: »Sie bekommen unter zwei bis zweieinhalb Millionen Mark kein Haus.« Und: »Außerdem müssen Sie 60 Prozent Steuern abziehen. Es ist also zunächst nicht so, daß so viel übrigbleibt.« Das sehen manche anders. Auch auf europäischer Ebene brauchten sich die deutschen Konzernkapitäne bislang nicht zu beklagen. Eine Studie von Eurostat, dem Statistischen Amt der Europäischen Union ergab, daß nur die Vorstände in Luxemburg noch besser abschneiden.

Auch der interne Vergleich verhilft zur klareren Sicht: Schrempps jetziges Einkommen entspricht monatlich inklusive Weihnachts- und Urlaubsgeld rund 200.000 DM – mehr als das Zweieinhalbfache dessen, was ein durchschnittlicher Daimler-Arbeiter im gesamten Jahr brutto verdient.

20 Millionen DM im Jahr – kann ein einziger Mann das wert sein? Auch ein Eaton kann im Schnitt nicht mehr als 16 Stunden täglich arbeiten, auch ein Eaton macht Fehler, auch ein Eaton braucht keine 20 Millionen DM jährlich zum Leben. Trotzdem: Im Vergleich zu seinen amerikanischen Manager-Kollegen zählt der Chrysler-Mann nicht einmal zu den Top-Verdienern. In der Rangliste der bestverdienenden US-Manager findet sich Eaton auf Platz 63 wieder. Schrempp-Vorbild Jack Welch brachte es 1997 an der Spitze von General Electric auf knapp 50 Millionen DM, John Reed, Chef des Bankhauses Citicorp kam auf mehr als 70 Millionen DM, Sanford Weill führte den Finanzkonzern Travelers Group für rund 400 Millionen DM, davon nur gute 12 Millionen DM Grundgehalt. IBM-Vorstand und Schrempp-Freund Louis Gerstner erhielt mehr als 260 Millionen DM Gesamtbezug. Anders gesagt: Während die Gewinne ihrer Unternehmen zwischen 1995 und 1996 »nur« um 11 Prozent stiegen, genehmigten sich die amerikanischen Manager im Schnitt eine Erhöhung des Einkommens um 54 Prozent. Der Grund liegt in den hohen Steigerungen des Unternehmenswertes. Weill schaffte im letzten Jahr einen Mehrwert von rund 46 Milliarden DM für sein Haus – deutlich mehr als das 100fache seines Einkommens. Die Marktkapitalisierung von General Electric stieg sogar um gute 130 Milliarden DM, das 2000fache von Welchs Salär. Nun sind diese Zuwächse natürlich auf die Hausse der amerikanischen Börsenkurse zurückzu-

führen – als im Herbst 1998 die Kurse stürzen, reduzieren sich die Verhältnisse.

Dabei bildet das feste Gehalt nur einen Bruchteil der wirklichen Entlohnung der amerikanischen Führungskräfte. Beispiel Eaton: Sein reines Grundgehalt lag 1997 bei gut 2,7 Millionen DM – also durchaus in Schremppscher Größenordnung. Den Rest zu den genannten 20 Millionen DM machen Boni und festgeschriebene Aktienoptionen aus. Solche Optionen geben dem Begünstigten das Recht, Anteile noch zu einem früheren, niedrigeren Börsenkurs zu kaufen. Trennt er sich von den Aktien, kann er den Kursgewinn einstreichen. In Amerika sorgte die Börsenhausse für enorme Gewinnspannen bei den Optionen für Top-Manager.

Bei dem ersten, unausgegorenen Daimler-Benz-Optionsmodell indes erhielt Schrempp zunächst einen kräftigen Dämpfer. Beobachter und Aktionäre sprachen gleichermaßen von »Selbstbedienung«, weil im 1996 und 1997 praktizierten Modell die Ausübung der Option praktisch an keinerlei Vorgabe gebunden war. Normalerweise wird das Wandlungsrecht an das Erreichen von – selbstgesteckten – Zielen geknüpft. Das kann beispielsweise das Schlagen eines Branchenindex bedeuten. Bei Daimler gilt dies nicht. »Praktisch im Schlaf« hätten die Manager ihr Geld verdient, kritisiert der Würzburger Wirtschaftsprofessor Wenger.

Doch beim bisherigen Daimler-Optionsmodell ging es – im Vergleich zu den Möglichkeiten des Fusionpartners – wahrhaft nur um Peanuts: Um rund 1 Million DM konnte Schrempp sein Gehalt durch den Kauf von bis zu 24.000 genehmigten Aktien via günstiger Option aufbessern. Schwindelerregend dagegen die Möglichkeiten der Amerikaner: Laut Fusionsbericht hält Eaton inzwischen 2,6 Millionen Chrysler-Papiere mit einem Gegenwert von etwa 270 Millionen DM. Nach Angaben von Personalberatern werden in den USA mehr als zehn Prozent des Aktienkapitals der 200 größten börsennotierten Unternehmen von Mitarbeitern gehalten.

Widerstand macht sich breit: Während Daimler-Personalvorstand Heiner Tropitzsch noch Mitte Juni 1998 sagt: »Die Überzeichnung des Themas Aktienoptionen geht an Grenzen, die schon manchmal nerven«, spricht die amerikanische *Business Week*, der grundsätzlichen Kapitalismus-Kritik unverdächtig, davon, die US-Spitzengehälter seien »außer Kontrolle«. Christian Strenger von der Deutschen Gesellschaft für Wertpapiersparen mbH (DWS) stellt auf der Daimler-Hauptversammlung fest, auch in den USA sei die Kultur der Übervergütung derzeit einem Wandel unterzogen: »Es ist sehr wohl möglich, den US-Kollegen im Vorstand etwas Mäßigung in puncto Bezüge zuzumuten.« Wenger stößt in das gleiche Horn: »Man sollte dem schlechten Vorbild Amerika nicht ausgerechnet dann nacheifern, wenn dort das Bewußtsein für notwendige Änderungen im Wachsen begriffen ist.« Der Würzburger Professor scheint recht zu behalten. So hat der amerikanische Großinvestor Warren Buffet inzwischen verlangt, die Optionsprogramme derjenigen Unternehmen, die seine Fonds kontrollieren, durch andere Anreizsysteme zu ersetzen. Denn die Aussichten auf Optionen verführen das Management dazu, den Aktienkurs des eigenen Hauses mit schlechten Nachrichten vor dem Bezug herunter-, vor der Wandlung dank guter Nachrichten heraufzureden. Ein weiteres Problem liegt darin, daß die Optionen nach der Wandlung in jungen Aktien aus einer Kapitalerhöhung zu einer Verwässerung des Gesellschaftskapitals führen und damit den Aktienkurs sinken lassen – ein Nachteil, den die übrigen Aktionäre nicht steuerlich geltend machen können. Zum anderen belasten die Optionen die Gewinn-und-Verlustrechnung der Konzerne, würden ihre Kosten nur korrekt bilanziert. Die Gewinne der einhundert größten amerikanischen Unternehmen wären rund ein Drittel geringer ausgefallen, wären die Kosten der Optionspläne genauso in die Bilanzen eingeflossen wie Löhne und Gehälter, haben die Londoner Finanzberater Smithers & Co. berechnet.

Richtig interessant indes wird die Frage nach Dollar und DM erst, wenn man sieht, welche Summen für die Amerikaner an der Fusion zu verdienen sind. Der Chrysler-Hauptaktionär Kirk Kerkorian hat gut 71 Millionen Aktien für durchschnittlich weniger als 14 Dollar gekauft, zum Zeitpunkt der Fusionserklärung sind sie 53 Dollar pro Stück wert. Die Papiere liegen bei der Tracinda Corporation, die Kerkorian nach seinen Töchtern Tracy und Linda benannt hat. Die beiden haben ausgesorgt. Kerkorian gewinnt an der Fusion umgerechnet knapp 2,8 Milliarden Dollar. Würde er sie auf einem deutschen Postsparbuch mit drei Prozent jährlich verzinsen lassen, erhielte er einen Kapitalertrag von gut 142 Millionen DM im Jahr, knapp 12 Millionen DM im Monat vor Steuern – ohne sein Kapital anzugreifen.

Die vornehme *Börsen-Zeitung* spricht von einer »Bonanza für Robert Eaton«. Die 30 Führungskräfte von Chrysler werden insgesamt 8,52 Millionen sogenannter Aktien-Wertsteigerungsrechte erhalten, Eaton allein bekommt davon 2,27 Millionen Stück. Steigt der Daimler-Chrysler Kurs nun um nur 1 DM, verdient Eaton bei Ausübung damit ohne einen Handschlag 2,27 Millionen DM brutto. Alle bisherigen Optionen auf Chrysler-Aktien werden die Manager darüber hinaus ausüben dürfen. Die 30köpfige Chrysler-Führungsriege erhält damit 3,53 Mil-

Abgesichert. Robert Eaton im CLK-Rennwagen von Mercedes-Benz.

lionen Aktien, bei einem Aktienkurs von rund 80 Dollar im Sommer 1998 ein Gegenwert von umgerechnet einer knappen halben Milliarde DM. Auf Eaton allein entfallen knappe 100 Millionen DM. Das jedoch ist nicht alles: Im Zusammenhang mit der Fusion wird Eaton darüber hinaus knapp 7 Millionen DM ausbezahlt bekommen, die indes auch teilweise ohne Fusion fällig gewesen wären. Trotz dieser Summen hat sich der Amerikaner auch den Ruhestand absichern lassen. Seine Rente steigt um 30.000 Dollar monatlich. Für den Fall, daß er den für drei Jahre geplanten Job in der Doppelspitze mit Schrempp innerhalb der ersten beiden Jahre vorzeitig durch Kündigung verliert, ist Eaton ein Schmerzensgeld von gut 41 Millionen DM zugesichert.

Auf diesem Hintergrund fällt es nicht schwer zu verstehen, wieso die Chrysler-Manager schnell mit Daimler übereinkommen. Zwar sagt Eaton: »An meine persönliche Situation habe ich dabei kein einziges Mal gedacht«, doch erscheint diese persönliche Situation, gemessen am Bankkonto nach der Fusion, ungleich besser als zuvor. Gehaltsanalysten befürchten, daß auch die Aussicht auf persönliche Bereicherung das Fusionsfieber der Konzerne auf neue Höhen treibe.

Bei soviel Drang zu neuen, lukrativeren Bezahlungsmodellen will auch der neue Aufsichtsrat nicht hintan stehen. So findet sich in den Fusionsvereinbarungen der Hinweis, daß auch für die Räte eine »höhere Festvergütung« vorgesehen sei, die ergänzende dividendenabhängige Vergütung dagegen entfalle. Darüber hinaus wird erwogen, später »eine neue, zumindest zum Teil ertrags- und wertorientierte Zahlung« für die Räte einzuführen. Hierzu äußert sich Kopper auf der außerordentlichen Hauptversammlung vorsichtshalber nicht.

Fairerweise muß eingeräumt werden, daß Eaton als Chef

von Chrysler innerhalb des Konzerns in puncto Gehalt als Ausreißer gelten kann. Seine Vorstandskollegen bekommen zwar im Vergleich über den Atlantik ebenfalls hohe Summen, im Vergleich zu Eaton aber deutlich weniger. Schrempp betont, schon auf der zweiten Ebene unterschieden sich die Gehälter kaum noch. Da allerdings irrt er: Bei den Stuttgartern verdienen von etwa 300.000 Arbeitnehmern lediglich 400 mehr als 250.000 DM brutto im Jahr, bei Chrysler hingegen sind es 1450 von rund 125.000 Beschäftigten.

Anders als in Deutschland müssen US-Manager ihre Vergütungen schonungslos offenlegen, sichtbar für jedermann. Aktionärsvertreter gehen davon aus, daß Daimler-

Chrysler und Daimler-Benz in Nordamerika und Mexiko

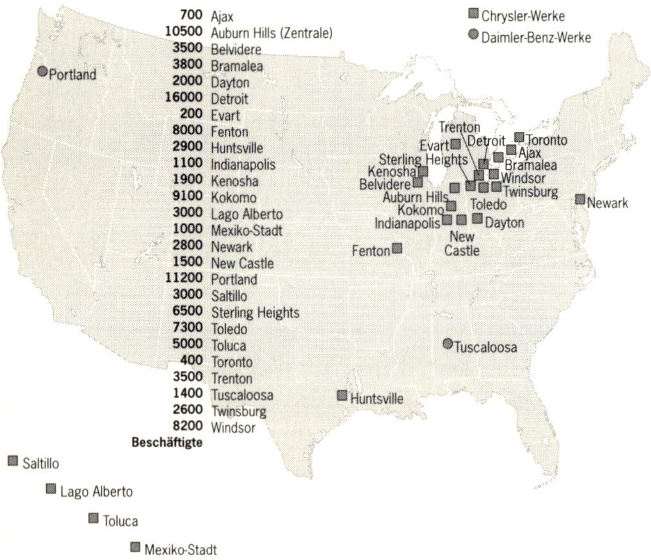

Chrysler auch diese Regelung übernehmen werde. Eaton indes wittert die Chance auf die lang ersehnte Verheimlichung: »Wir werden eine deutsche Aktiengesellschaft sein und deshalb nur die Gesamtsumme veröffentlichen.« Seine Begründung dürfte nicht jedem Aktionär auf Anhieb einsichtig sein: »Die amerikanische Regelung hat ja auch Nachteile. Wenn ich nach Hause kam und meinen Kindern sagte, das Taschengeld ist hoch genug, zeigten die auf die Zeitung, in der exakt drinstand, wieviel ich verdiente. Das machte es für mich nicht gerade einfacher.«

Auch kinderlose Strategen in Möhringen sind sich der Brisanz des Themas bewußt. Durch die Bank gereizt rea-

Daimler-Benz-Werke

Fahrzeugproduktion-Standorte und Anzahl der Beschäftigten in Deutschland

gieren sie, werden sie auf die Gehaltsfrage angesprochen. Im Hintergrund arbeiten handverlesene Strategietruppen für die beiden Konzerne Modelle aus. Daimler-Benz zieht Berater der Frankfurter Vergütungsexperten von Towers, Perrin hinzu, Chrysler holt sich Rat bei Hewitt Associates. Beide sind bis in den Winter hinein im Boot, um ein tragfähiges Modell bis zur Hauptversammlung im Mai 1999 zu erstellen. Zwischenzeitlich hat auch Kopper für den Großaktionär Deutsche Bank die Spezialisten der Frankfurter Hay Management Consultants GmbH eingeschaltet. Sie hat fünfzig der einhundert größten deutschen Konzerne beraten, scheidet im Verlauf der Gespräche aber wieder aus.

Weniger dramatisch wird sich die finanzielle Situation der Arbeiter der DaimlerChrysler AG ändern. Rechtzeitig zur Fusion kann Daimler-Benz im September bekanntgeben, daß sich die ergebnisabhängige Vergütung der Mitarbeiter im Fahrzeuggeschäft von 1039 DM auf etwa 1700 DM für das Jahr 1998 erhöhen wird. Hinzu können noch einmal 200 DM Prämie für die etwa 140.000 Fahrzeugwerker kommen. Unter dem Strich also nahezu eine Verdoppelung, aus der die Arbeiter eine Konsequenz ziehen sollen: Höhere Gewinne schlagen direkt auf ihr Portemonnaie durch. Und eine Gewinnexplosion hat DaimlerChrysler angekündigt. So bleiben Forderungen im Vorfeld des Zusammenschlusses nicht aus – auch wenn sie im Vergleich eher zaghaft wirken. Erich Klemm, Betriebsratsvorsitzender des zweitgrößten deutschen Autowerkes, der Mercedes-Fertigung in Sindelfingen, sieht die 200-DM-Prämie »nur als ersten Schritt« zur Verbesserung der Gewinnbeteiligung: »Die Betriebsvereinbarung über die Ergebnisbeteiligung ist seit der Chrysler-Fusion überholt. Wir werden deshalb 1999 neu verhandeln und hoffen, dann zu einer Vereinbarung zu kommen, die den Namen Ergebnisbeteiligung wirklich verdient.« Und Gesamt-Betriebsratschef Feuerstein kündigt an: »Wir werden die Fusion nutzen, um die Ergebnisbeteiligung auszubauen.« Dabei geht Feuerstein davon aus, daß es auch künftig in der DaimlerChrysler AG getrennte Betriebsvereinbarungen geben wird, die den unterschiedlichen Kulturen im Konzern Rechnung tragen. Diese Annahme bestätigt Eaton, als er sagt, die großen Unterschiede bei Löhnen und der Zahl der Urlaubstage für Deutsche und Amerikaner blieben bestehen: »Es gibt sie in allen multinationalen Konzernen, zwischen Ford-Fabriken in Deutschland und den USA beispielsweise auch.«

Tausche Daimler gegen Daimler

»Mercedes-Benz ist mit Abstand
die robusteste Automarke der Welt.«
Wolfgang Reitzle, BMW (bis 1998)

Morgens noch ein paar Interviews, dann findet Schrempp endlich Zeit für einen Waldspaziergang. In der Nacht zuvor haben ihm seine Aktionäre mit drei Tagen Verspätung das schönste Geschenk zum 54. Geburtstag gemacht – sie stimmten der Fusion mit überwältigender Mehrheit zu. Bis nach Mitternacht sitzen die Aufsichtsräte und Vorstände nach dem Placet auf der außerordentlichen Hauptversammlung noch zusammen, ab zehn Uhr morgens an diesem Samstag ist Schrempp schon wieder hellwach, um DaimlerChrysler vor den Mikrofonen der Journalisten den Weg in die Zukunft zu weisen. Mit diesem 19. September beginnt die weniger spektakuläre, aber für die Entstehung des neuen Konzerns wichtigste Phase des Aktienumtauschs. Sie dauert bis zum Freitag, dem 23. Oktober, 12 Uhr mittags. Am 16. November wird die »Wertpapier-Gattung 710.000 in DaimlerChrysler AG umgestellt«, wie es im Börsianer-Deutsch heißt. Am 17. November wird das neue Papier dann erstmals an den Börsen der Welt gehandelt. Doch bis dahin vergehen Wochen des Bangens. Nach außen demonstriert Daimler-Benz Stärke, intern wird noch während des Umtauschs die »Post Merger Integration« vorbereitet.

Die Woche nach der Hauptversammlung könnte die Woche der Stuttgarter werden. Am Sonntag gelingt es

Häkkinen in seinem Silberpfeil auf dem Nürburgring, Michael Schumacher zwölf Runden vor Schluß abzuhängen. Zetsche und Hubbert jubeln in der Boxengasse, Schrempp sitzt derweil nach einer Tagung des Gesamtvorstandes mit Eaton zusammen. Am folgenden Freitag wird Daimler-City in Berlin eröffnet: 4 Milliarden DM hat der Konzern in das Filetstück am Potsdamer Platz investiert, 19 Häuserblocks hochgezogen, zehn Straßen gebaut, ein Musicaltheater, ein Spielcasino, zwei Kinopaläste, ein Hotel, 620 Wohnungen, 30 Restaurants, 11 Läden, Hunderte von Büros. Alles leuchtet, alles lebt, als Bundespräsident Roman Herzog, Berlins Regierender Bürgermeister Eberhard Diepgen, Schrempp und Gentz das Areal eröffnen. Um auch jeden Schönheitsfehler zu vermeiden, hat der Konzern Edzard Reuter, den einstigen Ideengeber für das Projekt in der neuen Mitte der Hauptstadt, nicht eingeladen. Berlins Ehrenbürger, Sohn seines berühmtesten Bürgermeisters und einstiger Daimler-Chef, hat sich für immer mit seiner Biographie »Schein und Wirklichkeit« aus der Firma ausgegrenzt. Schrempp also könnte, eine gelbe Blume im Revers des dunklen Anzugs, bei seiner Eröffnungsansprache bester Laune sein.

Er ist es aber nicht. Dem ausgemergelt und überanstrengt wirkenden Konzernchef gelingt es kaum einen Moment, gute Stimmung zu heucheln. Am frühen Morgen hat er erfahren, daß die DaimlerChrysler-Aktie nicht in den amerikanischen Aktienindex Standard & Poors aufgenommen wird. »Der erste Tiefschlag auf dem Weg zur Fusion«, wie ein Daimler-Benz-Vorstand bemerkt. Begründet wird die Entscheidung damit, daß DaimlerChrysler keine amerikanische Börsengesellschaft sei. Die Chrysler Corp. war zuvor im S & P-Index mit 0,4 Prozent gewichtet. Allerdings führen die Amerikaner durchaus ausländische Gesellschaften – wenn auch nur noch aus »historischen Gründen«. Einer der Verhandler faßt den Spruch als das, was er ist: »Eine bürokratische Entscheidung amerikanischer Kleingeister.« Doch sie hat Methode. Standard & Poor's fürchtet, daß der eigene Euro-Index herabgewertet würde, würde eine der stärksten europäischen Aktiengesellschaften im eigenen US-Index geführt. Schnell bemüht sich der Konzern, vorzurechnen, in welchen anderen Indizes er mit welcher Gewichtung vorkommt. Den Kurssturz an der Börse kann das nicht aufhalten: In Stunden sackt die Daimler-Benz-Aktie in Frankfurt unter die 120-DM-Linie. Die bad news von der anderen Seite des Atlantiks treffen voll in den ohnehin schwarzen Freitag, an dem der Deutsche Aktienindex erstmals seit mehr als einem Jahr wieder unter die 3.900-Punkte-Grenze fällt. Wer an der vom Konzern im Juni noch in den strahlendsten Farben geschilderten Kapitalerhöhung zu 144 DM teilgenommen hat, steht heute mit fast 30 DM Verlust pro Anteilschein da. Die Vorstände brauchen über eine Wandlung ihrer Optionen, die an einen Kurs von 156 DM gekoppelt sind, nicht einmal mehr nachzudenken. Da in den USA zahlreiche Fonds ihre Aktien entlang des S & P-Index kaufen, scheidet für sie die künftige DaimlerChrysler AG als Depotwert zwangsläufig aus. Und ein solcher Kurssturz schafft kein Vertrauen. Das aber ist es, was der Konzern braucht, denn seit einer Woche läuft der Umtausch für Daimler-Benz-Aktien.

Es ist die größte Umtauschaktion, die es je in Deutschland gegeben hat. 583 Millionen Daimler-Benz-Aktien sollen in 583 Millionen neue DaimlerChrysler-Papiere gewandelt werden.

Freiwillig und innerhalb der gesetzten Frist eines Monats. Der Konzern läßt sich das einiges kosten. Für die Belegschaftsaktionäre, die mit gutem Beispiel vorantauschen sollen, richtet die Deutsche Bank in 21 Daimler-Benz-Werken Beratungsstände an den Toren ein. Anzeigen werden geschaltet, jeder Aktionär erhält einen Umtauschprospekt über seine Bank. Für die institutionellen Investoren werden in den Finanzzentren Frankfurt, New York, Zürich, London, Paris, München und Boston sogenannte Roadshows veranstaltet, bei denen Analystenkonferenzen, Präsentationen und Einzelgespräche abgehalten werden. In Deutschland sind sie Chefsache. Schrempp und Gentz selber stellen sich ihren Anlegern und präsentieren die Perspektiven des neuen Konzerns. An den anderen Orten greifen auch Eaton und Valade in das Geschehen ein. Für asiatische und australische Anleger schaltet das Unternehmen Telefonkonferenzen.

Am 13. Oktober sendet Daimler-Benz auf *n-tv* erstmals eine halbstündige Live-Aktionärsberatung unter dem Titel »Daimler-Benz-Aktienwerbung«. Allerdings ist der Co-Moderator so unbewandert in den komplizierten Fragen des Verschmelzungsprozesses, daß Finanzvorstand Gentz seine liebe Mühe hat, die Vorgänge jeweils geradezurücken. Die Zuschauer können sich direkt in die Sendung einwählen. Die für den Fall, daß niemand von außen anruft, vorbereiteten Konzernmitarbeiter, die sich unter falschem Namen gemeldet hätten, können »ihre« Fragen in der Schreibtischschublade lassen: Das Echo ist überwältigend. Die Zahl der Zuschauer verdoppelt sich auf knapp 100.000 in der halben Stunde Sendezeit. Kleinanlegern in Deutschland steht in diesen Wochen unter der Nummer 01803-100100 ein Sorgentelefon zum Regionaltarif zur Verfügung. 600 von Daimler-Benz trainierte Telefonisten nehmen rund 9.000 Anrufe täglich entgegen. 700 von ihnen wollen wissen, was mit ihren Daimler-Benz-Papieren passiert, wenn sie nicht tauschen. Hundert weniger interessieren sich für Kenndaten von Chrysler, 350 fragen, wie das Tauschverfahren funktioniere. Zeitgleich testet ein Wochenmagazin die Qualität der von Daimler-Benz trainierten Berater im Call Center – es kommt zu einem vernichtenden Ergebnis.

Wirkliche Sorgen allerdings brauchen sich die Konzernplaner nicht zu machen. Wenige Tage vor der Hauptversammlung wird die Mindesttauschquote für das Zustandekommen des Deals von 80 auf 75 Prozent gesenkt. Das Nehmen dieser Hürde in Deutschland bedeutet, daß die Fusion für die bisherigen Chrysler-Aktionäre steuerfrei abläuft – eine Grundbedingung der Amerikaner. Da Daimler-Benz aber über rund 80 Prozent institutionelle Anleger verfügt, besteht praktisch zu keinem Zeitpunkt die Gefahr, diese wichtigste aller Hürden nicht überspringen zu können. Beruhigung strahlt zusätzlich auch die Kapitalerhöhung im Juni aus: Damals haben etwa 95 Prozent aller Aktionäre neue Papiere gezeichnet.

Gleichwohl bleibt die zweite Hürde von Bedeutung: Mindestens 90 Prozent der Aktien müssen in Daimler-Chrysler-Aktien gewandelt werden, um den Tausch nach der günstigen Methode des Pooling-of-Interest durchführen zu können. Zwei Optionen ergeben sich für den neuen Industriegiganten: Ist am 23. Oktober die 90-Prozent-Quote erreicht, geht DaimlerChrysler unter besten Bedingungen Mitte November an den Start. Liegt der Umtauschwert knapp unter der magischen Grenze, läßt Daimler-Benz seine PR-Maschinerie noch einmal heißlaufen, um den sich noch verweigernden Aktionären den Tausch in einer um vier Wochen verlängerten Frist doch noch schmackhaft zu machen. Die Erstnotiz würde sich dadurch bis auf Anfang Dezember verschieben.

Was aber bedeutet das Pooling-of-Interest?

Lehrstunde. Robert Eaton (2. v. lks.), Jürgen Schrempp (4.) und Thomas Stallkamp (6.) in der Mercedes-Benz-Produktion.

In der Lesart der Börsenaufsicht erreichen die Aktionäre bei »90 Prozent plus x« eine »Interessenzusammenführung«. Sie ist steuerlich günstiger als etwa eine Übernahme. Kommt kein Pooling zustande, muß der neue Konzern stille Reserven offenlegen und den Geschäftswert (goodwill) des dann in den Augen der amerikanischen Börsenaufsicht SEC als erworben zählenden Unternehmens über einen Zeitraum von bis zu 40 Jahren abschreiben. Die Fusion würde bilanztechnisch wie ein Kauf Chryslers durch Daimler-Benz gewertet werden müssen. Der Geschäftswert ergibt sich aus der Differenz zwischen dem Kaufpreis und dem sogenannten »fair value« der Aktiva Chryslers und läge bei umgerechnet rund 56 Milliarden DM. Dies bedeutete im Fall DaimlerChrysler eine Belastung des künftigen Ergebnisses vor Steuern von etwa 1,4 Milliarden DM jährlich – über vier Jahrzehnte! Erreicht Daimler-Benz also keine Umtauschquote über 90 Prozent, wird der Deal teuer für das neue Unternehmen und damit unattraktiver für die Aktionäre. Wird die Quotenhürde genommen, hat dies auch Auswirkungen auf Chrysler. Das dann schon in die DaimlerChrysler AG überführte Unternehmen muß 30 Millionen Aktien an einen Pensionsfonds verkaufen, den es aufgrund früherer Rückkäufe im Eigenbesitz führt. Für die Daimler-Benz-Aktionäre gibt es über 90 Prozent noch ein »Zuckerl«, wie es die *Börsen-Zeitung* nennt. Pro 200 getauschte Daimler-Benz-Aktien erhalten sie eine zusätzliche Aktie des neuen Konzerns, anteilsmäßig eine Barauszahlung.

Aufgrund der unterschiedlichen Unternehmenswerte erhalten Chrysler-Aktionäre für ihre Papiere jeweils 0,6235 Anteile der neuen DaimlerChrysler AG, Daimler-Aktionäre bekommen ihre Aktien im Verhältnis 1 zu 1 getauscht. Die Gratisaktien, die Mitte November ausgegeben werden, heben das Tauschverhältnis für die Daimler-Benz-Anteilseigner auf 1 zu 1,005. Das allerdings ruft erneut die amerikanische Börsenaufsicht SEC auf den Plan. Weil dann quasi ein neues Umtauschverhältnis besteht, fordert die SEC Gerechtigkeit für alle – und dies bedeutet eine zweite nach der ersten Tauschfrist. Zehn Arbeitstage – vom 26. Oktober bis zum 6. November – wird den Aktionären noch eine letzte Tauschzeit eingeräumt.

Für Kleinanleger bedeutet die Aktion aus Sicht der ersten Wochen ein gewisses Risiko. Denn der Aktientausch ist nach deutschem Recht keineswegs ein Tausch, sondern wird als Verkauf (der Daimler-Benz-Aktien) und Neukauf (der DaimlerChrysler-Aktien) gewertet. Wird eine Aktie aber innerhalb eines halben Jahres nach Kauf wieder abgestoßen, müssen etwaige Gewinne aus dem Geschäft versteuert werden. Damit ist eines klar: Der DaimlerChrysler-Titel zählt so oder so für den Kleinaktionär als Neukauf – er unterliegt in jedem Fall der sechsmonatigen Spekulationsfrist, die ungefähr bis Mitte Mai 1999 läuft.

Für die Versteuerung der Daimler-Benz-Aktien gibt es freilich mehrere Einschränkungen: Zum einen zählen nur die Käufe von Daimler-Benz-Aktien, die weniger als ein halbes Jahr zurückliegen – betroffen sind damit allerdings die jungen Papiere aus der Kapitalerhöhung im Juni 1998. Da deren Preis bei 144 DM liegt, und der Börsenwert (31,20 DM) der jeweils zehn notwendigen Bezugsrechte pro junge Aktie dazu addiert werden muß, ergibt sich ein Basispreis von 175,20 DM je Aktie. Nur eine etwaige positive Differenz zwischen diesem Wert und dem Kurs der DaimlerChrysler-Aktie am ersten Tag der Notiz müßte versteuert werden. Doch auch dies erweist sich als Zahlenspiel ohne Wert. Aufgrund der Baisse im Oktober scheint die Erstnotiz kaum spürbar über diesem Wert zu liegen.

Zum anderen müssen nur Gewinne aller Aktiengeschäfte, die als Summe höher als 1000 DM ausfallen, vor den Fiskus gebracht werden. Unter dem Strich ist das Risiko also gering. Hinzu kommt: Damit die Kleinanleger sich aus Furcht vor einer Besteuerung nicht dem Tausch verweigern, bietet Daimler-Benz einen Ausweg an. Nennen die Anleger dem Konzern ihre Anschaffungskosten, setzt das Unternehmen diesen Wert in seiner eigenen Steuerbilanz an. Der Aktionär muß bei dieser Methode seine Gewinne erst dann versteuern, wenn er sich in späteren Jahren – unabhängig von der Haltedauer – von seinen Aktien trennt. Dann fällt nur der halbe Steuersatz an.

Jenseits der von Daimler-Benz verordneten Tausch-Euphorie gibt es auch kritische Stimmen: Wenger, zunächst auch der Aktionärsvertreter Klaus Kessler von der Deutschen Schutzvereinigung für Wertpapierbesitz, warnen davor, die Papiere zu tauschen. Während letzterer zum Erstaunen mancher noch öffentlich auf Tauschkurs einschwenkt, bleiben Wenger und seine Truppen wie erwartet in der Opposition. Sie wehren sich an zwei Fronten: mit einer Anfechtungsklage und mit einem Spruchstellenverfahren.

Letztgenanntes ist der eigentliche Grund, aus dem die Wenger-Leute vor einem Aktientausch warnen. Denn der Aktionär verliert damit das Recht, bei einer späteren finanziellen Nachbesserung des Tauschkurses im Spruchverfahren berücksichtigt zu werden. Nur diejenigen, deren Papiere nicht freiwillig in der gesetzten Frist, sondern anschließend zwangsgetauscht werden, können sich Hoffnung auf einen finanziellen Nachschlag machen. Jeder Aktionär, der die Tauschquote für nicht angemessen hält, hat zwei Monate nach der Eintragung ins Handelsregister Zeit, ein Verfahren und eine Nachbesserung zu beantragen. Es findet vor dem Landgericht Stuttgart statt. Das Gericht wiederum könnte einen neutralen Gutachter einsetzen, der die Unternehmensbewertung und damit die Tauschverhältnisse überprüft. Rein statistisch kommt es in der Mehrzahl der Fälle nachträglich zu einer besseren Quote für die Aktionäre. Gentz indes hält diese Nachbesserung im Fall DaimlerChrysler für »sehr, sehr unwahrscheinlich«. Wie dem auch sei – ein solches Spruchstellenverfahren kann sich hinziehen: Der Rekord liegt bei mehr als zehn Jahren. Vor allem aber: Es hat keinerlei aufschiebende Wirkung für die Zusammenführung der Konzerne.

Die aber hat eine Anfechtungsklage. Sie richtet sich nicht gegen eine angenommene Benachteiligung beim Tausch, sondern gegen einen der Hauptversammlungsbeschlüsse. Bis zum letzten Tag der Frist, dem 19. Oktober, haben vier Aktionäre Anfechtungsklagen eingereicht. Eine davon führt fast zum Eklat. Der Kläger besteht auf der Aushändigung des kompletten Protokolls der Hauptversammlung. Er versucht, seinen Anspruch per Hausdurchsuchung im Daimler-Benz-Machtzentrum durchzusetzen. Am Tor abgewiesen, vergeht ihm indes die Lust und er beugt sich der Sicht der Daimler-Benz-Rechtsabteilung.

Aus Konzernsicht sind dies nur Scheingefechte. Wichtig ist etwas anderes: Schon eine einzige Anfechtungsklage hat aufschiebende Wirkung auf die geplante Verschmelzung der Daimler-Benz AG auf die neue DaimlerChrysler AG. Das bedeutet, daß der Zwangsumtausch der bis dato nicht freiwillig gewechselten Rest-Aktien bis auf weiteres ausgehebelt ist. Im Klartext: Es wird zunächst drei Gesellschaften geben, die eigentlich ein und dieselbe sind. Die DaimlerChrysler AG mit ihrem Sitz in Stuttgart. Und ihre nun zwei Töchter: die Chrysler Corp., und die Daimler-Benz AG. In der Chrysler Corp. sind alle amerikanische Aktivitäten von Chrysler vereint – ihr Fortbestand war geplant. Anders die Daimler-Benz AG. Sie überlebt nur noch solange, wie die Klagen verhandelt werden. Daimler-Benz versucht, mit der Macht seiner Anwaltsarmada dagegenzuhalten. Ein Eilverfahren soll die verbliebenen Verweigerer zur Aufgabe zwingen. Ob es jedoch rechtzeitig – bis zum Ende März 1999 – greift, bleibt abzuwarten.

Gentz ist sich sicher, schnell mit den Opponenten fertig werden zu können. »Die haben null Chance. Die Anfechtungsklagen haben keine durchschlagende Begründung.« Daß der Satz des Buchhalters mehr ist als das Pfeifen im Walde, zeigt sich im kommenden Jahr. Aktionärsvertreter Kessler jedenfalls sieht keinen Anlaß für ein Gericht, eine besondere Dringlichkeit bei der Auflösung der Daimler-Benz AG zu akzeptieren. Schließlich könne DaimlerChrysler auch die Arbeit aufnehmen, während der alte Konzern als leere Hülle weiterexistiert. Er irrt sich in seiner Auffassung, daß es aller Wahrscheinlichkeit 1999 in Stuttgart parallele Hauptversammlungen der DaimlerChrysler AG und der Daimler-Benz AG sowie zwei eigene Jahresabschlüsse geben werde. Der Grund für ihn, den Tausch doch noch zu empfehlen, liegt in den Auswirkungen auf die Dividende. Denn die wird es gleich zweimal geben. Allerdings in sehr unterschiedlicher Höhe: eine niedrige der Daimler-Benz AG, eine höhere der DaimlerChrysler AG. Dabei will DaimlerChrysler, als neuer Mutterkonzern der Daimler-Benz AG, deren Ausschüttung möglichst niedrig halten – Tauschverweigerer als verbleibende freie Aktionäre sollen nicht auch noch belohnt werden. Rechtsanwalt Kessler nun befürchtet im Gegensatz zu Gentz, die Daimler-Benz AG könne noch über Jahre Bestand haben. »Den Aktionären entgeht dann eine wohl deutlich attraktivere DaimlerChrysler-Ausschüttung«, argumentiert er.

Doch nicht nur die Ausschüttung einer künstlich beatmeten Daimler-Benz AG sorgt in den Umtauschwochen für Spannung, auch über die – viel entscheidendere – Dividende der künftigen DaimlerChrysler AG wird öffentlich laut nachgedacht. Finanzvorstand Gentz schafft Klarheit. Erstens werde man sich langfristig an amerikanischen Ausschüttungsgewohnheiten orientieren – ein warmer Regen, gerade für die nicht verwöhnten deutschen Aktionäre, kündigt sich an. Zweitens sollen die bisherigen Chrysler-Aktionäre auch 1999 die komplette erste DaimlerChrysler-Dividende erhalten. Was sich auf den ersten Blick als Selbstverständlichkeit ausnimmt, bedeutet auf den zweiten das Ziehen eines großen Loses. Immerhin haben die Chrysler-Aktionäre von ihrem Haus bis zum Herbst 1998 schon dreimal eine Quartalsdividende ausgezahlt bekommen. Durch die im Mai 1999 folgende volle rückwirkende Ausschüttung werden sie zu Doppelverdienern. »Unsere amerikanischen Aktionäre sind an einen Dividendenfluß gewöhnt«, begründet Gentz die Großzügigkeit. Chrysler-Hauptaktionär Kerkorian erhält so ein millionenschweres zusätzliches Argument, dem Deal zuzustimmen. Der Auslegung des Unternehmens, die doppelten Dollars seien schon im Umtauschkurs berücksichtigt, folgen längst nicht alle Analysten. Ohnehin ist das Chrysler-Papier über Wochen erheblich günstiger als Tausch-Grundlage zu kaufen als die Daimler-Benz-Aktie. Profis machen sich den Kursunterschied zunutze und können an goldenen Tagen mit einer weiten Spreizung der Kurse bis zu 25 Prozent gutmachen.

Rechtliches Neuland betreten die Stuttgarter in der letzten Woche der Frist. Um alles Erdenkliche für die Überwindung der Hürde zu tun, werden mit Hilfe der Kreditinstitute nach einem neuen Verfahren sogar verpfändete

Aktien getauscht. Den Mitarbeitern der Investor-Relation-Abteilung von Daimler-Benz, die ohnehin längst vergessen haben, wie sich eine 40-Stunden-Woche anfühlt, wird noch einmal alles abverlangt. Sie bearbeiten per Telefon diejenigen Großanleger, die dem Tausch noch skeptisch gegenüberstehen. »Manchmal war Mund-zu-Mund-Beatmung nötig«, sagte einer der Banker. Unter dem Strich sind 800 Geldinstitute auf der ganzen Welt mit dem Umtausch befaßt.

Die Tauschaktion ist nur der nach außen sichtbarste Schritt auf dem Weg zu einer neuen Gesellschaft, die weltweit Maßstäbe setzen soll. Doch auch die internen Schritte setzen Maßstäbe, denn eine solch komplizierte transnationale Verschmelzung ist ein Novum in der Wirtschaftsgeschichte. Zwei Voraussetzungen sind zu berücksichtigen: Erstens ist eine einfache Übertragung des Vermögens der ausländischen Gesellschaft auf die andere nach deutschem Recht nicht möglich. Zweitens sollten die Aktionäre beider Gesellschaften auch die Risiken teilen. Das Vorgehen teilt sich in zwei Schritte. Im ersten werden die Daimler-Benz AG und die Chrysler Corp. dank getrennter Kapitalerhöhungen gegen Sacheinlage ihrer Aktien zu Tochtergesellschaften der über die Sal. Oppenheim gegründeten DaimlerChrysler AG. Daraufhin werden die Daimler-Benz AG und die Chrysler Corp. auf ihre neue Muttergesellschaft verschmolzen. Die nicht getauschten Daimler-Benz-Aktien werden zu einem späteren Zeitpunkt, je nach Ausgang der Gerichtsverfahren, zwangsweise in DaimlerChrysler-Papiere getauscht.

In Amerika dient das sogenannte »Reverse Triangular Merger« als Verfahren für den Umtausch der Chrysler-Papiere. Es setzt einen Exchange Agent, einen Treuhänder, ein, der zunächst Alleineigentümer der Chrysler Corp.

wird, um die neuen Aktien dann an die Alteigentümer auszugeben. Bei diesem Verfahren werden zwei Gesellschaften miteinander verschmolzen, die Aktionäre erhalten dafür Aktien einer dritten, neuen Gesellschaft. In Deutschland wickelt die Deutsche Bank den Umtausch ab, in Amerika ist es die Bank of New York.

Während die Wirtschaftsredaktionen der Zeitungen der Republik sich bemühen, ihren Lesern ein wenig Einblick in den komplizierten Prozeß zu geben, wird bei Daimler-Benz und Chrysler schon die nächste Stufe der Fusion vorbereitet. Dabei kämpfen die Strategen mit den großen, die Mitarbeiter mit den kleinen Widrigkeiten des Lebens. Die einen versuchen, den komplexen Integrationsvorgang mittels immer wieder neuer Diagramme selbst noch zu verstehen, die anderen bemühen sich, einen Folienhersteller aufzutreiben. Sie haben den Auftrag, eine Firma ausfindig zu machen, die in kürzester Zeit die bisherigen 421.000 Werksausweise mit dem neuen DaimlerChrysler-Schriftzug überkleben kann. Die aber gibt es nicht.

In die hauseigenen Englisch-Kürzel gefaßt, wird innerhalb des Werkszauns seit September der PMI-Prozeß vorbereitet, die »Post-Merger-Integration«. Auf dem Treffen am letzten Wochenende des Monats beraten die 18 Vorstände noch einmal über diesen Abschnitt des Zusammenwachsens. Zusätzlich verteilen sie die Posten auf der ersten Führungsebene. Doppelbesetzungen im Management, die nach der Fusion entstehen, sollen schnell abgebaut werden.

Im Zusammenwachsen nach der Fusion werden die beiden im Sommer gegründeten PMI-Arbeitsblöcke zusammengeführt. Unter dem Dach von zwölf Themenkoordinatoren werden die schon seit Juli arbeitenden 29 »Issue Resolution Teams« und weitere 69 neue Arbeitsgruppen zu 98 Projektteams mit 98 verschiedenen Themen zusammengestellt. Dazu gehören etwa im Bereich Produktentstehung Fragestellungen wie »Unterstützung und Erhalt der Marken«, »Geschwindigkeit zum Markt« oder die »Gemeinsame langfristige Produktplanung«. Im Bereich Stückzahlen wird ebenso über die »Kapazitätserhöhung der M-Klasse« gesprochen wie über die »Produktionsoptimierung«. Bei dem Oberthema »Globale Strategie« behandeln die Arbeitsgruppen den »Vertrieb Thailand« genauso wie die Frage von »Ersatzteildepots«, »Marktforschung« oder »Shows und Ausstellungen«. Im Einkauf geht es um dessen »Organisation und Philosophie« oder um die »Transportlogistik«. Die Teams füllen am Computer vorgefertigte Datenblätter aus, die den Stand der jeweiligen Verhandlungen wiedergeben. Spiegelbildlich zu den Autothemen existiert das Feld nichtautomobile Themen. Die Auto-Gruppen berichten im Vorstand an Stallkamp, die andere Gruppe, zu der etwa Kommunikation oder Informationstechnologie gehört, berichtet direkt an die beiden Vorstandschefs Eaton und Schrempp. Dazwischengeschaltet ist noch das »Chairmen's Integration Council«, das »über alle Festlegungen informiert wird und schwierige Fragestellungen klärt«, wie Cordes berichtet. Zusätzlich richten die Konzerne Anfang Oktober ein »Non Automotive Council« ein – es überwacht die Entwicklung der nichtautomobilen Themen.

Synergiepotentiale

In Millionen DM	1999	ab 2001
Einkauf	900	2700
Gesamtintegration, Finanzdienstleistungen	360	900
Forschung und Technologie, „Platform"-Integration	180	900
Vertriebsinfrastruktur	540	540
Höherer Absatz	540	1350
Gesamt	*2520*	*6390*

Quelle: Verschmelzungsbericht

In ihm ist, neben Eaton, als einziger Amerikaner Einkaufschef Valade vertreten – ansonsten haben hier Schrempp, Cordes, Gentz, Bischoff und Mangold ihren Platz. Zu den Themen wird etwa die Einbringung der Ende Oktober auf DaimlerChrysler-Aerospace umgetauften Dasa in europäische Strukturen genauso zählen wie die Verschmelzung des Debis-Geschäftes mit der Chrysler-Absatzfinanzierung in Nordamerika. Im sogenannten »War-Room« in der Stuttgarter Zentrale wird das Zusammenwachsen per Telefon und E-Mail gesteuert. Hier ist Grubes Reich, hier verfolgt er jeden Schritt der Fusion, jeden Stand einer Arbeitsgruppe akribisch.

Damit die komplizierte Struktur zumindest für die Oberen des Konzerns verständlich bleibt und zugleich möglichst wenig Reibungsverluste auftreten, haben die Konzerne ein eigenes Überwachungsteam aufgestellt. Das »Post-Merger-Integration Coordination Team« koordiniert unter der Führung von Grube und seinem Chrysler-Counterpart Barry Price den Prozeß des Zusammenwachsens. »Seine Aufgabe ist es, zu jedem Zeitpunkt für das Top-Management darüber Transparenz zu schaffen, wo die einzelnen Projekte zeitlich und bezüglich der angestrebten finanziellen und Sachziele stehen«, erklärt Cordes im Juristendeutsch. Grube, Price und ihre Mitarbeiter sind in den vergangenen Monaten eng zusammengewachsen. Deutsche und Amerikaner sind ein Wochenende zusammen Segeln gewesen, um den Teamgeist zu fördern. Gemeinsam mit ihren ehemaligen Frauen besuchten die beiden Ehestifter die Salzburger-Festspiele. Und wer von beiden einen Brief für das Integrationsteam schrieb, setzte den Namen des anderen an erster Stelle darunter. Mit dem fünfköpfigen Team soll ein Nadelöhr vermieden werden, das die Daimler-Chrysler-Strategen bei der Schweizer Pharmafusion von

Sandoz und Ciba zur Novartis AG ausgemacht haben. Dort berichteten die Teams einem einzigen Manager, der über kurz oder lang von der Vielfalt der Themen erschlagen wurde. Der Führung des PMI-Koordinationsteams obliegen auch die vier Grundsatzthemen »Integrationsstrategie«, »Unternehmenskultur«, »Management der Informationstechnologie« und die »Management Information«. Allerdings bleibt die Gesamtstruktur des Zusammenwachsens Veränderungen unterworfen. Cordes: »Es ist ein lebendiger Prozeß – hier werden sicherlich noch Projekte hinzukommen; andere wird man vielleicht früher beenden können als geplant.«

Mindestens drei Jahre, schätzen die Planer offiziell, werde allein der Prozeß des strategischen Zusammenwachsens dauern. Daimler-Benz-typisch ist intern eine höhere Schlagzahl schon zum Programm erhoben: 24 Monate sollten auch reichen. Viele Beobachter erwarten, daß das Erreichen dieser Ziele zugleich das Signal für Eaton sein dürfte, die Reißleine seines goldenen Fallschirms zu ziehen. Man schlüge zwei Fliegen mit einer Klappe: Eaton hätte seine Millionen-Dollar-Abfindung, und der neue Vorstand wäre von der Spitze weg verkleinert. Bis es jedoch überhaupt richtig losgehen kann, müssen die Teams bis Anfang November warten – bis zum Vollzug des Aktientauschs.

So wie die Woche der Umtauschfrist anfängt, so endet sie für Daimler-Benz – mit einem nicht erwarteten Erfolg. Der allerdings kommt einen der deutschen Fusionsmanager teuer zu stehen. »Noch am Donnerstag haben wir gewettet und lagen alle unter 90 Prozent«, erzählt er. Seine eingesetzten fünf DM sind perdu, denn die Aktionäre lassen ihren Konzern auch diesmal nicht im Stich. Das Echo auf den Tauschappell ist überwältigend. Schrempp kann den Erfolg voll auskosten. Zuhause, am Samstag abend, bekommt er das erlösende Signal, daß die 90-Prozent-Hürde genommen ist. Mit einer Umtauschquote von 97 Prozent schreibt Daimler-Benz mal wieder einen Rekord. Sie ist das höchste Tauschergebnis, das je bei einer vergleichbaren Aktion erzielt werden konnte. Schrempp saugt den Honig aus dem Ergebnis: »Ein Vertrauensbeweis für das Management« sei die Umtauschfreude der Aktionäre. Zumindest bei den Kleinaktionären hat er wohl recht. Denn ihre Quote liegt sogar bei 98 Prozent.

Es folgen Wochen der Abwicklung, unterbrochen nur von der Vorlage der Neun-Monats-Ergebnisse Ende Oktober und der Ermittlung der endgültigen Quote nach der Verlängerungsfrist von zehn Tagen. Auf der nächsten Sitzung des gemeinsamen neuen Vorstands am ersten November-Wochenende ist die Stimmung bestens. Natürlich wird gearbeitet, zum Beispiel die Manager-Ebene unterhalb des Vorstands festgelegt. Aber alle Augen richten sich auf »Day One«. Am 17. November wird die neue Aktie der DaimlerChrysler AG erstmals an den Weltbörsen gehandelt. Lumpen läßt sich die »Welt AG« auch da nicht. Pressekonferenzen in Frankfurt und, Stunden später, in der gleichen Besetzung in New York, helfen, noch einmal Publizität rund um den Erdball zu bekommen. Vor der Börse parken die chromglänzenden Autos des drittgrößten Produzenten der Erde, Frankfurter Finanzkreise werden zum Bankett gebeten, New Yorker zum Lunch in der Wall Street. Die DaimlerChrysler AG schaltet Anzeigen mit den Konterfeis von Eaton und Mercedes-Rennfahrer Häkkinen oder mit zwei Handschuhen eines Mercedes-Benz- und eines Chrysler-Arbeiters. Titel: Spirit meets Spirit. Der erste gemeinsame Auftritt der DaimlerChrysler AG auf der Detroit Auto Show im Januar, dort, wo vor einem Jahr die Gespräche begannen, wird vorbereitet. Eaton und

Schrempp besuchen im nächsten Vierteljahr alle Produktionsstätten des zusammengeschweißten Konzerns. Die Aktionäre erhalten wieder eine Broschüre, diesmal unter dem Titel »Day One«. Cordes kann die von Eaton und Schrempp in London signierte Fahne aufhängen, die seit dem 6. Mai im Hinterzimmer seines Büros lagert. Der Deal ist perfekt. Und Schrempp? Schrempp fällt beim Blick in die Zukunft als erstes ein kurzer Satz ein: »Jetzt gehen wir richtig ans Werk.«

Schulterklappen ohne Wert

»Wer sich jetzt nicht schnell genug dreht, fliegt vom Karussell.«

Christoph Walther, Daimler-Benz

Nein, ein hochbezahlter Frühstücksdirektor will Eaton nicht sein. Solange der Integrationsprozeß der beiden Unternehmen läuft, solange will er gemeinsam mit »Jürgen« am Zusammenwachsen der Häuser arbeiten. »Wenn wir wider Erwarten früher soweit sind, hätte ich auch kein Problem, früher zurückzutreten«, sagt der Amerikaner – ein Satz, den er im Jahresverlauf noch bereuen sollte. Daß nicht er es sein wird, der den Megakonzern in die Zukunft führt, daran hat er schon im März während der Verhandlungen keinen Zweifel gelassen. »Das zeugt von echter Größe, wenn einer bereit ist, sich um der Sache willen selber zurückzunehmen«, bewundert ein Daimler-Vorstand Eatons Entscheidung.

Die Entscheidung für die Doppelspitze und die Aufnahme aller bisherigen Vorstände beider Konzerne in den gemeinsamen neuen Vorstand ist geprägt von den nahezu zeitgleichen Ereignissen in Großbritannien, wo sich Sir Richard Sykes und der Däne Jan Leschly darüber, wer den fusionierten Pharmariesen Glaxo Wellcome SmithKline Beecham führen soll, so in die Haare kriegen, daß die bis dato weltgrößte Industriefusion Ende Februar zerbricht. Am Verhandlungstisch von DaimlerChrysler wird daraus die Konsequenz gezogen, gleich alle 18 Vorstände einzubinden und den beiden Männern an der Spitze gleiche

Macht zu geben. Zusätzlich wird vereinbart, daß sich für die Dauer von zwei Jahren niemand aus der Führungsgruppe finanziell verschlechtern darf. Eine gute Ausgangsbasis, um sich in dieser Zeit einen neuen Job zu suchen. Denn eines ist klar: Auf Dauer wird der Mammutkonzern nicht von einem Vorstand gesteuert werden, der 18 Köpfe umfaßt. »Nach einer gewissen Schonzeit wird mit Sicherheit aussortiert«, meint auch Manfred Göbels, der Sprecher der leitenden Angestellten im Daimler-Benz-Vorstand. Wer aber muß gehen?

Hinweise darauf werden verständlicherweise in der Anfangsphase der Integration mit aller Macht vermieden. Doch schon die Struktur der Konzernspitze erlaubt Rückschlüsse. So bildet sich innerhalb des Vorstands zunächst das siebenköpfige »Chairmen's Integration Council« heraus. Es ist, wie es im Verschmelzungsbericht heißt, der »Kern der Führungsstruktur«, hier schlägt das Herz des Konzerns. Während sich das Council im Wochenrhythmus abwechselnd an einen Tisch in Stuttgart und Auburn Hills setzt oder per Videokonferenz tagt, tritt der Konzernvorstand nur einmal monatlich zusammen. An den Rat berichten die einzelnen Arbeitsgruppen, hier werden die strategischen Entscheidungen für die Ausrichtung im nächsten Jahrtausend getroffen. Anders gesagt: Wer hier nicht sitzt, steht eine Hierarchiestufe tiefer. Nicht etwa auf den offiziellen Diagrammen, die alle Vorstände in einer Reihe präsentieren und in denen man sich davor hütet, irgendwelche Abstufungen zu zeigen. Wohl aber in der Praxis. Denn im DaimlerChrysler-Vorstand wird es das geben, was Manager zu recht am meisten fürchten: ein Informationsgefälle. Die Nachrichten aus den 98 Arbeitsgruppen zur Fusion laufen, gefiltert über die beiden Integrationsteams für automobile und nichtautomobile Themen, im Council zusammen –

auch bei den Themen, die eigentlich von einem anderen Vorstandsmitglied verantwortet werden. Auch daß die Existenz des Councils auf die Integrationsphase von geplanten maximal drei Jahren beschränkt sein soll, ändert nichts daran – die Weichen werden in diesen 36 Monaten gestellt. Wer hier Sitz und Stimme hat, hält die Hebel in der Hand.

Stärkster Mann im Rat neben Schrempp und Eaton ist Stallkamp. Der Amerikaner hat sich seine Funktion als »President« bei Chrysler auch für die Aktiengesellschaft festschreiben lassen. »Das sind Schulterklappen ohne Wert«, sagt zwar ein Vorstandskollege, wichtig aber ist Stallkamps Aufgabe. Denn der Amerikaner führt nicht nur die US-Tochter des Unternehmens, die DaimlerChrysler Corp. Bei ihm laufen die Fäden für das Pkw-Geschäft zusammen, das künftig knapp 90 Prozent des Konzerngeschäftes ausmachen wird. Er ist es, der die Integration der sechs Marken überwacht und zugleich darauf achten muß, daß ihre Grenzen in der Öffentlichkeit nicht verwischen. Während das nichtautomobile Integrationsteam direkt an die Vorstandschefs Auskunft gibt, berichtet das Automobilteam an Stallkamp. Eine Schlüsselposition. An seiner Seite steht der ehemalige Daimler-Benz-Pkw-Vorstand Hubbert, der die Marken Mercedes-Benz und Smart vertritt. Über ihn wollen die Rückzugsäußerungen nicht verstummen. Seine Ansprache zur Markteinführung der S-Klasse, dem Königsmodell der Marke und letzte Novität der Mercedes-Modelloffensive, klingt wie eine Abschiedsrede. Dann wieder wird gestreut, Hubbert ziehe sich mit dem erwarteten Gewinn der Formel-1-Weltmeisterschaft durch Mercedes-Fahrer Häkkinen zurück. Jeder Abschied in der frühen Integrationsphase indes muß nach außen wie ein Affront gegen die Fusion wirken. Und auch wenn Hubbert in den Mercedes-Werken nicht das Charisma ausstrahlt, das Werner auszeichnete, bedeutete sein Abgang zweifelsohne einen Schock für die Mercedes-Werker. Ihn in den Anfangsmonaten gehen zu lassen, könnte sich für den fusionierten Konzern als großer Fehler herausstellen.

Nie umstritten war der Sitz von Cordes im Rat. Der Konzernstratege muß weiter an der Spitze bleiben, um die Fusion zu fördern. Was gerne übersehen wird: Cordes vertritt dort nicht nur die Strategie, sondern als bisheriger Vorstand industrielle Beteiligungen auch die Randaktivitäten des Konzerns. Dazu zählt allerdings nicht mehr das immer noch verlustreiche Bahngeschäft der Adtranz, das Joint-venture mit der schwedisch-schweizerischen ABB. Es geht an Dasa-Chef Manfred Bischoff, der den Aufsichtsratsvorsitz der Adtranz übernimmt. Im Council kommt nun auch der während der Fusion nicht integrierte Daimler-Benz-Finanzvorstand Gentz zur Geltung. Er verantwortet das Finanzwesen des neuen Konzerns. Jetzt kommt Gentz zugute, daß er zwei große Erfolge in den letzten Jahren verbuchen konnte. Die Umstellung auf die amerikanische Bilanzierung US-GAAP ging ebenso lautlos über die Bühne wie die wohl intern noch schwierigere Beschleunigung des Berichts- und Steuerungswesens im Finanzressort. Heute verfügt Daimler-Benz über Steuermechanismen, die in ihrer Geschwindigkeit und Offenheit weltweit Maßstab sind.

Von den Amerikanern findet sich neben Eaton und Stallkamp nur noch einer im »Integration Council« wieder: der bisherige Chrysler-Finanzchef Valade. Zum ersten Erstaunen vieler hat er, als Fusionsstratege auf amerikanischer Seite, nicht die Aufgabe des Finanzchefs übernommen. Valade kümmert sich künftig um den gemeinsamen Einkauf des Konzerns. Was für Außenstehende weniger aufregend klingt, ist eindeutig eine Schlüsselfunktion. Denn nur über den Einkauf kann es gelingen, die angestrebten milliardenschweren Synergieeffekte wirklich zu erzeugen. Die aber braucht der Konzern, um die versprochenen Zuwächse seines Ergebnisses zu erreichen.

Das seit Monaten mit sieben Köpfen besetzte »Integration Council« wird freilich Anfang Oktober noch einmal verändert – zugunsten der Deutschen. Nun rückt auch noch Nutzfahrzeug-Chef Kurt Lauk in den Rat auf. Damit hat der ehemalige Daimler-Benz-Vorstand hier ein Übergewicht von fünf gegenüber drei Sitzen. Lauks Aufnahme im Herbst deutet darauf hin, welche Bedeutung der neue Konzern seiner Lastwagensparte zuspricht. Themen wie die zu diesem Zeitpunkt geplante Übernahme der amerikanischen Detroit Diesel Company oder die seit Monaten schwelende Beteiligung an der japanischen Nissan Diesel Corp. dürften nicht die letzten sein, die DaimlerChrysler bis zur Vollendung der geplanten Neuausrichtung des Nutzfahrzeuggeschäftes zu bewältigen hat.

Schaut man mit Abstand auf das Council, so ergibt sich ein Bild, in dem die Deutschen eher für die strategischen Fragen (Strategie, industrielle Beteiligungen, Finanzen, neu auszurichtendes Nfz-Geschäft), die Amerikaner eher für das Geldverdienen (Pkw-Geschäft, Einkauf) zuständig sind. Da Chrysler derzeit wesentlich profitabler als Daimler-Benz arbeitet, von den Deutschen aber in den letzten Jahren die – nicht immer erfolgreichen – Anstöße zu strategischen Positionierungen kamen, bildet sich hier die Unterschiedlichkeit der beiden Konzerne auch in Zukunft ab.

Keinen Sitz im »Committee« hat dagegen Debis-Vorstand Klaus Mangold, obwohl es ihm obliegt, das deutsche mit dem amerikanischen Finanzierungsgeschäft zusammenzuführen. Auch das zweite bisher eigenständig operierende Daimler-Benz-Geschäftsfeld, die Luft- und Raumfahrt der Dasa, ist nicht vertreten. Bischoff wird bemüht sein, ihre Aktivitäten zumindest teilweise in einen europäischen Verbund einzubringen.

Daimler-Benz-Forschungschef Klaus Vöhringer läßt keinen Zweifel daran, daß er in der zusammengeführten Konzernforschung das Sagen haben wird. Schließlich hat er bislang den weltweit achtgrößten Forschungs- und Entwicklungsetat eines Unternehmens geführt und war damit Chrysler um Jahre voraus.

Alle anderen Funktionen im DaimlerChrysler-Vorstand sind insofern vorläufig verteilt, als sie sich nur über die Marken definieren. Zetsche wird weiterhin für den Vertrieb Pkw zuständig sein, allerdings nur auf Daimler-Benz-Seite. Sein Gegenüber auf Chrysler-Seite ist der 47jährige gebürtige Kanadier James P. Holden. Anders als bei Daimler-Benz gibt es unterhalb von Valade im Vorstand noch einmal einen eigenen Einkaufschef für die Marken unter dem Chrysler-Dach, den 49jährigen Thomas W. Sidlik. Er wechselte 1980 von Ford zu Chrysler. Von ewiger Dauer dürfte diese Konstruktion im DaimlerChrysler-Vorstand nicht sein. Auch die Funktion eines eigenen Produktionsvorstands, die Dennis K. Pawley für die Chrysler-Seite übernimmt, gab es bei Daimler-Benz nicht. Der 57jährige stand unter anderem schon in Diensten von Mazda und General Motors und führte bislang zwölf Chrysler-Fabriken – aus Daimler-Sicht entspricht er damit eher der Funktion eines übergeordneten Werkleiters.

Den internationalen Auftritt von Chrysler hat bislang Theodor R. Cunningham gesteuert. Er wird dies zunächst auch im neuen Konzern fortsetzen. Da der 58jährige innerhalb des amerikanischen Konzerns seine Jobs fast im Jahresrhythmus wechselte, wird ihm das auf Dauer wohl drohende Übernehmen einer neuen Position oder ein Ausscheiden mit 61 Jahren kaum schwerfallen. Thomas C. Gale trägt die Gesamtverantwortung für das Design im neuen Konzern. Zudem ist er für das Chrysler-Personal zuständig. Der 55jährige hatte seinen Schwerpunkt bislang immer im Design-Bereich, in den er 1967 nach dem Studium eintrat. Die ehemaligen Daimler-Benz-Mitarbeiter führt weiterhin Personalvorstand Heiner Tropitzsch. Auf ihn dürften stürmischere Zeiten zukommen: Denn bislang kann er auf große Ruhe in seiner Belegschaft zurückblicken, angesichts der Übernahme aller gewinnbringenden Regelungen der amerikanischen Management-Kompensation wird aber nun auch der Ruf in der Belegschaft nach lukrativeren Gehältern lauter.

Die Spekulation, wie ein künftiger DaimlerChrysler-Vorstand aussehen könnte, ist schwierig. Tendenziell haben die deutschen Vorstände zwei Vorteile: Sie arbeiten seit Jahren mit Schrempp als dem künftigen Chef der DaimlerChrysler AG zusammen. Und allein schon ihre Ressortaufteilung verhindert in den meisten Fällen einen denkbaren Verzicht auf sie. So dürften Debis und Dasa, solange sie zum Konzern gehören, mit ihren Chefs im Gesamtvorstand vertreten bleiben. Die Forschung dürfte weiterhin in den bewährten ehemaligen Daimler-Benz-Händen liegenbleiben. Die Nutzfahrzeuge bleiben es ohnehin, da Chrysler hier über keinerlei Kompetenz verfügt. Für den Vertrieb indes dürfte es genauso wie für das Personal im nächsten Jahrtausend – wenn überhaupt – nur noch einen Vorstand geben. Design, Internationale Aktivitäten, Beschaffung und Produktion sind neue Funktionen, die sicher nicht alle in einen endgültigen DaimlerChrysler-Vorstand übernommen werden. Für das Auto-Geschäft wird es nur noch einen Vorstand geben, die anderen Funktionen aus dem Chairmen's Integration Council werden aller Voraussicht nach erhalten bleiben.

Unter dem Strich ergibt sich in der Lesart der Konzerne die Formel 8 + 8 + 2 für den ersten DaimlerChrysler-Vorstand: Acht Vorstände stammen von Chrysler, acht Vorstände direkt von Daimler-Benz, zwei von den Daimler-Benz-Tochterunternehmen Dasa und Debis. Damit soll das »Merger of Equals«, der Zusammenschluß in gleicher Stärke, unterstrichen werden. Ehrlicher wäre es freilich, von einem Verhältnis 10 zu 8 im Vorstand und 5 zu 3 im Integrationsrat zu sprechen. Zugunsten von Daimler-Benz. Die Deutschen gewinnen schneller als erwartet die Oberhand, als Chrysler-Produktionsvorstand Pawley seinen Hut nimmt, um Berater zu werden.

Dabei bleibt auch ein anderer alter Bekannter aus Daimler-Benz-Zeiten: Hilmar Kopper. Der Mann, der auch den Aufsichtsrat der Deutschen Bank leitet, wird nun dem Rat der selbsternannten ersten »Welt AG« vorstehen. Er hat den Zusammenschluß von Beginn an gefördert, hat, wie ein amerikanischer Vorstand berichtet, »gestanden wie eine Eins«. Da stand außer Frage, daß auch die Chrysler-Seite sich auf den Banker als obersten Aufseher festlegt. Die Vorab-Bestimmung des Vorsitzenden nach Gutsherrnart läßt die Arbeitnehmer-Seite im Aufsichtsrat zwar kurzfristig die Stirn runzeln. Doch sie weiß, daß eine Wahl des Vorsitzenden das gleiche Ergebnis brächte. Wozu also böses Blut erzeugen und auf dem sinnlosen Akt der Wahl bestehen? An Kopper führt kein Weg vorbei. Wer aber wird neben ihm im Gremium Platz nehmen? Festgelegt ist im Herbst 1998 nur, daß der künftige Aufsichtsrat, getreu dem deutschen Mitbestimmungsgesetz von 1976, paritätisch aus zehn Mitgliedern der Kapitalseite und zehn Entsandten der Arbeitnehmer bestehen soll. Mit doppeltem Stimmrecht ist sein Vorsitzender ausgestattet. Bis diese zwanzig Mitglieder festgelegt und gerichtlich bestellt worden sind, fungiert ein 12köpfiges, nur von der Kapitalseite bestimmtes Gremium als Übergangsrat. Die Arbeitnehmer sind in dieser wenige Wochen dauernden Phase nicht vertreten.

Danach wird auf der Arbeitnehmer-Bank ein eindeutiges Übergewicht zugunsten der Deutschen herrschen. Denn soweit geht die internationale Solidarität der IG Metall nicht, daß sie wesentliche Macht an amerikanische Arbeitervertreter abgäbe. Dies aber wäre aufgrund der deutschen Gesetzeslage der einzige Weg, den 121.000 Chrysler-Mitarbeitern Sitz und Stimme im obersten Aufsichtsorgan zu geben. Denn sieben der zehn Vertreter müssen nach gültigem Recht in einem in Deutschland arbeitenden Betrieb beschäftigt sein. So werden aller Wahrscheinlichkeit nach die bisherigen sechs Daimler-Benz-Betriebsräte, von denen jeweils einer bei Debis und Dasa beschäftigt ist, in den Rat einziehen. Sie alle sind Mitglieder der IG Metall. Hinzu kommt als siebter ein Vertreter der leitenden Angestellten. Die übrigen drei Sitze besetzt traditionell die Gewerkschaft direkt. Nur sie also könnte Platz für Amerikaner schaffen. Doch sie räumt nur einen Sitz, der ohnehin einen Wechsel erfordert hätte: Walter Riester als Arbeitsminister in der neuen Bundesregierung verliert damit per se seinen Sitz im DaimlerChrysler-Rat. Ihn nimmt auf eigenen Wunsch der amerikanische Gewerkschaftskollege Stephen Yokich ein. Er allerdings ist Vertreter der US-Gewerkschaft United Automobile Worker (UAW) und nicht etwa Chrysler-Beschäftigter. Sollte er mit einem Mandat seiner Gewerkschaft ausgestattet werden, kann sich die IG Metall dem kaum widersetzen. Die Folge: Ein knappes Drittel der künftigen Arbeitnehmer wird im Kontrollgremium schlicht nicht ver-

Die neue Führungsriege nach dem Zusammenschluß

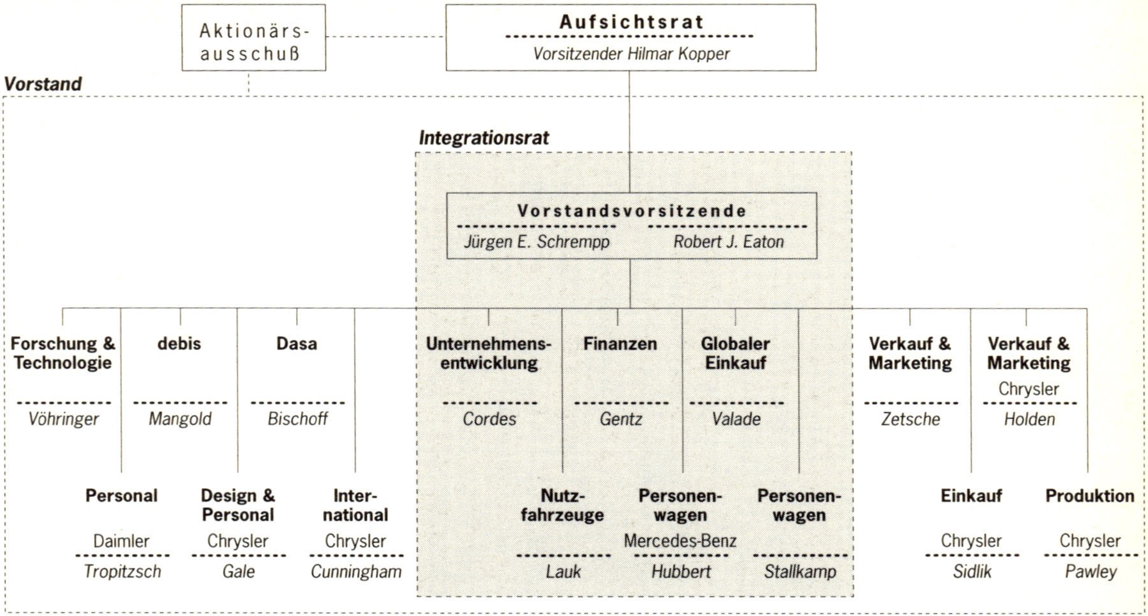

treten sein. An dieser Stelle kann von einem Merger of Equals keine Rede sein. Diesen Nachteil mildern soll nach Arbeitnehmer-Vorstellung die Gründung eines Weltbetriebsrates, gegen die man sich in Stuttgart und Auburn Hills kaum wehren wird. Allerdings ist dieser bei anderen Konzernen eher ein zahnloser Tiger – die Fülle der Gremien erschwert eine konstruktive Arbeit genauso wie die weiten Distanzen. Und auf die Arbeitnehmer-Vertreter kommt ein zweites Problem zu. Da die Konzernsprache Englisch ist, werden auch die Aufsichtsratssitzungen künftig auf englisch abgehalten. Für einige der gewählten Arbeitnehmer eine hohe Hürde, die sie allerdings nehmen müssen, wollen sie künftig noch mit der Hälfte ihrer Vorstandsmitglieder im Gespräch bleiben.

Ausschließlich Vorstand und Aufsichtsrat der DaimlerChrysler AG entsprechen der »Corporate Governance«, wie sie für deutsche Aktiengesellschaften üblich ist. Die amerikanischen Regeln zur Führung von Unternehmen finden sich dagegen in der Installation eines Präsidenten (Stallkamp) wieder, und, entscheidender noch, in der Bildung eines »Shareholder Committees«. Damit wird im DaimlerChrysler-Konzern de facto das amerikanische Board eingeführt. Platz darin bekommen neben den beiden Vorstandsvorsitzenden die zehn Aufsichtsratsmitglieder der Kapitalseite. Bei Bedarf können weitere Vorstände, aber auch weitere Kapitalvertreter einbezogen werden. Daimler-Benz betont, daß das Shareholder Committee nichts anderes sei, als die bisherige Vorbesprechung der Kapitalseite am Abend vor den Aufsichtsratssitzungen. Dies stimmt nicht ganz – denn die Macht des Committees dürfte darüber hinaus gehen: Zum einen soll dieses Komitee neben dem Aufsichtsrat durchaus Stellung zum operativen Geschäft beziehen. Um dies entsprechend tun zu können, soll er sich alle zwei Monate, und nicht wie der Aufsichtsrat vierteljährlich, treffen. Den Vorsitz des Committees wird Kopper als Vorsitzender des Aufsichtsrates einnehmen. Spätestens daran zeigt sich, welche Machtfülle Kopper zwar nicht im operativen Geschäft, wohl aber im Hintergrund der DaimlerChrysler AG zukommen wird. Zwar wird das Kapital zwangsläufig keine verbindlichen Entscheidungen für den Konzern treffen können, gleichwohl ist ein ebenso informiertes wie koordiniertes Auftreten in den Ratssitzungen, ein Beraten der Konzernleitung in den Zwischenzeiten, eine starke Position. Sie drückt aus, daß die Rolle der institutionellen Anleger in der DaimlerChrysler AG stärker sein wird als in anderen deutschen Börsengesellschaften.

Volles Programm

»Vor der Fusion gab es die Marke Chrysler in Europa praktisch nicht.«

Dieter Zetsche, Daimler-Benz

Die Modellpaletten ergänzten sich nahezu perfekt, erklären die Führungsspitzen von Daimler-Benz und Chrysler. Bei einem ersten Blick auf die angebotenen Fahrzeuge könnte man allerdings auf die Idee kommen, die Überschneidungen seien recht groß und die Segmente, in denen der Partner nichts anzubieten hat, seien nur wenige. Der Eindruck täuscht. Vielmehr kann man sagen: Bei dieser Fusion treffen zwei Autowelten aufeinander.

Chrysler gilt als der fortschrittlichste amerikanische Autohersteller. Er hat einen Hang zu spektakulären Auftritten mit Designmodellen und Leistungsrekordhaltern in der Nische des Marktes. Jeder Personenwagen des Konzerns hat Frontantrieb, eine Dieselmaschine gibt es in diesem Segment nicht. Die Ausrichtung der einzelnen Typen auf die Anforderungen der Märkte außerhalb der Vereinigten Staaten ist bisher eher unzulänglich. Bei der passiven Sicherheit erfüllen die Chrysler-Modelle natürlich alle gängigen Normen. Wenn es um jüngste Entwicklungen wie Sidebags oder intelligente Airbags geht, die erkennen, ob der Beifahrersitz belegt ist oder nicht, sind jedoch Defizite zu erkennen. Dagegen gehört passive Sicherheit zum Charakter der Autos unter der Marke Mercedes-Benz. Hier wurde dem Frontantrieb erst mit Einführung der kleinen A-Klasse eine Chance gegeben, und die Dieseltechnik wird

Kombiniertes Produktangebot

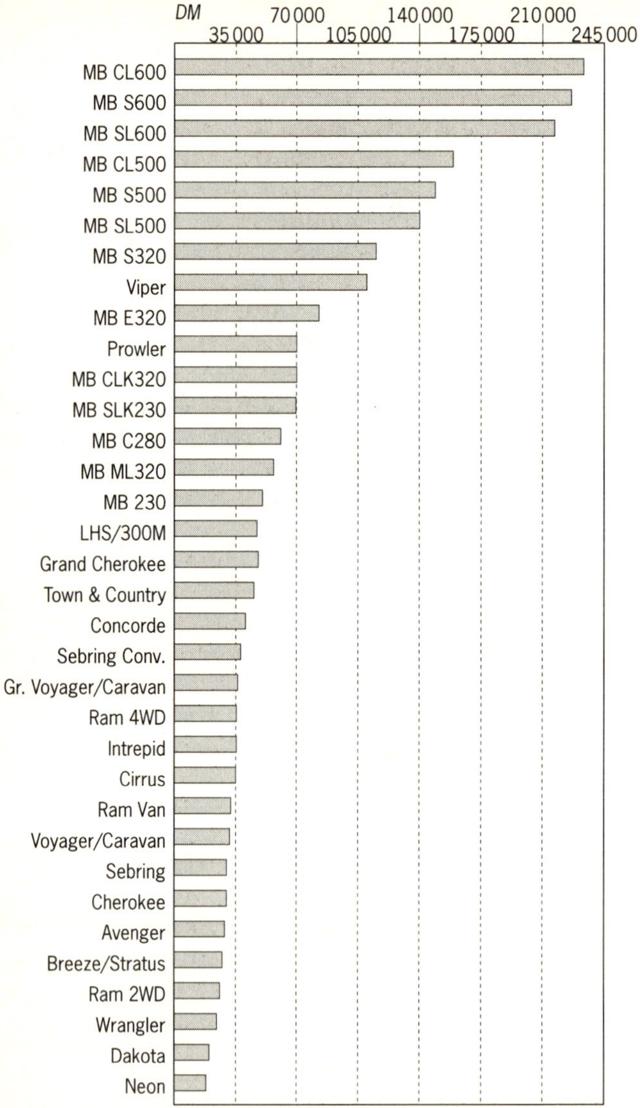

mit hohem Aufwand vorangetrieben. Mit optischen Überraschungsmomenten ist man eher zurückhaltend, noch immer ist die Freude am puristisch-funktionalen Auftritt zu spüren.

Die Chrysler-Stärken sind die Mercedes-Schwächen. So haben zwar beide Unternehmen Minivans im Programm. Der Chrysler Voyager ist aber viel erfolgreicher als sein an einen Kleintransporter erinnerndes Pendant V-Klasse. Unter den Geländewagen gibt Chrysler mit der Marke Jeep ebenfalls den Ton an, obwohl Mercedes seit kurzem mit der M-Klasse Erfolge feiert. In Stückzahlen gerechnet, ist Jeep jenseits der Straße freilich um Längen voraus. Den in den Vereinigten Staaten so beliebten leichten Nutzfahrzeugen mit offener Ladefläche, den sogenannten Pick-ups, hat Daimler-Benz nichts entgegenzusetzen. All diese Fahrzeuge fassen die Amerikaner unter der Kategorie »Light Trucks« zusammen, und mit ihnen erzielt Chrysler den Löwenanteil des Geschäfts. Dieser Schwerpunkt, den manche Kritiker als Schwäche von Chrysler ansehen, stellt sich in Amerika als Stärke heraus. Nach einer internen Berechnung erwartet Chrysler spätestens vom Jahr 1999 an ein Schneiden der Verkaufskurven von Personenwagen und Trucks. Vom Jahr 2000 an werden dieser Prognose zufolge in Amerika mehr Trucks als Personenwagen verkauft. In der Projektion bis zum Jahr 2005 liegt das Verhältnis bei ungefähr 55 zu 45. Splittet man die Kategorie Trucks weiter auf, so zeigt die Vorhersage bis 2005 ein deutliches Ansteigen der Nachfrage nach Minivans – eine Domäne von Chrysler – und sogenannten Sports Utility Vehicles, kleinere und stadtfeine Geländewagen also, die auch mal ein Surfbrett laden oder den Pferdeanhänger ziehen können. Die Pick-ups verharren auf dem derzeitigen Niveau von etwa 20 Prozent Anteil.

In Europa, wo solche Autos noch Nischenfahrzeuge sind, kommt die amerikanische Marke nur auf bescheidene Absatzzahlen. Dazu trägt auch bei, daß sich Chrysler mit dem übrigen Angebot schwer tut. Die Gesetze des Marktes haben dazu geführt, daß eine in Europa noch mit steigenden Verkaufszahlen aufwartende Karosserievariante bei Chrysler überhaupt nicht im Angebot ist. Die Amerikaner haben keinen Kombi im Programm. Und sie können im anspruchsvollen obersten Segment des Marktes für Personenwagen mangels entsprechender Achtzylinder- oder Zwölfzylinder-Motorisierung nicht mitreden. Die Achtzylinder finden sich nur in den Geländewagen, ein Zwölfzylinder ist gar nicht im Programm.

Im Vergleich der offerierten Modellfamilien greifen aber auch Programme ineinander. Der kleine Chrysler Neon sollte in Europa ein Renner werden und wurde ein Flop. Zu hohe Preise, falsche Motoren und eine unattraktive Abstimmung gaben ihm keine Chance. In Amerika ist der Neon dagegen ein knallhart kalkuliertes Billigprodukt, das sich recht erfolgreich gegen die japanische und koreanische Konkurrenz zur Wehr setzt. Dagegen darf die A-Klasse von Mercedes-Benz auch im europäischen Wettbewerbsvergleich als hochwertiger Kleinwagen mit wegweisender Technik gelten. Die Chrysler-Mittelklasse besetzt seit 1995 ein im heimischen Markt als Cirrus und in Europa als Stratus angebotener Fünfsitzer, dessen Stärke gewiß nicht im Fahrwerk liegt. In diesem Segment kämpft Mercedes-Benz seit 1993 mit der nüchtern gezeichneten C-Klasse, jenem Modell, das den Aufstieg zu den gegenwärtigen Produktionszahlen des Unternehmens ermöglichte.

Dem auf Stratus-Basis gebauten Chrysler-Convertible hat Mercedes-Benz direkt nichts entgegenzusetzen, das erfolgreiche und auf Monate hinaus ausverkaufte CLK-

Cabriolet rangiert in Motorisierung und Anspruch eine Stufe höher. Mit dem 1998 vorgestetllten 300 M definiert sich Chrysler schon als Oberklasse-Wettbewerber. Doch dahin ist es ein weiter Weg. Das voluminös gezeichnete und verschwenderisch ausgestattete Modell wird in Amerika mit modifizierter Karosserie von der Marke Dodge als Intrepid und als Chrysler Concorde/LHS vermarktet. Auf europäischen Straßen wirkt der angeblich auf diese Bedürfnisse zugeschnittene Wagen ziemlich wuchtig und exotisch. Chrysler möchte den 300 M gerne als Konkurrent zur Luxusklasse mit einem niedrigen Preis um 70.000 DM eingestuft wissen. Doch das Auto gehört eher in die gehobene Mittelklasse. Hier hat Mercedes-Benz mit der E-Klasse ein besonders heißes Eisen im Feuer. In der gegenwärtigen Form seit 1995 gebaut, ist sie auch in Amerika ein Erfolg.

Das CLK-Coupé von Mercedes-Benz trägt auf der Technik der C-Klasse die runden Scheinwerferaugen der E-Klasse und findet in dem in Europa nicht angebotenen Chrysler Sebring, einem formal wie technisch wenig reizvollen Coupé, sein Pendant. Ohne Gegenüber fährt Mercedes-Benz im Smart und in der S-Klasse. Die stattlichen Limousinen und Coupés sind europäischer Autoadel. In ihrer Ende 1998 auf den Markt gekommenen Version setzt die S-Klasse wieder einmal Maßstäbe in Sicherheit und Technik. Der Smart hingegen muß sich Kritik von allen Seiten stellen.

Ebenfalls ohne Pendant ist die Nutzfahrzeugpalette von Mercedes-Benz. Sie umfaßt Reise- und Stadtbusse, Transporter und Lastwagen jeder Gewichtsklasse. Das einstige Sorgenkind des Fahrzeugbereichs macht mittlerweile vor allem dank des guten Transportergeschäfts Gewinn. Der Preiskampf bei schweren Lastwagen ist hingegen unverändert hart. In Amerika ist der Konzern mit der Marke

Türsteher. Robert Eaton (links) und Jürgen Schrempp begutachten die neuen Chrysler-Modelle.

Freightliner recht erfolgreich. Seit kurzem gehören auch die ehemaligen Baustellenfahrzeuge von Ford dazu, die jetzt unter dem Namen Sterling zur Lastwagenmarke aufgebaut werden. Langsam aber sicher kauft Daimler-Benz zudem die Motorenausstatter hinzu, so daß aus einer Hand alle Komponenten kommen können. Das ist ein geschickter Zug, denn in Amerika ist es im Gegensatz zu Europa nicht üblich, komplette Fahrzeuge zu bestellen. Vielmehr werden die Komponenten der Lastwagen nach dem Wunsch des Kunden wie aus einem Baukasten zusammengestellt.

Eher als Imageträger denn als Ertragsquelle hat Chrysler den Plymouth Prowler und den Viper im Programm. Beide werden in winzigen Stückzahlen gebaut. Das Ungeheuer Prowler würde jeden TÜV-Mitarbeiter erblassen lassen und wird deshalb wohl nie nach Deutschland kommen. Der Viper, dieser brachiale, aber atemberaubend gezeichnete Zweisitzer mit praller Leistung aus einem Zehnzylindermotor, ist hingegen auch hierzulande zu haben und markiert derzeit das Ende der Karriereleiter von Chrysler. Mercedes-Benz führt auf sportlichem Feld den Bestseller SLK und den schon etwas in die Jahre gekommenen SL ins Feld. Bei großen Ottomotoren mit acht oder zwölf Zylindern setzen die Stuttgarter im künftigen Top-Produkt Maybach ebenso Maßstäbe wie mit ihren direkteinspritzenden Dieseltriebwerken. Sie führen in der schweren S-Klasse zu Verbrauchswerten, mit denen sich manche Chrysler-Modelle kaum im Leerlauf betreiben lassen.

Freilich werden die Stuttgarter sparsame Motoren auf dem amerikanischen Markt gut gebrauchen können. Nirgends auf der Welt ist das Produktmix von Mercedes-Benz in bezug auf den Benzinverbrauch ungünstiger als in den Vereinigten Staaten. Der Anteil an E-Klasse- und S-Klasse-

Fahrzeugen mit großen Motoren ist besonders hoch. Daraus ergibt sich ein teures Problem: Die sogenannte Corporate Average Fuel Economy (CAFE), 1975 als Antwort auf das arabische Ölembargo eingeführt, schreibt vor, daß die angebotene Fahrzeugflotte einen bestimmten Durchschnittsverbrauch erreichen muß. In Amerika wird der Verbrauch nicht in Litern auf einhundert Kilometer gemessen, sondern in zurückgelegten Meilen je Gallone Kraftstoff. So verlangt CAFE, daß der Durchschnitt der angebotenen Personenwagen mindestens 27,5 Meilen je Gallone und der der leichten Nutzfahrzeuge, also vor allem der in Amerika besonders beliebten Trucks, mindestens 20,7 Meilen je Gallone erreicht. Wer diese Anforderung verfehlt,

Die Produkte des neuen Konzerns

	Daimler-Benz	Chrysler
Kleinstwagen	Smart	—
Kleinwagen	A-Klasse	—
Kompaktklasse	*(B-Klasse geplant)*	Chrysler Neon
Mittelklasse	C-Klasse	Chrysler Stratus
Obere Mittelklasse	E-Klasse	Chrysler 300 M
Coupé	CLK-Coupé	Chrysler Sebring
Cabriolet	CLK Cabrio; SL	Chrysler Stratus; Convertible; Chrysler Viper
Roadster	SLK	—
Kombi	T-Modelle	—
Luxusklasse	S-Klasse; *(Maybach geplant)*	Chrysler LHS
Gelände	G-Klasse; M-Klasse	Jeep Wrangler; Grand Cherokee
Minivan	V-Klasse	Chrysler Voyager
Pick-up	—	Dodge Ram
Nutzfahrzeug	Mercedes; Freightliner; Sterling; Unimog	—
Bus	Mercedes; Setra	—

muß Strafe zahlen. Die Fahrzeuge von Mercedes-Benz verfehlen das durch CAFE vorgegebene Ziel regelmäßig. Das Ergebnis: Zwischen 1992 und 1997 hat Daimler-Benz in Nordamerika insgesamt 80,2 Millionen Dollar Strafe gezahlt. Im Verbund mit Chrysler eine Senkung der Strafen zu erzielen, ist auch eine der Aufgaben aus der Fusion. Es gibt aber einen Haken. CAFE trennt zwischen einheimischen und importierten Marken. Als Basis gilt die Herkunft der verbauten Teile. Um als amerikanisches Auto anerkannt zu werden, muß der lokale Anteil mindestens 75 Prozent betragen. Gleichwohl erwartet Daimler-Benz allein aus der Neuberechnung der Flotte nach der Fusion einen Rückgang der Strafen um mehrere Millionen Dollar je Jahr.

Zehn bleiben übrig

»Eines Tages wird ein Hersteller, der eine Million Autos im Jahr baut, ein Nischenanbieter sein.«

Jacques Nasser, Ford

Die Fusion zur DaimlerChrysler AG reiht sich in eine Konzentrationswelle, die vor allem die Finanzinstitute, die Pharmaindustrie, die Telekommunikationsunternehmen sowie die Lebensmittelhersteller erfaßt hat. In der Öffentlichkeit am stärksten wahrgenommen werden aber wohl die Veränderungen in der Automobilbranche. Nach Ansicht vieler Beobachter ist der Paukenschlag DaimlerChrysler hier nur der Auftakt: Die Fusionswelle werde auch die Zulieferer erfassen und das Überleben mittelständischer Unternehmen nur in der Nische erlauben. 1997 hat es nach Berechnungen der Unternehmensberatung Price Waterhouse in der internationalen Automobilindustrie 750 Fusionen und Übernahmen mit einem Volumen von 28 Milliarden Dollar gegeben. Tendenz steigend.

In den sechziger Jahren waren weltweit 52 selbständige Automobilproduzenten tätig, heute sind es nur noch knapp 20. Auf lange Sicht werden nach nahezu einhelliger Meinung der Branchenexperten nur noch acht bis zehn Wettbewerbsgruppen miteinander konkurrieren. Manche Beobachter gehen sogar davon aus, daß nur fünf große Konzerne übrigbleiben werden. Diese werden dann eine durchgängige Modellpalette vom Luxusfahrzeug bis zum Kleinstwagen und vom Schwerlastwagen bis zum Transporter anbieten.

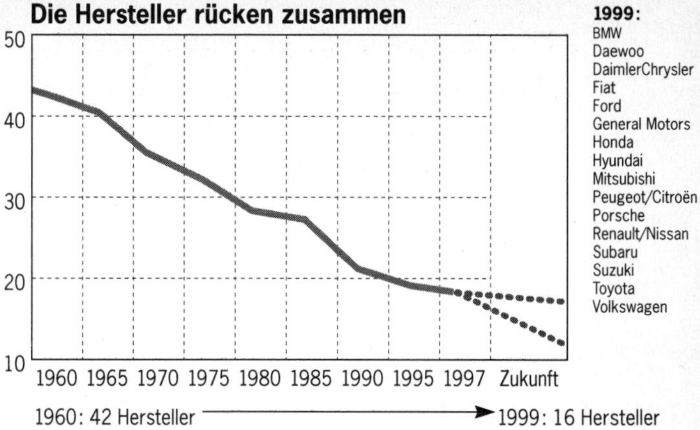

Die Gründe für den vermeintlichen Verlust der Selbständigkeit sind schnell gefunden. Der immer härtere Wettbewerb drückt auf die Preise. Neue Anbieter aus den aufstrebenden Industrienationen errichten zusätzliche Werke in einem Markt, der schon heute durch Überkapazitäten von mehr als acht Millionen Fahrzeugen jährlich geprägt ist. Gleichzeitig wachsen die Anforderungen der Kunden. Sie wollen mehr Auto für ihr Geld. Sie wollen auf ihre Bedürfnisse zugeschnittene Modelle. Und sie wollen in immer kürzeren Abständen neue Reize. Für die Automobilhersteller bedeutet das geringere Entwicklungszeiten, eine größere Modellvielfalt und damit einhergehend steigenden Aufwand. Andererseits müssen sich die Fahrzeuge in kürzeren Abständen amortisieren, also in der Herstellung billiger werden. Wer bei diesem Wettlauf nicht mithalten kann, wird abgehängt.

Großes Produktionsvolumen mit den daraus entstehenden Skaleneffekten – also der Erzielung günstigerer Preise je Einheit durch den Einkauf größerer Stückzahlen – gilt als eines der Wundermittel gegen zu hohe Kosten. Jacques Nasser, der Präsident von Ford Automotive und von Januar 1999 an der operative Chef der Ford Motor Company, formuliert es: »Eines Tages wird ein Hersteller, der eine Million Autos im Jahr baut, ein Nischenanbieter sein.« Die Losung klingt einfach: Wer viele Teile einkauft, erhält von den Zulieferern günstigere Preise. Er wird zum bevorzugten Entwicklungspartner der Zulieferindustrie. Und er spart Geld in der Produktion, wenn er möglichst viele identische Teile in verschiedene Modelle einbaut. Plattformstrategie ist das in diesem Zusammenhang immer wieder genannte Zauberwort. Wie Lego-Steine werden gleiche Module zu vielen verschiedenen Fahrzeugen zusammengesetzt. Eine moderne Plattform umfaßt weitgehend alle Teile eines Autos, die der Kunde nicht fühlen, riechen oder sehen kann. Die sicht- und fühlbare Differenzierung findet über das Design statt, außen wie innen. Wenige, in ihrer Länge verstellbare Plattformen sollen demnach reichen, um darauf mehrere Millionen Autos im Jahr zu produzieren. Zwei Beispiele: Der größte Automobilhersteller der Welt, General Motors, will schließlich seine gesamte Modellpalette auf drei Plattformen aufbauen. Der Lastwagenhersteller Volvo Trucks, der inzwischen Scania übernommen hat, plant, die gesamte schwere Baureihe mit nur noch einer Plattform abzudecken. Derzeit benötigen die Schweden dafür noch fünf, vor wenigen Jahren waren es noch neun Plattformen.

Erhebliche Ertragspotentiale erwarten sich die Automobilhersteller aus diesem Vorgehen, und auch Schrempp hat schon angedeutet, wie sich die im Verbund mit Chrysler erhöhte Einkaufs- und Gleichteilemenge auswirken wird: Die traditionell besonders teuren Autos von Mercedes-Benz könnten billiger werden. Auf die ebenfalls im Hochpreissegment angesiedelte Konkurrenz von BMW und Audi dürften einige Überraschungen zukommen.

Globale Präsenz gilt als ein weiterer Schlüsselfaktor, um das Wachstum der Unternehmen zu sichern. Zum einen soll die Produktion vor Ort den lokalen Bedürfnissen auf dem jeweiligen Markt Rechnung tragen. Importzölle und Einfuhrkontingente erfordern das. Aber auch die lokale Komponente, das Gefühl, ein einheimisches Auto anzubieten, darf für die Kaufentscheidung nicht unterschätzt werden. Zum anderen soll die Präsenz auf den Auslandsmärkten die Abhängigkeit von einer Region mindern. Im besonders zyklischen Autogeschäft, so hofft man, ist immer nur eine Region dieser Welt von Rezession betroffen, während es in einem anderen Teil der Erde aufwärtsgeht. Die Erträge aus der einen Region sollen dann die eventuellen Verluste aus einer anderen ausgleichen oder besser noch überkompensieren. Eine solche Strategie ist freilich teuer, erfordert hohe Investitionen. Und sie wird immer aufwendiger, denn die Zeiten, in denen die Autokonzerne ausgediente Produktionstraßen einfach in die aufstrebenden Länder verfrachtet haben, sind vorbei. Kein Chinese und kein Brasilianer möchte mehr ein in Europa ausgedientes Modell fahren. Moderne Fertigungen müssen deshalb, wenn auch mit einer gewissen zeitlichen Strekkung, rund um die Welt aufgebaut werden.

Schließlich spielt bei den Entscheidungen zu neuer Größe sicherlich auch persönlicher Ehrgeiz der Männer an der Spitze der Unternehmen eine Rolle. Und vermutlich verstecken sich in diesem Fusionsfieber auch Fehlentwicklungen kommender Jahre. Vielleicht setzt sich eines Tages die Erkenntnis durch, daß sich solch große Konglomerate nicht effizient steuern lassen. Daß sie zu schwerfällig werden und nicht flexibel genug auf die sich immer schneller ändernden Marktanforderungen reagieren. Daß es nicht genug charismatische und starke Führungskräfte gibt, die das Gerangel um Posten und Anerkennung auf allen Ebenen verhindern können. Anzeichen dafür gibt es genug, schaut man auf die Schwierigkeiten, mit denen General Motors zu kämpfen hat: Marken, die sich gegenseitig Kunden wegnehmen; Führungskräfte, die ihr Terrain abstecken; Tochtergesellschaften, die im sicheren Konzernhafen liegen und den Wettbewerb deshalb nicht kennen. Bernd Pischetsrieder, ehemaliger Vorstandschef von BMW, hat auch eine Warnung parat: Das Konzept von Daimler-Chrysler sei strategisch zwar richtig. Doch werde es verdammt schwierig, die ganz unterschiedlichen Ausgangspositionen bei Technik und Marktposition unter einen Hut zu bringen. Der damalige Chrysler-Präsident Lutz findet gar, daß für die Fusion von Daimler-Benz und Chrysler keine Notwendigkeit bestehe. Auch nicht in einigen Jahren. Beide Unternehmen verdienten gutes Geld, unterhielten ein breit gefächertes Angebot und seien in der Lage, auch aus eigener Kraft zu wachsen. Er sagt aber auch, daß er einen Auftrieb für Chrysler in Europa erwartet. Daß die amerikanischen Autos durch die Verbindung zu Mercedes in Deutschland attraktiver würden. Und daß die Fusion eine ideale Konstellation sei. Produkte und Märkte überlappten sich kaum. Statt alleine stark, könne man gemeinsam superstark sein. Die Führungskräfte nutzen das Argument der Freiwilligkeit gerne, um die großen Chancen aus der Fusion darzulegen. Schließlich finde man aus einer Position der Stärke und nicht aus Notwendigkeit zusammen. Lutz spricht aber auch denen aus der Seele, die auf den Zusammenschluß mit Kopfschütteln reagiert haben. Die nicht an den Ruck nach vorne und an steigende Absatzzahlen und sprudelnde Gewinne glauben. Die eine Verwässerung der Marken und der traditionellen Stärken befürchten.

Wie auch immer. In der internationalen Automobilindustrie strebt derzeit alles nach Größe. Die Fusion von Daimler-Benz und Chrysler gibt zusätzlichen Schub und führt dazu, daß nahezu jedes Gerücht von den Medien begierig aufgegriffen wird. Jeder spricht in der Branche mit jedem, und allen ist alles zuzutrauen. Selbst Kooperationen zweier Unternehmen, die sich auf die gemeinsame Entwicklung eines bestimmten Modells verständigen, treten sofort eine Lawine der Spekulation los, ob nicht doch eine weitergehende Verflechtung hinter dem Projekt stecken könnte. Dabei sind gemeinsame Entwicklungen und Lieferungen untereinander schon längst an der Tagesordnung, ohne daß die Öffentlichkeit bislang davon stärker Notiz genommen hätte. Es ist gut denkbar, daß nun eine Art Modewelle der Fusionen, eine Art Torschlußpanik, über die Automobilbranche rollt. Eine ähnlich spektakuläre Kombination wie zwischen Daimler-Benz und Chrysler ist aber nur schwer vorstellbar.

Schrempp und Eaton lassen keinen Zweifel daran, daß DaimlerChrysler nicht nur einer der letzten unabhängigen Automobilhersteller sein wird, sondern in dieser Gruppe auch ganz vorne mitmischen wird. Wer könnte ihnen widersprechen? Die beiden Partner werden Synergiepotentiale erschließen und sich auf den Märkten gegenseitig unter die Arme greifen. So wird man schon bald einen Minivan mit Stern sehen, der eigentlich ein Chrysler ist. Das Angebot der Geländewagen aus Stuttgart dürfte auf ähnliche Weise eine Verbreiterung erfahren. Und gibt es einen Grund, warum nicht auch ein moderner Aluminiummotor aus Detroit künftig die Mercedes-C-Klasse antreiben soll?

Pfadfinder. Jürgen Schrempp und Robert Eaton auf dem Weg durch die Chrysler-Fabrik in Detroit.

Wie aber sieht es mit den anderen Herstellern aus? Wer wird aus heutiger Sicht dem edlen Club der selbständigen Anbieter letztlich angehören? Wer wird seine Eigenständigkeit verlieren? Als Übernahmekandidat Nummer eins galt lange Zeit Volvo. Inzwischen gehören die schwedischen Personenwagen zu Ford. Eine Perle ist das unabhängig gebliebene Geschäft mit Volvo-Lastwagen, das in einem besonders schwierigen Wettbewerbsumfeld seit Jahrzehnten durch stabile Erträge und eine hohe Akzeptanz der Produkte gekennzeichnet ist. In dem ebenso wichtigen wie schwierigen Auslandsmarkt Nordamerika erzielt Volvo Trucks wieder Gewinn. Kein Wunder, daß die Schweden kein großes Interesse an Partnern haben, die ein Gemeinschaftsunternehmen zu dominieren drohen, sondern selbst am Akquisitions-Karusell teilnehmen. Liebend gerne hätte Volkswagenchef Ferdinand Piëch die Lastwagen aus dem hohen Norden, doch daraus wird nichts mehr. Die Übernahme von Scania durch Volvo hat alle Träume in Wolfsburg zerplatzen lassen.

In seiner Strategie, einen Automobilkonzern zu schaffen, der alle Fahrzeuge vom Stadtauto bis zum Schwerlastwagen anbietet, fehlt nach den spektakulären Zukäufen von Bentley und (übergangsweise) Rolls-Royce, Cosworth und Lamborghini allein noch ein reinrassiger und ertragstarker Lastwagenproduzent mit makellosem Image. Der Kauf von Scania ist in den Führungsetagen in Wolfsburg schon abgesegnet, da zieht die darniederliegende Lastwagen-Konjunktur wieder an. Die Gespräche geraten ins Stocken. In Wolfsburg wird behauptet, die nahezu die gesamte schwedische Industrie und auch Scania dominierende Wallenberg-Gruppe verlange nun zuviel Geld. Aus Schweden wird von den traditionell sehr verschwiegenen Wallenbergs kein Grund genannt. Dann kommt Volvo.

Die Niederlage ärgert Piëch, denn er ist ein zäher Visionär. Meist bekommt er, was er will. Vor Jahren, als es um die jetzt entstehende Erlebniswelt rund um das Volkswagen-Werk in Wolfsburg ging, hat Piëch ein Gespräch mit dem Präsidenten der feinen Hotelkette Ritz Carlton geführt. Der VW-Vormann versuchte, ihn für den Bau eines Luxushotels auf dem Gelände zu gewinnen und erntete die skeptische Frage, welche Volkswagen-Kunden wohl in Wolfsburg in einer so luxuriösen und teuren Herberge nächtigen werden. Piëch hat daraufhin das Tuch über dem Modell der Autostadt gelüftet und in völliger Ruhe gesagt: »Diese«. Sein Finger zeigte auf einen sogenannten Markenpavillon mit dem Emblem von Rolls-Royce. Wie wir heute wissen, werden vom Jahr 2003 an freilich höchstens Bentley-Kunden in Wolfsburg übernachten. Die Käufer von Rolls-Royce werden dann einen Abstecher nach München machen.

Piëch, der im Jahr 1998 Autofirmen gekauft hat, als gäbe es bald keine mehr, wird auch ein nicht nachlassendes Interesse an Porsche nachgesagt. Selbst großer Anteilseigner und familiär dem Hause verbunden, dürfte für ihn auch die Stuttgarter Sportwagenschmiede auf dem Wunschzettel stehen. Zeitlich würde sich alles fügen, wenn Piëch in den Aufsichtsrat wechselt und der jetzige Porsche-Vorstandschef Wendelin Wiedeking dann an die Spitze von Volkswagen rückte. Wiedeking genießt bei Piëch hohe Wertschätzung, nachdem er Porsche wieder zu einem profitablen Unternehmen gemacht hat. Gemeinsame Projekte hat es immer wieder gegeben. Das jüngste ist die Entwicklung eines Geländewagens, der im Herbst 2001 unter den jeweiligen Markennamen und mit markentypischem Auftritt auf den Markt kommen soll. In Wolfsburg ist die Losung ausgegeben worden, Daimler-Benz das Leben schwer zu machen. »Sie sind uns von oben entgegengekommen und in unsere Domäne der mittleren und kleinen Wagen eingedrungen. Nun machen wir es umgekehrt«, heißt es kämpferisch. Im kommenden Jahrzehnt werde Volkswagen über sechs Personen- und drei Lastwagenmarken verfügen. Und weil dem Technikfreak Piëch Qualität über alles geht, sollte man ihn auch in den oberen Preisklassen ernst nehmen. In der Tat: Was ist das für ein Konzern: Volkswagen, Audi, Skoda, Seat, Bentley, Lamborghini, Cosworth, Bugatti.

Angesichts der Aufstellungen in Wolfsburg und Stuttgart muß man sich fragen, was mit dem automobilen Aushängeschild aus München geschieht. Paukenschläge und laute Töne liegen der Führungsmannschaft um den damaligen BMW-Chef Pischetsrieder nicht, wie übrigens schon immer das zurückhaltende, bisweilen einigelnde Verhalten gegenüber der Öffentlichkeit der weiß-blauen Marke bei BMW dominierte. Doch in der bayerischen Ruhe scheint die Kraft zu liegen. Im Bietgefecht um Rolls-Royce war BMW zunächst unterlegen, um dann doch noch in einem genialen Schachzug die britische Luxusmarke nach München zu holen. Die technische Zusammenarbeit und auch das Image hatten einen Zuschlag an BMW ohnehin nahegelegt.

Die britische BMW-Tochtergesellschaft Rover kämpft an anderer Front; ihr macht der feste Pfundkurs schwer zu schaffen. Die Gewinnschwelle wird trotz steigender Absatzzahlen kontinuierlich nach hinten verschoben. Erste Arbeitsplätze fallen dem Kostendruck zum Opfer. Doch BMW hat schon ernstere Krisen gemeistert. Die Autos der eigenen Marke werden in immer höheren und damit ertragreicheren Ausstattungen nachgefragt, somit steigen Umsatz und Gewinn mit schöner Regelmäßigkeit. Bei den Zulassungen in der prestigeträchtigen Luxusklasse hat die

BMW-Siebener-Reihe die Mercedes-Benz S-Klasse zeitweise überholt. Eine Ehe mit Fiat wird BMW hin und wieder angedichtet, doch Bestätigungen dafür fanden sich nie. Volkswagen brachte sich selbst ins Gespräch, aber auch davon wollen die Münchener nichts wissen. Und an Lastwagen aus Schweden oder sonstwo ist BMW ohnehin nicht interessiert, dem Argument aus Wolfsburg, auch dieses Segment müsse ein weltweit tätiger Automobilkonzern abdecken, mag man sich bei BMW nicht anschließen. Das gemeinsame Motorenwerk mit Chrysler in Brasilien soll zunächst weitergeführt werden, beteuern die Führungskräfte. Weil das fusionierte Unternehmen aber DaimlerChrysler und nicht BMW-Chrysler heißt, dürften die Tage der Zusammenarbeit mit einem direkten Konkurrenten wohl gezählt sein.

An die Präsidenten der beiden französischen Konzerne Renault und PSA Peugeot Citroën wird regelmäßig die Frage gestellt, wann sie fusionieren wollen. Und mit ebensolcher Regelmäßigkeit weisen diese auf die aus ihrer Sicht vollkommene Unsinnigkeit eines solchen Vorgehens hin. Die Produktpaletten überschneiden sich weitgehend. Entlassungen in großem Stil werden befürchtet. Andererseits seien keine durchschlagenden Synergieeffekte zu erwarten. Letzlich habe auch der Zusammenschluß von Daimler-Benz und Chrysler nur geringe Auswirkungen auf den Markt, findet der Vorsitzende von Renault Deutschland, Mario Canavesi. Renault läßt im Sommer 1999 weitere Spekulationen verstummen. Die Franzosen steigen bei Nissan ein. Peugeot ist derweil auf Suche nach Kooperationen. Mit Smart will man eine gemeinsame Plattform für einen Kleinwagen entwickeln. Wie die Bruchlandung von Peugeot in China zeigt, ist die globale Expansion aber kein ebener Weg. Auch die derzeit desolate Lage auf dem brasilianischen Markt könnte noch für einige Überraschungen gut sein.

Global Tramper. Jürgen Schrempp nimmt Maß in der Mercedes-Benz-Studie F 300.

Als ausgemacht gilt bereits, daß die koreanischen Hersteller keine Chance haben, in ihrer jetzigen Struktur zu überleben. Riesige Überkapazitäten, eine stark rückläufige Binnennachfrage im Zuge der Finanz- und Wirtschaftskrise 1997/98 und der Druck aus dem Ausland auf Öffnung der Märkte haben den Traum von ewig zweistelligen Wachstumsraten jäh zerplatzen lassen. Der völlig ungewohnten Situation drohender Massenentlassungen begegnen die koreanischen Arbeiter mit Streiks und gewalttätigen Auseinandersetzungen. Für die europäischen und amerikanischen Automobilhersteller könnte das ein günstiger Zeitpunkt sein, die Präsenz in Asien zu attraktiven Konditionen zu verbessern. Denn bislang sieht es damit eher schwach aus. Allein Volkswagen hat durch sein frühes und vermutlich lange Zeit teures Engagement in China einen Fuß in der nur wenig offenstehenden Tür. Alle anderen Hersteller befinden sich mit ihrer Abstinenz in guter Gesellschaft. Auch DaimlerChrysler macht da keine Ausnahme, und es gibt bis heute keine Hinweise, daß eine Übernahme größeren Stils in Asien geplant ist.

In Südkorea steht vor allem Kia das Wasser bis zum Hals. Die Modellpalette ist schwach und, zumindest für europäische Verhältnisse, unattraktiv. Das Unternehmen ist zahlungsunfähig und schiebt einen gigantischen Schuldenberg von umgerechnet 12,5 Milliarden DM vor sich her. Zwei Auktionen zum Verkauf von Kia sind daran gescheitert. Im dritten Anlauf gelingt Mitte Oktober 1998 der Verkauf an den koreanischen Wettbewerber Hyundai. Ford, das bislang einen Anteil von 16,7 Prozent an Kia hielt, galt allgemein als Wunschpartner und dürfte auch nach dieser Entscheidung nicht vollständig aus dem Rennen sein, denn es ist fraglich, ob Hyundai die Übernahme und erforderliche Investitionen aus eigener Kraft aufbringen kann.

Samsung hatte sich durch Kia eine breitere Produktpalette und eine Ausweitung des noch in den Kinderschuhen steckenden Vertriebsnetzes erhofft. Samsung hat gerade erst mit der Autoproduktion begonnen. Der Erfolg ist so mäßig, daß schon wieder laut über einen Rückzug aus dem Autogeschäft spekuliert wird.

An dem ebenfalls nicht auf Rosen gebetteten Hersteller Daewoo ist General Motors interessiert. Der größte Automobilhersteller der Welt steht vor einem Wiedereinstieg, allerdings haben sich die Verhandlungen kurz vor Abschluß festgefahren. Schon einmal waren die Amerikaner an Daewoo beteiligt, hatten sich aber 1992 nach fünfzehn Jahren zurückgezogen. Über Entscheidungen zu Verkaufsstrategie, Marketing und Investitionen war es zum unüberbrückbaren Streit gekommen.

Ssangyong, Hersteller von Geländewagen und einer Art Raubkopie der Mercedes S-Klasse, ist bereits an Daewoo übergegangen. Daimler-Benz hält unvermindert einen Minderheitsanteil von 2,4 Prozent an Ssangyong.

So könnte am Schluß alleine Hyundai als eigenständiger Hersteller übrigbleiben. Das Unternehmen macht den stabilsten Eindruck und scheint die Finanz- und Wirtschaftskrise in Asien am besten zu überstehen. Manche Beobachter ziehen auch in Betracht, daß die koreanische Regierung noch eine ganz andere Lösung aus dem Hut zaubern wird: Ein riesiges Automobil-Konglomerat, dem alle bisherigen Hersteller unter einem Dach angeschlossen werden. Man kann sich vorstellen, daß Hyundai aufgrund seiner starken Position in einer solchen Konstellation die Führungsrolle übernehmen will. Doch ob das klappt, ist völlig ungewiß. Asien steckt voller Überraschungen.

Den Nachbarn aus Japan hat die Wirtschaftskrise ebenfalls erheblich zugesetzt. Mitsubishi Motors gilt derzeit als der schwächste unter den führenden Anbietern des Landes. Hohe Verluste und schwacher Absatz sind nicht gerade beste Voraussetzungen, um zu bestehen. Das scheinen auch Daimler-Benz und Chrysler so zu sehen, denn trotz einiger Verbindungen zu beiden Konzernen ist Mitsubishi in die Überlegungen bisher nicht eingebunden. Chrysler hatte sich 1971 mit 15 Prozent an Mitsubishi Motors beteiligt, die Verbindung später aber wieder gelöst. 1993 verkaufte Chrysler die letzten Anteile an Mitsubishi. Allerdings liefern die Japaner weiterhin 300.000 bis 400.000 Sechszylindermotoren jährlich an Chrysler. In den Vereinigten Staaten baut Mitsubishi in seiner Fabrik für Chrysler die Modelle Chrysler Sebring und Dodge Avenger. Die Fusion von Daimler-Benz und Chrysler berühre diese Geschäftsverbindung nicht, wird versichert. Über die eigene Verkaufsorganisation bietet Mitsubishi zudem die Fahrzeuge von Mercedes-Benz in

Auto-Hersteller im Vergleich

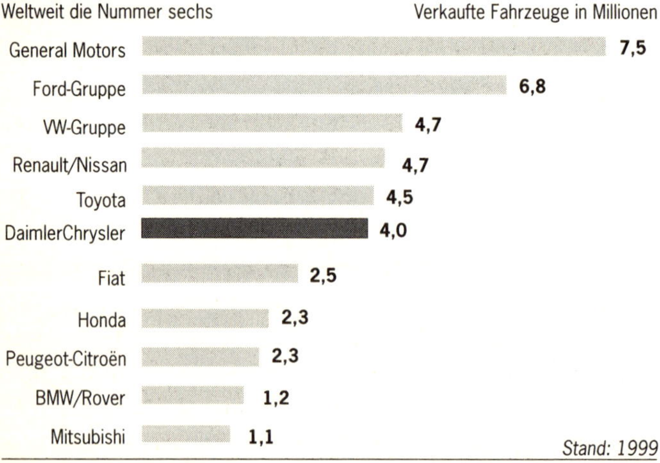

Japan an. Seit 1996 sind davon allerdings die Nutzfahrzeuge ausgenommen.

Nissan ist ebenfalls hoch verschuldet und leidet unter einem schwachen Inlandsabsatz. Auch das wichtige Exportgeschäft nach Nordamerika läuft schwach. Skeptiker halten Nissan wegen der schlechten finanziellen Situation für einen wenig attraktiven Übernahmekandidaten, DaimlerChrysler sagt die Kaufabsicht im März 1999 ab. Dafür glaubt Renault an eine Zukunft, steigt mit 36,8 Prozent bei Nissan ein und entsendet den Top-Manager Carlos Ghosn nach Tokio. Der schließt fünf Fabriken und baut 21.000 Arbeitsstellen ab. Japanische Zeitungen vermelden im Oktober 1999 den »Ghosn-Schock«.

Der kleinste der fünf führenden japanischen Automobilhersteller ist Mazda. Er hat im abgelaufenen Geschäftsjahr zum ersten Mal seit fünf Jahren wieder einen Betriebsgewinn erzielt. Aber unabhängig ist das Unternehmen längst nicht mehr. Mazda Motors ist es gelungen, nach zeitweise erheblichen Schwierigkeiten die finanzielle Situation signifikant zu verbessern, seit Ford 1996 die Kapitalbeteiligung erhöht und das Management in eigene Hände genommen hat. Im Jahr 2000 soll das erste gemeinsame Auto, eine Art Geländewagen, auf den Markt kommen.

So bleiben nur Toyota und Honda. Beide gelten als solide finanziert. Toyota hat im Geschäftsjahr 1997/98 rund 5,9 Milliarden DM Nettogewinn erzielt. Honda erreichte im gleichen Zeitraum 3,6 Milliarden DM. Die Fertigungsmethoden von Toyota sind bis heute weltweit Vorbild für alle Automobilhersteller. Wo immer man fragt, Toyota wird als der härteste Konkurrent aus Asien gesehen. Nach einer Phase der Konsolidierung werde das Unternehmen sicherlich wieder angreifen. Hinzu kommen die Erfolge sowohl von Toyota als auch von Honda auf dem nordamerikanischen Markt, wo unter anderem das Luxussegment durch die Marken Lexus und Acura erfolgreich abgedeckt wird. Das schafft Luft und einen Ausgleich zu der angespannten Lage zu Hause.

Faßt man die unterschiedlichen Entwicklungen zusammen, so kristallisieren sich zehn eigenständige Wettbewerbsgruppen auf dem internationalen Automobilmarkt heraus:

- General Motors mit Opel, Saab, Daewoo, Suzuki und Subaru.
- Ford mit Jaguar, Aston Martin, Mazda, Volvo und Lincoln.
- DaimlerChrysler mit Smart, Mercedes-Benz, Dodge, Plymouth, Chrysler, Jeep, Freightliner, Sterling und Setra.
- Volkswagen mit Audi, Seat, Skoda, Bentley, Lamborghini, Porsche und Bugatti.
- BMW mit Rover, Mini und Rolls-Royce.
- Peugeot, Citroën, Renault und Nissan zusammengefaßt zu einer Gruppe.
- Fiat mit Alfa Romeo, Lancia und Ferrari, Maserati und Iveco.
- Toyota.
- Honda.
- Hyundai mit Kia.

Und die Zulieferer? Hier gilt das gleiche. »Global Player« bestimmen den Kurs. Die Fusionen der Automobilhersteller, also der Kunden, werden den Kostendruck auf die Zulieferer weiter erhöhen und sie zwingen, ebenfalls Partnerschaften einzugehen. Übernahmen und Fusionen in Höhe von 9,7 Milliarden Dollar haben nach Angaben von Price

Waterhouse schon 1997 die Zulieferindustrie kräftig durcheinandergewirbelt. Die Umwälzungen sind aber noch längst nicht beendet. Die Chrysler-Lieferanten, heißt es da, seien für ihre sehr niedrigen Preise bekannt. Sie würden nun mit den Lieferanten von Daimler-Benz verglichen, die für ihre hohe Qualität gerühmt würden. Als Ergebnis werde DaimlerChrysler wohl in Zukunft die hohe Qualität zu den niedrigen Preisen verlangen.

Daß niedrige Preise nicht alles sind, das haben die Hersteller in der Ära nach dem Kostendrücker José Ignacio López freilich auch begriffen. Gute und partnerschaftliche Verbindungen mit den Zulieferern zahlen sich aus in einer Zeit, in der immer mehr Wertschöpfung auf die vorgelagerte Ebene verschoben wird. Längst liefert ein Zulieferer nicht mehr einzelne Teile, sondern ganze Systeme. Da gehören zu einer Türverkleidung schon mal die elektrischen Fensterheber, die elektrische Spiegelverstellung und dessen Heizung und auch der Seitenairbag. Und ein Zulieferer von Armaturentafeln liefert gleich noch das Navigationsgerät und die Klimaanlage mit. Wer soviel Know-how einbringen soll, muß frühzeitig in die Entwicklung neuer Fahrzeuge eingebunden werden. Das erfordert hohe Kapazitäten, aber auch die finanzielle Kraft, den Automobilbauern an alle Standorte auf dieser Welt zu folgen. Zusammenschlüsse oder Übernahmen von Teilbereichen anderer Unternehmen und die Konzentration auf sogenannte Kernkompetenzen sind in der Regel die Antworten, wenn man »First-Tier-Supplier« bleiben will, also einer der wenigen direkten Zulieferer.

Nicht selten führt dieses Vorgehen zu einem an und für sich nicht bedrohlichen Zustand: dem »Single Sourcing«. Für ein bestimmtes Teil hat der Automobilhersteller demnach nur noch einen einzigen Zulieferer. Er nimmt dort hohes Volumen ab und kann so einen niedrigeren Preis erzielen. Jahrelang haben Branche und Öffentlichkeit damit den Gedanken an geknechtete Zulieferer verbunden. Doch im Gerangel um zukünftige lukrative Aufträge kann es zu kuriosen Situationen kommen, wie der Hersteller von Türschlössern Kiekert bewiesen hat. Weil Unstimmigkeiten über die künftige Zusammenarbeit aufgekommen waren, legte ein Softwareproblem die Zulieferung an Ford für mehrere Tage lahm. In den Werken Dagenham und Köln mußten die Bänder angehalten werden, weil kein anderer Hersteller für die Schlüsselstelle Schloß einspringen konnte. Nach einem Krisengespräch der Führungsspitzen, in dem vermutlich weitreichende Zugeständnisse von Ford gemacht wurden, konnte Kiekert das Softwareproblem auf wundersame Weise binnen weniger Stunden lösen.

Mercedes-Benz wird sich gefreut haben, bei Bosch ein so guter Kunde zu sein, als der neuen A-Klasse der schon legendäre Elch zum Verhängnis wurde. Nur Bosch war in der Lage, in einigermaßen ausreichender Menge und Geschwindigkeit die benötigte Fahrdynamikregelung ESP zu liefern.

Wer kippt als nächster? Wer bleibt standhaft? Die Bewegung ist in diesen Tagen und Monaten so groß wie nie zuvor in der internationalen Automobilindustrie. Die Gerüchteküche brodelt. Für Spannung ist gesorgt. Und ewig grüßt das Leitmotiv von Schrempp: »Die einzige Konstante ist die Veränderung«. Für DaimlerChrysler beginnt die Wahrheit am Day One, dem Tag der ersten Börsennotiz.

Projektierte Ergebnisse Chrysler

	1998 Mio. US$	1999 Mio. US$	2000 Mio. US$	2001ff Mio. US$
Automobilgeschäft	4890	5465	5491	–
Finanzdienstleistungen	680	725	770	–
Zwischensumme	*5570*	*6190*	*6261*	*6261*
Anpassungen für das nachhaltige Ergebnis	–	–	–	507
Ergebnis vor Finanzergebnis und Ertragsteuern	*5570*	*6190*	*6261*	*6768*

Projektierte Ergebnisse Daimler-Benz

	1998 Mio. US$	1999 Mio. US$	2000 Mio. US$	2001ff Mio. US$
Fahrzeuge (Pkw und Nutzfahrzeuge)	5289	7252	7875	–
Luft- und Raumfahrt	875	1052	1487	–
Dienstleistungen	587	758	1030	–
Direkt geführte industrielle Beteiligungen	126	44	165	–
Übrige Aufwendungen und Erträge	–712	–458	–323	–
Zwischensumme	*6165*	*8648*	*10234*	*10234*
Anpassungen für das nachhaltige Ergebnis	–	–	–	728
Ergebnis vor Finanzergebnis und Ertragsteuern	*6165*	*8648*	*10234*	*10962*

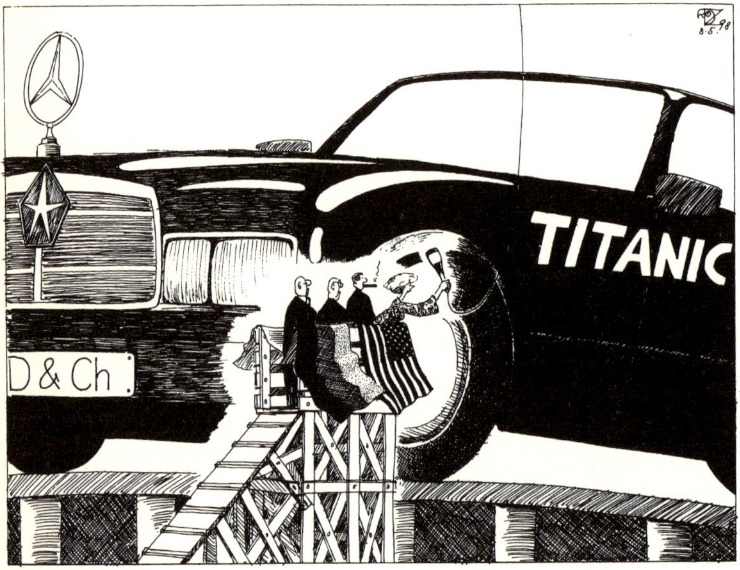

Taufe Dieter Zehentmayr, Berliner Zeitung, 8. Mai 1998

Das erste Jahr

»Nun muß es auch der letzte merken:
Dies war niemals ein Zusammenschluß der Gleichen.
Schrempp hat das Sagen.«

Christian Breitsprecher, Deutsche Morgan Grenfell

Die ersten, die gewinnen, sind die Englischlehrer in Stuttgart. Sie profitieren noch vor den Aktionären, Mitarbeitern und Managern des Konzerns von der Fusion. 860 Sprachkurse werden allein in den ersten Monaten des Zusammenschlusses abgehalten. Und der Preis für die freien Lehrkräfte steigt weiter. Allerdings auch die Unzufriedenheit der DaimlerChrysler-Mitarbeiter: Der Betriebsrat des Untertürkheimer Werkes moniert massive Probleme beim Integrationsprozeß: »Die unzumutbare Abwicklung der gesamten Kommunikation in englischer Sprache führt dazu, daß die Mitarbeiter einen enormen Zusatzaufwand an Übersetzungsarbeiten erbringen müssen«, heißt es.

Doch von außen betrachtet scheinen das Marginalien im Prozeß der Vereinigung der beiden Industriegiganten zu sein. Erfolgsmeldungen von Woche zu Woche: So muß sie aussehen, die Fusion der Stärke. Alle Abteilungen arbeiten ihre Vorgaben und Pläne schneller ab als erwartet. Der Pkw-Verkauf läuft rund, das von den Aktionären verhaßte »Kellerkind«, der Smart, findet – unter geänderten Vorzeichen und deutlich zurückgeschraubten Erwartungen – Zustimmung im Konzern, und auch die Dasa gewinnt mit der französischen Aerospatiale neue Partner. Und doch: Im

Herbst 1999, ein Jahr nach der Gründung des neuen Konzerns, ist niemand so recht glücklich mit der selbsternannten Welt AG.

Unzufrieden sind die Aktionäre mit der Wertentwicklung ihres Depots, unzufrieden sind sie aber auch in einem anderen Punkt mit »ihrer« Konzernführung: Es ist das alte und immer neue Thema der Management-Entlohnung. »Mehr Geld heißt noch lange nicht mehr Leistung. Deshalb werden wir nur Gehaltsregelungen zustimmen, die Sondervergütungen meßbar erfolgsbezogen in angemessener Höhe erlauben und Ihren Aktionären verständlich und transparent gemacht werden«, kündigt Dieter Kauffmann, Vorsitzender der Schutzgemeinschaft der Kleinaktionäre e.V., auf der Hauptversammlung im Frühjahr an. »Ein Rückfall in die Steinzeit« ist für Christian Strenger, Sprecher der Geschäftsführung der Fondsgesellschaft DWS, das neue Gehaltsmodell von DaimlerChrysler. Allein, es bleiben Worte. Denn zum einen fehlt den Kleinaktionären die Stimm-Macht, eine Entscheidung zu verhindern. Zum anderen wird die Gehaltsfrage von DaimlerChrysler überhaupt nicht zur Abstimmung gebracht. Sie fällt hinter verschlossenen Türen, und sie bleibt undurchsichtig. Zwar präsentiert der Aufsichtsratsvorsitzende Hilmar Kopper einen Plan, »den Sie hoffentlich gut finden und akzeptieren werden«, aber alle entscheidenden Merkmale der Kompensationsstrategie läßt er vorsichtshalber aus. Soviel zumindest ist klar: Im ersten Jahr nach der Fusion erhalten die Vorstände ihr Salär in vier Bestandteilen: Dem Grundgehalt, dem Jahresbonus, einer Dreijahresprämie und Aktienoptionen, die zunächst als Wertsteigerungsrechte verteilt werden. Das Basisgehalt wird künftig hergeleitet aus einem Vergleich mit den Daten von 15 von DaimlerChrysler ausgewählten internationalen Unternehmen und einer Stellenbewertung. Wer die Benchmark-Unternehmen sind? Fehlanzeige. Der Jahresbonus liegt in der Hand des Aufsichtsrates. Woran er bemessen wird? Fehlanzeige. Einmalig erhalten die Vorstände nach zwei Jahren einen sogenannten »Synergy Award«, eine Prämie für die Zusammenführung von Daimler-Benz und Chrysler. Wie hoch dieser ausfallen wird? Fehlanzeige. Auch über die Höhe der Gesamtbezüge und den prozentualen oder absoluten Anteil der Bestandteile schweigt sich Kopper aus. Sein Fazit: »Wir können heute mit Fug und Recht sagen, daß unser Vergütungssystem uns in die Lage versetzt, erfolgreich um international erfahrene Führungskräfte zu werben.« Dem Aufsichtsrat gelingt es, die Diskussion auf die nächste Aktionärsversammlung im Februar 2000 in Berlin zu vertagen. Es sind die kleinen Zufälle des Lebens, die ihm dabei zugute kommen. Sein schärfster Kritiker, Ekkehard Wenger, hat sich in der Zeit verkalkuliert, steckt überdies im Stau und betritt den Saal der Hauptversammlung erst, als die Diskussion vorbei ist.

Doch die schwarzen Tage folgen für DaimlerChrysler auf dem Fuß. Als Konzernsprecher Christoph Walther während der Halbjahrespressekonferenz einen Zettel mit der aktuellen Kursentwicklung auf das Podium gereicht bekommt, wird er blaß. DaimlerChrysler hat die selbstgestecken Ziele erreicht – und der Kurs an der Börse bricht innerhalb von zwei Tagen um 11 Prozent ein. Während die Analysten indes im Schnitt mit einem Gewinn je Aktie von 2 Dollar gerechnet hatten, erreicht der Autogigant gerade einmal 1,53 Dollar. Hatten die Auguren mit einem operativen Halbjahresergebnis von 5,6 bis 5,8 Milliarden Euro gerechnet, lag es tatsächlich bei 5,075 Milliarden Euro. Kommastellen, die für Börsianer Welten bedeuten. Signale oder gar Warnungen allerdings hatte DaimlerChrysler der

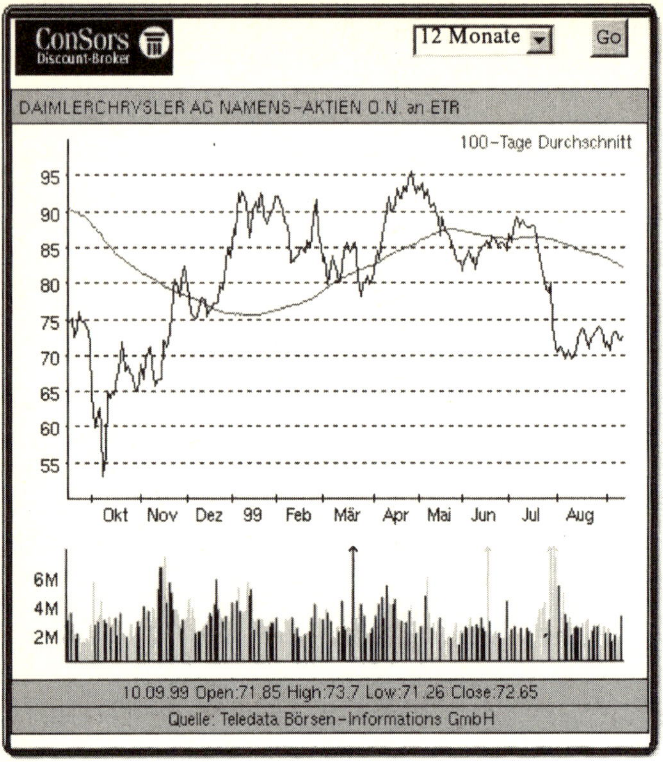

Finanzgemeinde nicht gegeben. Rund 15 Prozent verliert das Papier unter dem Kürzel DCX in den nächsten beiden Tagen. Mit knapp 70 Euro liegt es nun wieder dort, wo es bei der Gründung des Konzerns das Rennen aufgenommen hatte. Die Investment-Bank Lehmann Brothers empfiehlt ihren Anlegern, lieber die Papiere von BMW als die der Schwaben zu kaufen. Merrill Lynch stellt die Aktie von »Kaufen« auf »Neutral«. Kein Wunder, daß die Entwicklung schleppend bleibt. Bis Mitte September steigt der DAX um mehr als 6 Prozent, die Daimler-Chrysler-Aktie hingegen nur um 1,8 Prozent. Der Börsenwert des Automobilgiganten hat sich innerhalb weniger Tage um knapp 20 Milliarden DM verringert. Wie hatte Schrempp seinen Aktionären im Mai des Jahres 1999 während der Hauptversammlung zugerufen? »In unserer Branche sind wir weltweit Nummer eins bei der Profitabilität, Nummer zwei bei der Marktkapitalisierung und Nummer zwei beim Umsatz.« Und der Shareholder-value, die Unternehmenswertsteigerung, sei das Maß aller Dinge. Doch während die *Bild-Zeitung* einen Tag nach der Hauptversammlung einen amerikanischen Aktionär namens J. J. Doyle (»hat 1.000 Stück«) über die Dividende von 4,60 DM noch ein »Wonderful!« jubeln läßt, kippt die Stimmung in den Vereinigten Staaten in den nächsten Monaten zusehends. Amerikanische Medien berichten, heimische Aktionäre zögen sich aus dem Papier aufgrund der »starken deutschen Ausrichtung des Unternehmens« zurück.

Da ist sie wieder, die Angst davor, daß die Deutschen Chrysler gekauft haben. Sie wird weiter wachsen. Nun spüren die Amerikaner erstmals die Auswirkung der Dividendenpolitik nach deutschem Recht und deutschen Regeln. »Was eine Fusion der Gleichen sein sollte, hat sich als deutsche Übernahme entpuppt. Investoren sind nicht blöde«, werden amerikanische Anleger zitiert. Analysten kritisieren, für Chrysler hätten sie monatliche Produktionsprognosen erhalten, von DaimlerChrysler nicht mehr. Ein Fehler, den DaimlerChrysler einsieht und im Herbst korrigiert. Nicholas Lobaccaro, Autoanalyst bei Lehmann Brothers: »Zwischen Chrysler und der Finanzgemeinschaft hat es einen freieren Informationsaustausch gegeben.« Kopfzerbrechen bereiteten den Anteilseignern jenseits des

Atlantiks aber auch die deutschen Steuergesetze, die Ausschüttung von Anteilen der 1998 verdienten Dividende bis gegen das Jahr 2000 verzögern und ein für sie unglücklicher Wechselkurs, der im Sommer 1999 rund 7 Prozent der Ausschüttung auffrißt. Der Anteil amerikanischer Aktionäre am Konzern ist in der Zwischenzeit von 44 Prozent auf nur noch gut 25 Prozent gefallen.

Auf der IAA in Frankfurt Mitte September kommt es zum Eklat: Während Schrempp und Eaton, darauf bedacht, den Kurs wieder anzukurbeln, die Perspektiven für DaimlerChrysler rosig zeichnen, hält Finanzchef Gentz bei der Analystenkonferenz dagegen. Als die meisten der Finanzexperten schon im Aufbruch sind, um ein paar Säle weiter zum anschließenden BMW-Treffen zu gehen, tritt Gentz nach Eaton und Hubbert ans Rednerpult. Zehn Minuten bleiben ihm, um die Lage aus Sicht des Finanzchefs zu skizzieren. Die Zeit genügt ihm, um die Schremppschen Perspektiven zu konterkarieren. Gentz' Kernaussage: Der Konzern wird zwar die geplanten Synergieeffekte von rund 1,3 Milliarden Euro erreichen, diese aber würden durch ungeahnte Mehrkosten, etwa bei Smart und Adtranz, voll aufgesogen. »Das war das krasse Gegenteil zu Eaton und Hubbert, Gentz war extrem skeptisch, fast sogar pessimistisch«, berichtet ein renommierter Analyst. Die amerikanischen Vorstände toben. Das Durcheinander ist perfekt. Schrempp ändert seine Gewinnprognosen inzwischen im Zweiwochenrhythmus. Eaton bleibt strahlend, »beantwortet aber keine Frage ernsthaft«, wie ein Beobachter sich erinnert. Und Gentz, der dritte im Bunde, malt schwarz. Wer wird recht behalten? Die Commerzbank hat sich entschieden. Sie stuft das Papier von »kaufen« auf »halten« herab. Die Quittung der verärgerten Finanzprofis folgt auf dem Fuß: Statt zu steigen, liegt der Aktienkurs nun nur noch bei 67 Euro. Er wird weiter fallen – bis auf gut 64 Euro. Längst notiert das Papier so, wie Daimler-Benz alleine bewertet wurde, so, als gäbe es die Verbindung mit Chrysler nicht. Lag der Firmenwert am Tag der Fusion bei 140 Milliarden DM, so notiert er nun bei 127 Milliarden DM. »Auch eine Fusion hat manchmal Kehrseiten, die man so nicht erwartet hat«, kommentiert Chefplaner Cordes die Entwicklung lapidar auf dem 53. Deutschen Betriebswirtschafter-Tag.

Die Kritik am Aktienkurs mündet in einer von Unternehmenskreisen bewußt gestreuten Attacke gegen Gentz. Der Finanzchef und seine Leute hätten die Erwartungen der Börse zu sehr geschürt und die Analysten zu schlecht informiert, heißt es im Hause. Nach einem monatelangen Tauziehen um die Besetzung der wichtigen Abteilung »Investor Relations«, bei dem Gentz knapp daran gescheitert war, Veba-Chef Hartmann seinen besten Mann abzuwerben, hatte sich Schrempp zwar mit seinem Kandidatenvorschlag durchgesetzt, doch eben dieser Kandidat und seine Arbeit geraten nun massiv in die Schußlinie. Schon wird Gentz, pro forma stärkster Mann nach der Doppelspitze Schrempp und Eaton, wieder als künftiger Personalchef gehandelt. Doch besitzt Gentz unter den schützenden Händen der Arbeitnehmervertreter im Konzern tausend Leben und übersteht auch diesmal alle Anfechtungen. Zyniker sprechen davon, Gentz sei nur im Amt geblieben, weil ein großes Vorstandsrevirement längst von Kopper abgesegnet worden sei. Wohlgemerkt: Vor dem Zwischenfall auf der IAA.

Diesmal sind es nicht nur »weiche Faktoren«, ist es nicht nur die Stimmung, die die Investoren verärgert – es geht um mehr. Nach dem Jahr der Euphorie ist das Unternehmen von der Realität eingeholt worden. Gleich ein ganzes

Bündel von Problemen will gelöst werden. Es sind die hohen Verluste bei Adtranz und beim Smart, die durch die Trennung von Smart-Chef Lars Brorsen Anfang September nicht geringer werden. In der Türkei verkaufen sich die Nutzfahrzeuge schlechter als erhofft, in Lateinamerika kommt der Markt nicht in Gang. Und im zyklischen USA-Geschäft muß sich Chrysler seine Marktanteile mit großzügigen Rabatten erkaufen. Der Vertrieb muß angeglichen werden, neue Kleinwagen unter dem Dach von Chrysler müssen entwickelt und auf dem europäischen Markt positioniert werden. Von den avisierten Asien-Umsätzen, dem Einstieg in das dortige Nutzfahrzeuggeschäft, ist Daimler-Chrysler weit entfernt. Da nutzt auch Schrempps viel zitierter Konter auf die Frage, warum denn die dringend notwendige Verstärkung des Nutzfahrzeuggeschäftes in Asien durch die Übernahme von Nissan geplatzt sei, nichts: »Sie ist nicht geplatzt, wir haben sie beendet. Hätten wir gewollt, wären wir wahrscheinlich geküßt worden«, beschei-det der Konzernchef. Analysten und Investoren dagegen haben im September 1999 alles andere im Kopf, als DaimlerChrysler gegenüber Zärtlichkeiten auszutauschen – sie haben härtere Bandagen angelegt. Längst vergessen scheinen die optimistischen Prognosen von einem fairen Kurs um die 90 Euro. Daß der Konzern gemessen an den übrigen Unternehmen der Branche immer noch sehr gut dasteht, daß das Kurs-Gewinn-Verhältnis mit rund 9 ausgesprochen niedrig ist, all das interessiert in diesen Wochen keinen. Auch Schrempps Wort für besondere Fälle hilft nicht weiter. Die Aktie sei »extremst« unterbewertet, verkündet er. Ändern tut es nichts. Denn viele warten förmlich darauf, daß es eben doch noch im Gebälk knirscht. Daß der Konzern und seine Macher, die in den vergangenen Monaten mehr als selbstsicher auftraten, wieder einmal

Rückschlägen ausgesetzt sind. Es ist die Crux des Erfolgreichen, mit der sich DaimlerChrysler knapp ein Jahr nach der Fusion herumschlagen muß. Am Gold wird eben gerne gekratzt.

Die Lage wird dadurch komplizierter, daß das Personalkarussell nicht zur Ruhe kommt. Die ersten, die gehen, sind einige der amerikanischen Top-Leute. Während Ekkehard Wenger nörgelt, man sehe ja schon wie die Chrysler-Manager »scharenweise« laufen gingen, gibt sich Eaton betont gelassen und spricht von einer »ganz normalen Abnutzungsrate«. Für Gentz sind es »sehr begrenzte Verluste«. Die beiden Autospezialisten Chris Theodore und Samuel Rushwin heuern bei Ford an, Produktionschef Denis Pawley wird Unternehmensberater. Ein Abgang ist besonders schmerzlich: Der ehemalige Chrysler-Pressechef und designierte PR-Stratege von DaimlerChrysler, Steven J. Harris, geht über Nacht zu General Motors. Nach der ersten Führungskräfte-Tagung kann er im Aktenkoffer gleich die Konzepte der DaimlerChrysler-PR im Aktenkoffer mitnehmen. Auf deutscher Seite gibt es ein prominentes Fusionsopfer: Heinrich Rodewig, den langjährigen Leiter der Daimler-Benz-Rechtsabteilung. Der Weggefährte von Schrempp aus Dasa-Zeiten nimmt von seinem Chef lautstark Abschied, als er erfährt, daß ihm nur der zweite Platz hinter dem Amerikaner William O'Brien bleibt.

Das alles ist indes Geplänkel, gemessen an der Hürde, die der Konzern im Herbst nehmen muß: Die Verkleinerung des 17köpfigen Vorstands drängt. Schrempp sieht die Chance zum Befreiungsschlag. In Abstimmung mit Kopper nutzt er die Chance, Widersacher loszuwerden. Es herrscht Krieg auf der Beletage. Als der Aufsichtsrat am 24. September in Frankfurt zusammentritt, sind gleich zwei starke Männer im Vorstand abserviert: Nutzfahrzeugchef Kurt Lauk und der drittstärkste Mann im Konzern, der Amerikaner Thomas Stallkamp. Warum gerade diese? Bei Lauk ist es offensichtlich: In der seitenlangen Presseerklärung zur Verkleinerung des Vorstands ist ihm ein lapidarer Satz gewidmet. Kein Lob, kein Dank. Obwohl Lauk das krankende Nutzfahrzeuggeschäft innerhalb seiner drei Jahre an der Spitze tief in die schwarzen Zahlen gefahren hat. Ein untrügliches Zeichen, daß der als arrogant geltende Manager in Ungnade gefallen ist. Hinter den Kulissen heißt es, Lauk habe versucht, sich bei Kopper als Schrempps Nachfolger zu positionieren. Auch von unten kommt Druck: Die mächtigen Bereichsfürsten drohen mit Kündigung, wenn Lauk ihnen vorgesetzt bleibt. Für Stallkamp fällt der Abschied deutlich wärmer aus, und er selbst betont, mehr Ruhe für sich und die Familie zu brauchen. Aber es besteht kein Zweifel daran, daß auch er es sich mit Schrempp verdorben hat. Der Amerikaner, machtbewußt und direkt in der Art, kritisiert lauthals die Verlustbringer Smart und Adtranz und macht auch vor Schrempps Führungsstil nicht halt. Das darf auch ein Kronprinz unter König Schrempp sich nicht herausnehmen. Während jedoch Lauks Abtritt ohne nachhaltige Wirkung bleibt, wird Stallkamps Rauswurf in Amerika heftig diskutiert. »Das gibt Ärger«, weiß auch Schrempp. Nicht weil Stallkamp der Vorsitzende des Integrationskomitees war. Sondern weil der 53jährige gleichermaßen hohes Ansehen bei Chrysler-Mitarbeitern und amerikanischen Börsianern genießt. »Stallkamp ist eine Ikone für Chrysler«, sagt Rod Lache, Analyst bei Deutsche Bank Securities in New York. Die Abfindung der Ikone beträgt mehr als 10 Millionen DM – eine Summe, die Stallkamp das Schweigen erleichtern soll. Zwei weitere Abgänge vermeldet Daimler-

Der Vorstand von DaimlerChrysler nach einem Jahr

VORSITZENDER
Jürgen Schrempp (55)

VORSITZENDER
Robert Eaton (59)

Dienst-
leistungen
Klaus Mangold (56)

Luft- und
Raumfahrt
Manfred Bischoff (57)

Forschung und
Technologie
Klaus-Dieter Vöhringer (58)

Chrysler
James Holden (48)

Nutzfahrzeuge
Dieter Zetsche (46)

Mercedes-Benz,
Smart
Jürgen Hubbert (60)

Konzernentwicklung
und IT-Management
Eckhard Cordes (48)

Finanzen und
Controlling
Manfred Gentz (57)

Einkauf
weltweit
Gary Valade (56)

Einkauf
Chrysler
Thomas Sidlik (49)

Produktentwicklung
Chrysler
Thomas Gale (56)

Personal und
Arbeitsdirektor
Günther Fleig (50)

Chrysler an diesem Tag: Der farblose Personalvorstand Heiner Tropitzsch wird durch den 50jährigen Günther Fleig, einen ehemaligen Werksleiter in Untertürkheim, ersetzt. Und der Amerikaner Ted Cunningham wird zurückgestuft, um künftig nur noch als »Executive Vice President« den weltweiten Vertrieb der amerikanischen Marken zu leiten. Sorgen braucht sich keiner der geschaßten Manager zu machen. Die Verträge, die allesamt bis zum Jahr 2003 laufen, werden ausgezahlt. Da dies über die deutsche AG passiert, braucht die Höhe nicht veröffentlicht zu werden.

Gewinner des Umbaus sind zwei Männer: Dieter Zetsche (46) wird als Lauks Nachfolger Chef der Nutzfahrzeugsparte. Und James Holden (48) übernimmt die amerikanischen Personenwagen. Gemeinsam mit Chefstratege Cordes (48) und Chrysler-Einkaufsvorstand Thomas Sidlik (49) sind nun vier Unter-Fünfzigjährige in dem auf 14 Köpfe zusammengeschmolzenen Vorstand, die gegeneinander um die Nachfolge Schrempps ringen können.

Eigentlich wird der Konzern nun strikt nach Geschäftsfeldern geführt, eigentlich. Denn auch wenn je Geschäftsfeld nun ein Vorstand existiert, bleibt die neue Struktur unlogisch. Wohl aus kosmetischen Gründen, um die Amerikaner nicht noch weiter zu düpieren, leistet sich DaimlerChrysler mit Valade einen »Einkaufsvorstand weltweit« und mit Sidlik einen gleichgestellten Chrysler-Einkaufschef. Auch besitzen die Chrysler-Marken mit Thomas Gale weiterhin einen Produktentwickler im Vorstandsrang. Es bleibt der schale Geschmack der kleinen Lösung. Die nächste Verringerung könnte dann anstehen, wenn Eaton geht. Einstweilen aber scheint der Gefallen an der Macht gewonnen zu haben. Nachdem er im Frühjahr noch laut darüber nachdachte, den Konzern vor Vertragsende 2001 zu verlassen, ist nun keine Rede mehr davon. Doch Eaton hin oder her – Schrempps Macht ist nach dem Abgang von Stallkamp unbedrohter denn je. Nur die gestürzte Aktie erhält keine spürbaren Impulse.

Der Mann an der Spitze nutzt die Situation zur Vorwärtsverteidigung. »Wir sind jetzt ein Unternehmen, die Integration ist erfolgreich abgeschlossen«, gibt Schrempp als Parole aus. Mehr als 90 Prozent der Integrationsschritte sind abgearbeitet. Die bisherigen Fusionsaufgaben werden nun in Linienfunktionen des Vorstands überführt. Das »Chairmen's Integration-Council« ist aufgelöst und wird durch ein »Automotive Council«, koordiniert von Gale, ersetzt. Ungehört bleiben da warnende Worte: »Die Funktionen wurden zusammengeführt, die Kulturen nicht«, läßt sich Analyst Lache von einer Nachrichtenagentur zitieren.

Einen Mann interessiert das alles nur noch am Rande. Ohne ihn wäre die Fusion weder in ihrer Art noch in ihrer Geschwindigkeit zustande gekommen. Er war der Hochzeitsmacher, einer der Architekten des Zusammenschlusses und überwachte ihn aus dem »War-Room« heraus akribisch: Rüdiger Grube. »Er hat mit dieser Glanzleistung eine neue Meßlatte für erfolgreiches Management von Integrationsprozessen gelegt«, erteilen ihm Eaton und Schrempp den Ritterschlag. Sie bieten ihm den Vorstandsposten eines Personalchefs an. Rund 4 Millionen DM im Jahr hätte Grube verdienen können. Und wie entscheidet er sich? Er geht. Reicht seine Kündigung ein und verläßt den von ihm im Prozeß maßgeblich geformten Giganten. Doch wer glaubt, Grube nähme ein Angebot von McKinsey oder gar der Konkurrenz an, kennt den ehemaligen Assistenten von Bahn-Chef Helmut Mehdorn schlecht. Grube hat sich entschieden, Nachfolger Rudi Häusslers zu werden. Der 71jährige Stuttgarter Baulöwe suchte über

Jahre jemanden, der sein Geschäft mit schlüsselfertigen Büroprojekten weiterführen könnte. Mit eigenem Kapital steigt der 45jährige Grube ein, um endlich einmal selber unternehmerisch tätig zu werden. Jenseits aller Ränkespiele in der DaimlerChrysler-Chefetage. Denn die zwischenmenschliche Politik, das Fädenspinnen, Schleimen und Taktieren, das hat der brillante Analytiker Grube nie vermocht. Und wenn er doch einmal Sehnsucht hat, braucht er nur aus dem Fenster zu schauen: Seine neue Heimat in der Häussler Holding KG liegt nur einen guten Steinwurf weit von »Bullshit Castle« entfernt.

Die Wahrheit beginnt am Day One

Zehn Thesen

»Die Übernahme eines Automobilunternehmens halte ich auch im Sinne einer Mehrmarkenstrategie nicht für besonders sinnvoll.«

Helmut Werner, Mercedes-Benz AG 1996

1. DaimlerChrysler ist schneller als seine Kritiker

»Nach meiner Einschätzung und nach meiner Erinnerung ist es das erste und einzige Mal, daß eine solche Transaktion so einhellig positiv beurteilt wird«, sagt Cordes. Er hat recht. Doch wo sind sie, die Mahner? Gibt es keine Stimmen, die an ein Scheitern der bisher größten Fusion der Automobilgeschichte glauben? Oder bleiben diejenigen nur ungehört, die den DaimlerChrysler-Deal für einen Flop halten?

Am ersten Tag, an jenem 6. Mai 1998, da gibt es sie noch. Einige Zweifelnde auf beiden Seiten des Atlantiks, die sich zunächst einen Zusammenschluß zwischen Daimler-Benz und Chrysler nicht vorstellen können. Die nicht an Marktanteilsgewinne und eine rosige Zukunft des ungebremsten Wachstums ohne Arbeitsplatzabbau glauben. Sie fragen, welchen Sinn es für Daimler-Benz haben soll, sich einen amerikanischen Automobilkonzern aufzubürden, der schon mehrfach am Rande des Ruins stand. In den Vereinigten Staaten das gleiche Bild mit anderen Argumenten. Die Stuttgarter Autobauer mit ihrer durchorganisierten Bürokratie werden als Last für die neue, die kreative und schnelle Chrysler Corp. empfunden. Hinzu kommt für einige Amerikaner die Vergangenheit im Zweiten Weltkrieg: Zwar haben sie grundsätzlich nichts gegen die Deutschen. Aber wenn es um Geschäfte geht, möge man sich doch bitte lieber mit seinesgleichen zusammentun.

Bis auf ganz wenige Ausnahmen sind all diese Stimmen verstummt. Auf den außerordentlichen Hauptversammlungen in Stuttgart und Wilmington regt sich Ende September 1998 ein letzter zaghafter Widerstand. Die Vertreter der Aktionärsvereinigungen begrüßen den Zusammenschluß aufgrund seiner »industriellen Logik« zwar, mahnen aber eine bessere Information an und warnen davor, etwa das Risiko der Management-Vergütung herunterzuspielen. Auch fordern sie dazu auf, nicht am freiwilligen Umtausch der Daimler-Benz-Aktien teilzunehmen.

Doch als nahezu 100 Prozent der Aktionäre für den Zusammenschluß stimmen, geht auch dem letzten Zweifler die Luft aus. Die Zeitungen sind voll mit positiven Meldungen, schon seit Monaten: »DaimlerChrysler wird die erste Welt AG«. »Auf dem Weg zur Mensch AG«. »Ein Zusammenschluß für Wachstum«. »Aus einer Position der Stärke in die Fusion«. »Einzeln stark, gemeinsam superstark«. Und so weiter. Die Leitartikler verweisen nur ganz zaghaft auf die kulturellen Unterschiede, doch das werde man schon packen. Schließlich seien die Chancen einmalig und überwältigend. Von Bankern, Anwälten oder Beratern ist ohnehin keine Kritik zu erwarten. Sie verdienen mehr oder weniger gut an dem Zusammenschluß und wünschen sich möglichst viele Folgeaufträge.

Die Mitarbeiter haben ein paar Fragen und Sorgen. Wie sich ihr Gehalt entwickelt, ob sie nun eine Fremdsprache lernen müssen, ob sie ein Auto des anderen zu Vorzugskonditionen erwerben können? An den Grundfesten des

Zusammenschlusses aber rütteln auch sie nicht. Betriebsrat und Gewerkschaft verteilen derweil ihre Pöstchen. Nur zwei der Betriebsräte warnen davor, daß die Fusion mittelfristig bis zu 100.000 Stellen kosten könnte. Doch ihre Stimmen gehen unter in der allgemeinen Euphorie. Auf der Führungsebene ist es einzig der Daimler-Benz-Chefdesigner Bruno Sacco, der die neuen Kollegen schon mal öffentlich wissen läßt, die Stuttgarter hätten »nicht die Absicht, die Designhoheit im gemeinsamen Konzern den Chrysler-Leuten zu überlassen«. Die deutlichste Kritik kommt von dem ehemaligen McKinsey-Berater und heute selbsternannten Management-Guru Tom Peters. Der Amerikaner bezeichnet die Fusion in seinen Reden vor deutschen Unternehmern als »verdammt tragisch«: »Zwei gute Firmen, die man zusammenspannt. Und was ist das Resultat? Die reinste Scheiße. Beweglichkeit, Wendigkeit, das ist es, was heute zählt. Wie kann man aber bei der Fusion eines 60-Milliarden- und eines 90-Milliarden-Dollar-Unternehmens Beweglichkeit erlangen? Diese Vorstellung ist absolut krank.«

Die krassen Worte, mit denen sich Peters in Szene setzt, bleiben ein Einzelfall. Schrempp und Eaton haben es geschafft, durch überschäumenden Optimismus und bislang fehlerfreie Ausführung Beobachter und Beteiligte gleichermaßen in ihren Bann zu schlagen. Selbst aus der Automobilindustrie finden sie für ihren mutigen Schritt fast ausnahmslos Beifall. Einige japanische Unternehmenschefs machen sich Gedanken, ob sie nicht die Entwicklung verschlafen haben. Ob nicht zur lahmenden Binnenkonjunktur nun noch der unerwartete Druck eines großen Konkurrenten komme. Nur einer lehnt sich ein wenig aus dem Fenster. Der BMW-Aufsichtsratsvorsitzende Eberhard von Kuenheim formuliert in der *Frankfurter Allgemeinen*

Zeitung auf die Frage, wie er zu Fusionen stehe, einen Satz, der sich einprägt: »In großer Höhe fliegt der Adler am besten allein.«

Irgendwie muß dieser Gedanke auch Schrempp und Eaton bewegen. Der Stuttgarter spricht es nie aus, weil er die DaimlerChrysler AG eines Tages allein führen wird. Aber Eaton tut es. Ein Unternehmen verträgt auf Dauer keine Doppelspitze. Deshalb hat er sich zum Rückzug nach einer Übergangsphase entschieden. Von Mischformen, von faulen Kompromissen hält Eaton nichts. »Eine Führung, eine Planung und ein Ziel für ein Unternehmen«, so lautet seine Devise.

2. DaimlerChysler überrollt Belegschaft und Politiker

Schrempps Postulat, DaimlerChrysler werde die erste »Mensch AG«, klingt hehr und ist doch unglaubwürdig. Können Strukturen wie diese noch menschlich, nachvollziehbar, lebbar sein? Wie immer ist auch das eine Frage der Definition: Denn wenn DaimlerChrysler-Mitarbeiter ihre Jobs aufgrund der Stärke ihres Unternehmens behalten, während andere sie verlieren, so ist das für sie gut, zeigt sich ihr Unternehmen ihnen gegenüber menschlich. Wenn sie bessere Ausbildungsmöglichkeiten bekommen, sich international bei den besten Professoren auf Konzernkosten fortbilden lassen können, ist auch das eine riesige Chance. Aber wenn der Druck auf die Zulieferer so zunimmt, daß sie sich der Marktmacht des globalen Riesen ausgeliefert sehen, so können die Auswirkungen der »Mensch AG« für sie verheerend sein. Theoretisch also ist die Frage nicht zu beantworten. Das Auftreten und Verhalten des neuen Konzerns, und damit das Auftreten und Verhalten seiner Führungszirkel wird entscheidend sein.

Eines aber steht fest: Selbst wenn man den Managern der DaimlerChrysler AG unterstellt, immer nach bestem Wissen und Gewissen zu handeln – was eher übermenschlich wäre –, wird das Gefälle zwischen denen, die lenken und leiten, und denen, die ausführen, in einem transnationalen Mammutkonzern größer. Es wird schwer, Entscheidungen noch nachvollziehbar zu machen. Und: Auch das Gefälle zwischen denen, die als Mitarbeiter den rettenden Hafen DaimlerChrysler erreicht haben, die an Bord sind, und denen, die vor der Tür stehen, wird größer.

Schon die Sprache ist ein Beispiel. Während das Management künftig auf englisch miteinander kommunizieren wird, reden die 421.000 Arbeiter und Angestellten deutsch oder spanisch, englisch oder japanisch miteinander. Im Aufsichtsrat kumuliert sich das Problem. Dort sitzen international geschulte Manager und Vertreter der Hochfinanz Arbeiterfunktionären gegenüber, die die Komplexität der Themen bei den vier turnusmäßigen Ratssitzungen kaum noch werden bewältigen können. Die Arbeiterschaft und ihre Betriebsräte scheinen die Brisanz der Lage bislang noch nicht erkannt zu haben. Betäubt von dem Glück, Teilnehmer der ersten Fusion ohne angekündigten Stellenabbau zu sein, müssen sie sich erst an die Dimension gewöhnen, die im Management längst festgeschrieben wird.

Doch überrollt die Welt AG nicht nur ihre eigenen Mitarbeiter. Auch die Politik hat die Dimension bislang nicht erkannt. Beschäftigt im bundesdeutschen Wahlkampf, zeigten die Volksvertreter sich desinteressiert an den Vorgängen zwischen Stuttgart und Auburn Hills. Dabei wird die Fusion weitreichende Folgen tief in die Legislative hinein haben. Nicht so sehr die üblicherweise erste Frage, die nach den Steuern, steht hier obenan. Es ist wohl eher die Frage der Macht. Denn ein Unternehmen, das in dieser Form von seinen institutionellen Anlegern abhängig ist, von amerikanischen Pensionsfonds und Großanlegern, hat es in Deutschland bislang nicht gegeben. Künftig fallen Standortentscheidungen nicht zwischen dem Elsaß und Schwaben, sondern mehr denn je zwischen Amerika, Asien und Europa. Welchen Platz Deutschland hier einnimmt, bedarf an dieser Stelle keiner tieferen Erörterung. DaimlerChrysler stellt keinen Raum fernab der Politik dar, aber der Konzern hat mehr Macht, Gewicht und internationale Aufstellung, um Forderungen durchzusetzen.

Die Entstehung des triadischen Konzerns wird das Überdenken und Ändern von Gesetzen nach sich ziehen. Denn so, wie das deutsche Mitbestimmungsrecht angelegt ist, ist es von der Wirklichkeit längst überholt worden. Es kann und wird nicht lange dauern, bis auch die Arbeitnehmer auf der anderen Seite des Atlantiks, in Asien oder Lateinamerika, im Aufsichtsrat des Unternehmens repräsentiert sein wollen. Wenn neun der zehn Vertreter von 421.000 Mitarbeitern auf drei Kontinenten aus Deutschland stammen, ist das nicht nur ungerecht – es ist unhaltbar. Natürlich ist es für die Konzernführung einfacher, mit den in der Mitbestimmung geübten, oftmals längst fest in die Führungsstrukturen und die damit verbundenen Privilegien eingebundenen deutschen Betriebsräten zu arbeiten. Allein, dabei wird es nicht bleiben. Die Folge wird sein, daß sich Formen und Aspekte der deutschen Mitbestimmung auf andere Kontinente und in andere Werke ausbreiten werden. Mit einem Weltbetriebsrat allein ist es nicht getan.

3. DaimlerChrysler verändert die Industrielandschaft

Der Weg von DaimlerChrysler wird in der deutschen Industrie mit Argusaugen verfolgt. Kein Wunder – er ändert manches. Da ist zum einen die psychologische Komponente. Wird DaimlerChrysler ein Erfolg, funktioniert der komplizierte Weg des Zusammenschlusses, werden andere eher Mut finden, ihn zu kopieren.

Nach dem Modell von Daimler und Chrysler würde auch die Deutsche Bank versuchen, bei einem Zusammenschluß mit eigenen Aktien statt in bar zu zahlen und möglichst ein »pooling of interest« ohne Offenlegung von Reserven zu bewerkstelligen, sagt deren Vorstandssprecher Rolf E. Breuer Anfang September. Bei der späteren Übernahme der Investmentbank Bankers Trust geht die Deutsche Bank dann aber doch nicht diesen Weg. Sie braucht für den Kauf sogar eine Kapitalerhöhung um 6 Milliarden DM.

Vergessen dürfen die Nachahmer indes nicht, daß die Bedingungen für diese Automobilehe selten günstig waren. Die Unternehmen ergänzen sich, ihre Chefs verstehen sich, Arbeitsplätze sind zu Beginn nicht gefährdet, und die Börse ist zum Zeitpunkt der Fusion noch von Optimismus geprägt. Eine solche Konstellation werden andere nicht leicht finden, gleichwohl wird durch das Vorpreschen von Daimler-Benz und Chrysler manche Tür geöffnet.

DaimlerChrysler wird neue Standards setzen. »Ich glaube, daß unser Gehaltskonzept auf Dauer weltweit zum Maßstab für internationale Unternehmen wird«, prognostiziert Schrempp schon. Wer künftig – wie etwa die Konkurrenz im Automobilbereich, die Chemie- und Pharmaindustrie oder die großen Banken – weltweit Top-Manager nach Deutschland holen will, der muß sich an der Kompensation von DaimlerChrysler messen lassen. Mit Sicherheit werden zum einen leistungsbezogene Anteile bei den Spitzengehältern künftig einen größeren Teil einnehmen, mit ebensolcher Sicherheit wird die Gesamtvergütung auf deutschen Top-Etagen steigen. DaimlerChrysler reißt hier Dämme ein.

Doch nicht nur hier. Die gesamte Frage der »Corporate Governance« – der Unternehmensführung – wird in Deutschland auf Dauer neu zu stellen sein. Bei DaimlerChrysler kommt den Aktionären nicht nur aufgrund des starken Anteils amerikanischer Investoren mehr Mitsprache zu als in den anderen deutschen Aktiengesellschaften. Mit dem Shareholder Committee, das Sachverstand von außen hinzuzieht und sich öfter treffen wird als der Aufsichtsrat, rammt DaimlerChrysler in Deutschland Pflöcke ein. Amerikanische Investoren werden ähnliche Einrichtungen über kurz oder lang auch von anderen deutschen Aktiengesellschaften verlangen, bevor sie dort ihr Kapital einsetzen.

Mit der amerikanischen Börsennotiz, der Rechnungslegung nach US-GAAP und der Beschleunigung des internen Berichtswesens hatte Daimler-Benz die deutschen Unternehmen schon unter Druck gesetzt. Dieser wird nun, im transatlantischen Bündnis, weiter steigen.

Aber auch im direkten Umfeld der Großunternehmen hat sich durch den Deal manches geändert. Die Bedeutung und Fähigkeit der großen Investmentbanken ist eindrucksvoll unter Beweis gestellt worden. Auch wenn sich hier manches an das gute Verhältnis weniger Macher untereinander knüpft – niemand wird sagen können, Goldman Sachs und CSFB hätten keine bedeutende Rolle gespielt. So wie das Gewicht der Investmentbanken in den vergangenen Jahren von Fusion zu Fusion gestiegen ist, hat sich das der Unternehmensberater für den Bereich »mergers and acquisitions« verringert. Man muß es deutlich feststellen: Keine Unternehmensberatung war in bedeutender Position an der bislang kompliziertesten Fusion der Unternehmensgeschichte beteiligt. »Die Investmentbanken tun uns richtig weh«, gibt McKinsey-Chef Rajat Gupta unumwunden zu. Nicht nur die Ausführung, sondern auch die Planung der DaimlerChrysler AG geht auf Überlegungen der Banker, später in Einheit mit internationalen Rechtsanwaltskanzleien zurück. Längst haben sich die Investmentbanken die fähigsten Consulter gekauft.

4. DaimlerChrysler wird amerikanisch

Auf dem Papier sieht alles ganz einfach aus: DaimlerChrysler ist eine deutsche Aktiengesellschaft mit Sitz in Stuttgart, die bisherigen Daimler-Benz-Aktionäre halten 57 Prozent an der neuen Gesellschaft, und sie wird über kurz oder lang von einem deutschen Vorstandsvorsitzenden geführt, von einem deutschen Aufsichtsratsvorsitzenden überwacht werden.

Aber: Die Kultur und auch das unternehmerische Handeln werden zu weiten Teilen amerikanisch geprägt sein. So arbeitet Chrysler weitaus profitabler als die Stuttgarter und wird damit zur Meßlatte. Die bislang Daimler-Benz-intern geforderten 12 Prozent Rendite auf das eingesetzte Kapital werden zur Makulatur. Zweifelsfrei wird Einkaufschef Gary Valade die wirtschaftlichen Geschicke des neu geformten Automobilriesen zu weiten Teilen lenken.

Es steht kaum zu erwarten, daß der Konzern gewichtige

Nachteile am Standort Deutschland akzeptieren würde. Was früher Auslagerung gewesen wäre, ist bald nur noch eine konzerninterne Verteilung von Produktion an verschiedene Standorte. Bei künfitg 54 Prozent institutionellen Investoren und sieben Nicht-Deutschen im zehnköpfigen Aufsichtsrat kommt etwa London als Sitz einer Firmenzentrale möglicherweise mehr Attraktivität zu als Stuttgart. Wenn auch erst nach dem Ende der Ära Schrempp. »Ein wesentlicher Punkt bei der Zusammenführung wird sein, daß man sie ihrer Wurzeln nicht beraubt«, sagt er im kleinen Kreis. Was aber wird in zehn, was in 15 Jahren sein? Der Schmelztiegel DaimlerChrysler wird zum amerikanischen »Melting Pot«.

5. DaimlerChrysler hat kein Wir-Gefühl

Die Mitarbeiter erfahren von den Vorgängen um sie herum aus der Zeitung oder aus dem Internet. Sie ahnen, daß Veränderungen auf sie zukommen, doch wann und in welcher Form hat ihnen noch niemand gesagt. Auf den unteren Ebenen sind die Informationen noch nicht angekommen, sofern es überhaupt schon welche gibt. Sprachkurse werden angeboten und vereinzelt wahrgenommen. Doch wie will man einem amerikanischen Fabrikarbeiter klar machen, daß es für ihn von Vorteil sein kann, Deutsch zu lernen, wenn sein oberster Boß nonchalant erklärt: »Deutsch spreche ich nicht. Schließlich ist Englisch doch die Sprache der Wirtschaft.« Bald wird es auch Kulturkurse für die Allgemeinheit im Unternehmen geben, so wie sie schon in der Anfangsphase für die Führungskräfte eingerichtet worden sind. Und bald werden viele die Kurse nach wenigen Stunden abbrechen, so wie es die Führungskräfte getan haben.

»Keine Zeit«, muß als Argument herhalten. Irgendwie sind Hamburger, Coca-Cola, Sauerkraut und Weißbier ohnehin jedem bekannt. Da wird man sich doch wohl verstehen. Dabei sind die unterschiedlichen Kulturen das vermutlich größte Hindernis auf dem Weg zu einem gemeinsamen Unternehmen diesseits und jenseits des Atlantiks. »Wir sind Realisten genug, um festzustellen, daß diese beiden traditionsreichen Unternehmen nicht über Nacht ein neues ›Wir‹ werden können«, sagt Cordes. »Aber wir werden hart daran arbeiten.«

»I am working on it«, beantwortet der Amerikaner die Frage, ob er sich schon mit dem vergangene Woche besprochenen Problem befaßt habe. Der Deutsche ist zufrieden, denn offensichtlich ist die Angelegenheit in Arbeit. Der Amerikaner hat damit freilich gesagt, daß er nicht mehr so genau wisse, worum es eigentlich geht und daß er die Sache sowieso noch nicht angesehen habe. Gentz wird später vor amerikanischen Analysten von »problems« (Problemen) sprechen, statt – wie üblich – dafür das Wort »challenge« (Herausforderung) zu wählen. Die Amerikaner bewerten die Situation daraufhin kritischer, als es notwendig gewesen wäre.

Ein anderes Beispiel: Die amerikanische Fachzeitschrift *Wards Auto World* schreibt, die Philosophien in der technischen Entwicklung seien völlig unterschiedlich. Chrysler knausere mit Ausgaben für seine Autos bis zur letzten Sekunde. Ein Ingenieur habe erklärt, daß Sidebags noch nicht reif seien für den Serieneinsatz. »Ich würde gerne erleben, wie dieser Ingenieur das seinen Kollegen in Stuttgart beibringt, die Sicherheitsausstattungen immer so schnell wie möglich einbauen, ohne zuvorderst auf die Kosten zu achten«, fragt sich der Autor. Die *Detroit News* hat herausgefunden, daß in Auburn Hills in nahezu allen Räumen

Rauchverbot besteht, dagegen sei in Stuttgart das Rauchen überall erlaubt. In der Chrysler-Zentrale gebe es an jeder Ecke Cappucino-Bars, in Stuttgart stehe höchstens ein Kaffeebecher auf dem Schreibtisch. In Auburn Hills könne man sich jeden Tag locker kleiden, in den Stuttgarter Büros herrsche Zwang zu Krawatte und Anzug. Damit nicht genug. »Von Klimatisierung haben die Deutschen keine Ahnung«, heißt es weiter. Nicht mal die Konzernzentrale in Möhringen habe eine Air Condition. Das einzige, was den Deutschen zu diesem Thema einfalle, sei das Öffnen eines Fensters. Im Sommer fühle man sich dort wie geröstete Spätzle. Eine angenehme Temperatur könne man jedenfalls nicht erwarten.

Wer schon einmal in ein tiefgekühltes Hotelzimmer in den Vereinigten Staaten eingezogen ist, weiß, was die Amerikaner unter angenehmer Temperatur verstehen. Daß die *Bild-Zeitung* jeden Tag eine halbnackte Frau auf der Titelseite abdruckt, ist den Amerikanern ebenfalls aufgefallen. Ob sie das stört, schreiben sie nicht. Dafür machen sie sich Gedanken um den informellen Umgang, den die Daimler-Leute untereinander pflegen. Man könne seine deutschen Kollegen nicht einfach Otto, Franz oder Heinrich rufen. Das dauere Monate oder Jahre, bei manchen klappe es mit dem Duzen nie. Außerdem dürfe man auf keinen Fall den Doktortitel vergessen. Noch ein Punkt: Für Amerikaner werde es schwierig, die Geschichte von Daimler-Benz zu lernen. Denn im Museum in Stuttgart stünden zwar einige der schönsten Autos der Welt bis zurück ins Jahr 1896, doch die Jahre 1938 bis 1950 seien ausgespart. Schließlich noch die Gehaltsfrage. Sie sei der komplizierteste Punkt. »Auf 120.000 Dollar Verdienst werden 62 Prozent Steuern fällig. Zudem müssen die Deutschen 16 Prozent Mehrwertsteuer zahlen«, hat die *Detroit News* nicht ganz korrekt ausgerechnet und gibt ihren Lesern bei Chrysler einen Ratschlag mit auf den Weg an den Neckar: »Wenn du nach Deutschland geschickt wirst, sieh zu, daß im Paket einer dieser heißen neuen Mercedes enthalten ist. Sonst wäre es besser, Chrysler hätte sich Volkswagen als Partner ausgesucht.«

Nein, natürlich denken nicht alle Amerikaner so. Doch immer wieder trifft man in Detroit und anderswo auf vorgefaßte Meinungen. So wie die Deutschen ihre Vorstellung von Amerika haben, so haben die Amerikaner ihre Vorstellung von Deutschland. Nur, viele von ihnen waren noch nie in Europa. Die Berichterstattung in den Medien über den fernen Kontinent ist dürftig, und Baseball oder Basketball sind meist wichtiger als die größte Unternehmensfusion. Als die Aktionäre auf den außerordentlichen Hauptversammlungen dem Zusammenschluß von Daimler-Benz und Chrysler zustimmen, findet sich die Meldung darüber in den deutschen Tageszeitungen auf der ersten Seite, im Wirtschaftsteil folgen meist eine Sonderseite und ein Leitartikel. Die angesehene *New York Times* macht am selben Tag mit dem Rücktritt eines Baseball-Stars auf. Die Chrysler-Meldung steht eingezwängt auf einer der hinteren Seiten unten links, vielleicht 25 Zeilen lang.

In einem Vorort von New York fragt wenige Tage später ein Arzt einen deutschen Touristen, was die Europäer derzeit am meisten beschäftige. Die Wahl zum Bundestag. »O.K.« Die Einführung der Einheitswährung Euro. »Very interesting.« Die Fusion von Daimler-Benz mit Chrysler. »Sorry? Daimler-Benz, never heard.« Der Hinweis, dabei handele es sich um Mercedes, hilft weiter. »Die bauen gute, aber teure Autos.« Von dem Zusammenschluß weiß er nichts.

Schrempp und Eaton, die Manager auf allen Kontinenten, machen keinen Hehl daraus: In spätestens drei Jahren soll aus Daimler-Benz und Chrysler nicht nur juristisch, sondern auch geschäftlich eine Firma geworden sein. Intern lautet die Zielvorgabe sogar nur zwei Jahre. Zweifel sind angebracht, ob bis dahin die Mercedes-Werker überhaupt schon die Verschmelzung ihres Hauses auf die Daimler-Benz AG nachvollzogen haben. Bis heute geht ein tiefer Riß durch den Konzern, der für viele noch aus Daimler und Mercedes besteht. Denn nicht jeder denkt so schnell, wie Schrempp und die Seinen handeln. Die Zusammenführung der deutschen und amerikanischen Mentalitäten wird länger dauern. Auf einen Zeitrahmen will sich dabei aus gutem Grund niemand festlegen. Selbst die Topleute arbeiten nach vollkommen unterschiedlichen Strategien. Die amerikanischen Vorstände gehen ohne Papiere in ihre Sitzungen, die Deutschen verlassen sich auf akribisch ausgearbeitete Vorlagen. Nicht nur das transatlantische Scharnier quietscht: Das vor Jahren von der amerikanischen Daimler-Benz-Tochter Freightliner und Chrysler angestoßene gemeinsame Motorenprojekt für mittelschwere Lastwagen scheitert früh. »Mit den Chrysler-Leuten kann man einfach nicht zusammenarbeiten«, erinnert sich ein Freightliner-Mann. Und weil die amerikanischen Vorstände nicht gerne fliegen, wurden die Vorstandssitzungen ab Herbst 1999 in New York statt in Stuttgart und Auburn Hills abgehalten.

6. DaimlerChrysler hat ein Überlaufventil in Amerika

DaimlerChrysler bietet Seltenes. Seine Vormänner versprechen, keine Stellen abzubauen. Erfahrene Gewerkschafter rechnen zwar mittelfristig mit dem Streichen von bis zu 100.000 Jobs, doch die Unternehmensführer bestreiten dies vehement. Sie führen drei Gründe an: Beide Unternehmen könnten derzeit nicht so viele Autos bauen, wie der Markt gerne kaufen würde. Beide Unternehmen ergänzten sich geographisch und im Produktportfolio hervorragend, so daß es praktisch keine Überschneidungen gebe. Und gemeinsam habe man noch ein riesiges Marktpotential in Asien auszuschöpfen, das auf Jahre hinaus die Nachfrage sichere. Arbeitsplätze koste die Fusion nicht, sagen Schrempp und Eaton.

Wirklich nicht? DaimlerChrysler hat 421.000 Mitarbeiter. Ford hat rund 100.000 weniger, baut aber zwei Millionen Autos mehr im Jahr. Auch innerhalb des eigenen Konzerns herrscht ein gravierendes Ungleichgewicht. Daimler-Benz und Chrysler beschäftigen etwa die gleiche Anzahl Menschen in der Fahrzeug-Produktion. Aber Chrysler stellt dreimal so viele Autos her. Und verdient mehr Geld.

Der Konzern wird seinen deutschen Arbeitnehmern den Spiegel vorhalten. Natürlich werden auch künftig in Standortentscheidungen Marktnachfrage sowie politische und historische Komponenten einfließen, aber es ist leichter geworden, die Belegschaften auf beiden Seiten des Atlantiks gegeneinander auszuspielen.

Die Deutschen haben die bessere Ausgangsposition. Sie haben ihre Jobs über Betriebsvereinbarungen mittelfristig abgesichert. Während die deutschen Arbeiter im warmen Schoß der IG Metall geborgen sind, ist die Anstellung ihrer Kollegen in den US-Fabriken »at will«, nach Belieben des Unternehmens. Damit besitzt DaimlerChrysler in Amerika ein »Überlaufventil«. In den Vereinigten Staaten ist der Abbau von Stellen leichter, der Aufbau von Produktion aber reizvoller. Nach einer amerikanischen Berechnung liegen die Arbeitskosten in Deutschland im Schnitt um

11,40 Dollar je Stunde über denen der Vereinigten Staaten. Gesetzlich steht den Mitarbeitern für Mehrarbeit über 40 Stunden der eineinhalbfache Lohn zu. Und nur in Firmen mit mehr als 50 Mitarbeitern muß bei Krankheit oder Schwangerschaft der Arbeitsplatz garantiert werden – für gerade einmal zwölf Wochen. Anders als in Deutschland ist eine Lohnfortzahlung in dieser Zeit nicht vorgeschrieben. Forderungen nach einer Reduzierung der Arbeitszeit stoßen in Amerika weitgehend auf Unverständnis. Die Arbeiter identifizieren sich so sehr mit ihrem Job, daß es fast eine Ehre ist, Überstunden zu machen. Der durchschnittliche Jahresurlaub beträgt nur 14 Tage, die Wochenarbeitszeit 44,5 Stunden, und 40 Millionen Amerikaner besitzen weder eine staatliche noch eine private Krankenversicherung. Die Rentenversicherung zahlt monatlich höchstens 1200 Dollar. Mitbestimmungsrechte gibt es in amerikanischen Unternehmen in der Regel nicht.

Auf den ersten Blick traumhafte Bedingungen für Arbeitgeber. Doch es kann auch anders kommen. Ein wilder Streik legt im Sommer 1998 die gesamte Produktion von General Motors über Wochen lahm. Ein Grund, warum Schrempp den geregelten deutschen Verhältnissen nicht ganz entsagen will und kann. Er wird nicht müde zu betonen, daß das deutsche System auch sein Gutes habe: »Die Abstimmung mit der Belegschaft dauert hier länger und ist mühsamer. Aber wenn eine Entscheidung gefallen ist, tragen sie alle mit, und sie wird zügig umgesetzt.«

Die Arbeiter am Mercedes-Band sind also vorerst abgesichert, das mittlere Management ist es nicht. Die ersten gehen – oder müssen gehen. Manfred Remmel, Vorstand in der Pkw-Sparte, packt im Herbst 1998 seine Koffer und sucht sich einen neuen Job bei RWE. Remmel ist nicht der letzte. Doppelbesetzungen im Überbau soll es nicht geben.

Nicht für alle ist Platz im Boot. Manche müssen springen, noch bevor es abgelegt hat. Schrempp sagt es seinen Leuten durch die Blume: »Es gibt auch ein Leben außerhalb von Daimler-Benz.«

7. DaimlerChrysler fordert seine Zulieferer

»In einer perfekten Welt würde Chrysler Autos entwerfen, die Mercedes-Benz technisch ausrüsten würde«, sagt der ehemalige Chrysler-Vizepräsident und -Verkaufschef Tom Pappert ausgerechnet beim Weltkongreß der Zeitschrift *Automotive News* auf der Detroit Auto Show im Januar 1998 – während Schrempp Eaton einen Besuch abstattet. Aber welche Welt ist schon perfekt? In der Realität wird DaimlerChrysler darauf bedacht sein, seinen wichtigsten Besitz, seine Marken, getrennt zu halten. Auf Mercedes darf Chrysler nicht abfärben – und auch in umgekehrter Richtung würde die bis dato exklusive Marke Mercedes beschädigt. Der Schutz der insgesamt neun Marken von Daimler-Benz und Chrysler sei oberstes Gebot, heißt es denn auch im Verschmelzungsbericht. Die angekündigten milliardenschweren Synergien sind also nur dort zu erreichen, wo es keiner sieht.

Schon werden im Konzern erste Beispiele genannt: Es wird einen Preisunterschied machen, wenn der Konzern künftig seine Bestellungen von Millionen Tonnen Stahl verdoppelt. Chrysler stellt die Entwicklung der Brennstoffzelle ein, weil Daimler-Benz auf diesem Feld weiter ist. Umgekehrt beenden die Stuttgarter die Arbeit am Elektroauto, weil hier Chrysler die Nase vorn hat. Exklusive Hightech-Entwicklungen aus Stuttgart, die bisher zur Deckung der Kosten nach einer gewissen Alleinnutzung für die Marke Mercedes-Benz an den freien Markt verkauft werden mußten, sollen zunächst an die tiefer angsiedelten Produkte aus dem ehemaligen Chrysler-Portfolio weitergereicht werden.

Man muß sich die gigantischen Werte der geplanten Einsparungen einmal vor Augen halten: Ab dem Jahr 2001 sollen entlang einer Pro-Forma-Rechnung im Einkauf 2,7 Milliarden DM jährlich, bei der Gesamtintegration 900 Millionen DM, ebensoviel bei Forschung und Technologie, eine halbe Milliarde DM im Vertrieb und 1,3 Milliarden DM dank eines höheren Absatzes erwirtschaftet werden. Unter dem Strich ein Synergiepotential von 6,4 Milliarden DM. Schon 1999 soll sich ein Potential von 2,5 Milliarden DM erschließen.

Unabhängig davon, ob man im Jahr 2001 die Synergien im Vergleich zu den beiden dann längst aufgelösten Einzelkonzernen noch wird berechnen können, sollte man sich davor hüten, die in Aussicht gestellten Effekte gedanklich schon in die Gewinn-und-Verlustrechnung zu buchen. Es bleiben letztlich nur zwei Quellen für die Einsparungen: Zum einen die Straffung der eigenen Fertigung, die eben doch gleichzusetzen wäre mit Werksschließungen und Kündigungen. Zum anderen der günstigere Einkauf, der dann allerdings immense Auswirkungen auf die Zulieferer hätte. Das Rationalisierungsmerger, das DaimlerChrysler aufs eigene Haus bezogen nicht sein will, wäre es dann für seine Lieferanten.

8. DaimlerChrysler ordnet sein Portfolio neu

90 Prozent seines künftigen Umsatzes wird der Konzern mit Herstellung und Verkauf von Fahrzeugen schaffen. Diese Tatsache enthält zwei wichtige Schlußfolgerungen: Zum einen stellt der neue Kurs nicht etwa die Neuauflage

der Reuterschen Expansionsstrategie mit anderen Mitteln dar – er ist die Rolle rückwärts. Die einzige Paralle zur Einkaufstour des von Reuter geführten Vorstands vor zehn Jahren, die damals auch der heutige Vorsitzende Schrempp mittrug, ist der Aufbruch zu neuen Ufern. Anders als die heutige Fusion indes waren die früheren Übernahmen – wie das Beispiel Dornier zeigt – zu Teilen von Unprofessionalität geprägt. Damals führte der Weg fort vom Automobil, heute wird ein Universalunternehmen der Automobilindustrie geschmiedet. Schrempp – und hier liegt neben der Methode der Durchführung der zweite große Unterschied zu seinem Vorgänger – glaubt an die Zukunft des Automobils. Der Diversifizierung, die in der Ära Reuter zusätzliches Potential bringen sollte, folgt nun die Globalisierung in einem Feld. Deutschlands größter Konzern hat mit dem Wechsel von Reuter auf Schrempp 1995 einen Paradigmenwechsel vollzogen, wie er innerhalb eines Jahrzehnts kaum krasser ausfallen könnte.

Zum anderen verlieren die Aktivitäten des Nicht-Fahrzeuggeschäftes relativ zum Gesamtgeschäft künftig an Bedeutung. Hierzu zählen die Luft- und Raumfahrt unter dem Dach der bisherigen Daimler-Benz Aerospace (Dasa), die Bahnsysteme der Adtranz als Joint-venture mit ABB, die Fahrzeugelektrik der Temic und die schweren Dieselmotoren der MTU, etwa für Schiffe.

Am deutlichsten zeichnet sich die Zukunft des Dienstleistungsgeschäftes der Daimler-Benz Interservices (Debis) und der Chrysler Financial Corp. ab. Ihr Kernmarkt liegt ab sofort in Amerika. Der neue Name DaimlerChrysler Services (debis) AG verdeutlicht, wo die Reise hingeht. Mitte November soll die neue Struktur stehen. »Ich bin überzeugt, daß der Dienstleistungsbereich im neuen Konzern eine deutlich zunehmende Rolle spielen wird, und wir wissen ja, daß die Amerikaner noch viel mehr in Dienstleistungen denken als wir«, sagt Debis-Chef Klaus Mangold. Aus seiner Sicht gilt das, was für die Fusion der beiden Mutterkonzerne gilt, auch für den von ihm geführten Unternehmensbereich – das deutsche und das amerikanische Geschäft ergänzten sich hervorragend. So sei der Bereich Chrysler Financial Corporation etwa in Mexiko und Kanada stärker als die Mercedes-Benz Credit Corporation, unter der die Debis ihr amerikanisches Geschäft führt. Umgekehrt ist Chrysler auf dem europäischen Heimatmarkt der Debis nur mit 60 Leuten vertreten. Diese Verhältnisse könnten sich bald verschieben. »Wir werden schnell sehen, daß die Vereinigten Staaten möglicherweise unser größter Einzelmarkt – sogar noch vor Deutschland – sind«, sagt Mangold. Chrysler verfügt bei den Finanzdienstleistungen über einen verwalteten Vertragsbestand von umgerechnet etwa 68 Milliarden DM, Debis hat zur Jahresmitte 1998 ein Bestandsvolumen von rund 50 Milliarden DM.

Die Fusion bedeutet für die Debis insofern einen Befreiungsschlag, als sie künftig nicht länger den gesetzlichen Restriktionen des Bank Holding Company Act in Amerika unterliegen wird. »Für den Bereich Versicherungen ist der Wegfall der Beschränkungen wichtig, weil wir uns damit bislang in Amerika nicht betätigen konnten«, blickt Mangold in die Zukunft. Hintergrund für das Entfallen der lästigen Auflagen ist, daß der Anteil des bisherigen Daimler-Benz-Großaktionärs Deutsche Bank an der DaimlerChrysler AG sinkt. In den Vereinigten Staaten aber dürfen bankbeherrschte Unternehmen auf bestimmten Gebieten nur eingeschränkt operieren.

Allerdings profitiert auch die Deutsche Bank selber von der neuen Aufstellung – nicht nur finanziell: Lange Zeit galt das Institut in Amerika quasi als Mutterkonzern von Daimler-Benz. Dadurch unterlag es in einigen Geschäftszweigen Restriktionen. Durch den Rückgang der Beteiligung von 21,8 Prozent an Daimler-Benz auf knapp 13 Prozent an DaimlerChrysler wird der Markteintritt in den USA auch für die Banker deutlich leichter. »Unter 10 Prozent wäre es noch einfacher«, wiederholt Deutsche-Bank-Vorstandssprecher Breuer die schon öfter genannte Absicht, die Beteiligung am Vorzeigeunternehmen weiter abzubauen.

Im Ringen um eine Neuordnung der Luft- und Raumfahrtindustrie in Europa hat die künftige DaimlerChrysler Aerospace (Dasa) an Profil gewonnen. Sie tritt nicht mehr als ein Teil des Daimler-Benz-Konzerns, sondern als Vertreterin deutscher Interessen schlechthin auf. Schließlich repräsentiert sie 70 bis 80 Prozent des Gesamtumsatzes deutscher Hersteller und ist zweitgrößter Anbieter der Erde. In Amerika, wo die deutschen Anbieter nie ernst genommen wurden, kann die Dasa nach dem Zusammenschluß von Daimler-Benz und Chrysler selbstbwußter auftreten. Ob sich daraus konkrete Geschäftsbeziehungen, Kooperationen oder gar Übernahmen ergeben, ist jedoch fraglich. Dafür ist die Dasa allein vermutlich immer noch zu klein, zu wenig Systempartner und zu sehr in Gemeinschaftsunternehmen mit europäischen Partnern verflochten. Im sensiblen Militärgeschäft öffnen sich die Türen für Ausländer, und als solcher dürfte die Dasa in Amerika auch nach der Fusion gelten, ohnehin nur mühsam. Der Daimler-Benz-Vorstand weist Spekulationen zurück, er werde das Geschäft mit Flugzeugen, Hubschraubern, Satelliten, Raumfahrtausrüstung und militärischem Gerät aufgeben. Ob es zum Kerngeschäft zählt, sagt er nicht. Ein eigener Börsengang steht bevor.

Seit Jahren drängen die Regierungen die Chefs der Airbus-Eigner Dasa, Aerospatiale, British Aerospace und Casa, sich zu vereinen, um dem übermächtigen US-Konkurrenten Boeing Paroli bieten zu können. Auf dem Weg zur Fusion haben sich die europäischen Wettbewerber aber in Grabenkämpfe verstrickt. Sie arbeiten am Bau einer gemeinsamen Verteidigungs-, Luft- und Raumfahrtindustrie. Das Airbus-Konsortium ist als deren Nukleus vorgesehen, jedoch möglichst ohne staatliche Beteiligung, die Schwierigkeiten bei der Aufnahme von Kapital bringen würde. Die Umwandlung des Konsortiums in eine Kapitalgesellschaft stockt aber, dringende Projekte wie der große Airbus A3XX verzögern sich. Das gibt dem angeschlagenen Konkurrenten Boeing Luft, sich zu erholen. Im Oktober 1999 ist es dann soweit. Dasa und die französische Aérospatiale fusionieren zur European Aeronautic Defense and Space Company (EADS). Der Zusammenschluß steht der spanischen CAA offen, die hinzustoßen will. Die Briten sollen auch dazugehören – später.

Rund 6 Milliarden DM schwer und steuerlich entsprechend interessant dürften die Verluste sein, die die Dasa dem Daimler-Konzern im Rahmen der steuerlichen Organschaft über die Jahre zugeliefert hat. Dieser Verlustvortrag besteht unabhängig vom weiteren Bestand der Dasa. Überdies will Daimler-Benz den gesamten in seinen Büchern stehenden Verlustvortrag von 8,5 Milliarden DM vor der Verschmelzung mit Chrysler verrechnen, und zwar durch Verkauf und Rückmietung von Mobilien. Das erhöht den betrieblichen Aufwand und senkt die Steuerlast. Aus dem Verschmelzungsbericht geht hervor, daß sich die betrieblichen Ertragssteuern weit unterproportional zum Ergebniszuwachs entwickeln werden. 1998 erwartet die Dasa mehr als eine Verdoppelung ihres Betriebsergebnisses auf rund 875 Millionen DM. Es werden schließlich sogar 1,2 Milliarden DM. Im Jahr 2000 soll es auf 1,5 Milliarden DM wachsen. Das wären nach den Planzahlen neun Prozent des Konzerngewinns von DaimlerChrysler.

Der immer noch in den roten Zahlen steckende Bahnhersteller Adtranz hat dagegen in den vergangenen Jahren vor allem durch schlechte Nachrichten Aufsehen erregt. Im neuen Konzern, in dem sich alles ums Auto dreht, wird er es am schwersten haben, seine Existenzberechtigung zu erbringen. Noch billigen die Manager ihm ein Weiterbestehen unter dem weiten Dach von DaimlerChrysler zu – doch ihre Geduld mit dem unter den Altlasten der AEG stöhnenden Geschäft läßt von Tag zu Tag nach. Ende Oktober muß Kaare Vagner seinen Hut nehmen – »im gegenseitigen Einvernehmen«. Er hatte die Adtranz seit ihrer Gründung geleitet. Zugleich wandert die Zuständigkeit im Daimler-Benz-Vorstand weiter. Cordes gibt den Aufsichtsratsvorsitz an seinen Dasa-Kollegen Bischoff ab. Dies bedeutet zweierlei: Zum einen wird Cordes' ganze Kraft für die Fusion gebraucht, zum anderen zieht mit Bischoff nun ein »harter Hund« in die Adtranz ein, der den letzten Versuch der Restrukturierung leitet. Wetten abschließen darauf, daß Adtranz auch noch im nächsten Jahrtausend zu Daimler-Chrysler zählen darf, mag derzeit in Stuttgart niemand.

9. DaimlerChrysler führt sein Händlernetz zusammen

Schnell soll es bei der Verzahnung der Produktion vorangehen. Zwar ist zunächst als einziges einheitliches Ressort der Einkauf installiert worden, doch die erste Auswirkung auf die Fahrzeugherstellung ist schon im Rollen. Bald wird es Mercedes-M-Klasse-Geländewagen aus der Chrysler-Fabrik im österreichischen Graz geben. Ein neuer Minivan mit Mercedes-Stern, aber unter kräftiger Mithilfe der auf diesem Gebiet erfahrenen und erfolgreichen Chrysler-Entwickler, ist ebenfalls in Arbeit. Es kann nur eine Frage der Zeit sein, bis sich unter dem Blech viele gleiche Teile finden, egal, ob auf der Motorhaube der Mercedes-Stern oder der Pentastar glänzt.

Schrempp und Eaton weisen die Einführung einer Plattformstrategie von sich. Das ist kein Wunder, denn eine konsequente Umsetzung des Gleichteilekonzepts, wie sie etwa der Volkswagen-Konzern anwendet, ist weder bei Mercedes-Benz noch bei Chrysler zu erkennen. Doch wer zweifelt ernsthaft, daß sich in den Marken der Daimler-Chrysler AG bald so viele gleiche Teile wie möglich finden werden. Es kann nur eine Frage der Zeit sein, bis der Konzern den Wettbewerbern Ford und General Motors folgt, die erkannt haben, daß die Produktion völlig unterschiedlicher Produkte diesseits und jenseits des Atlantiks in einer globalen Automobilwelt nicht mehr wettbewerbsfähig ist. Sie führen ihre seit Jahrzehnten getrennten Operationen in Nordamerika und Europa zusammen, um Größenvorteile zu realisieren, das Beste aus beiden Organisationen zu verbinden und Kosten zu senken. Was für Ford und General Motors mit ihren europäischen Tochtergesellschaften gilt, gilt auch für Daimler-Benz und Chrysler. »Es ist schon schwer, zwei Organisationen mit eigenständigen Produkten und Kulturen innerhalb einer Firma zusammenzuführen. Fremde Unternehmen von zwei Kontinenten zu verbinden, ist eine große Herausforderung«, findet der bis Ende 1998 amtierende Vorstandsvorsitzende der Ford Motor Company, Alex Trotman.

Wenn sich die Teile unter dem Blech angleichen, werden

sich mit der Zeit auch die Fertigungsmethoden angleichen. Am Ende muß das Ziel stehen, von einem Band in loser Reihenfolge jedes beliebige Modell des Konzerns laufen lassen zu können. Damit kann man variabel auf die schwankende Nachfrage reagieren, und zwar sowohl vom Produktmix her als auch im Hinblick auf regionale Veränderungen. Wenn das so ist, werden sich auch die Qualitäten angleichen. Sie können dann nur noch marginal abweichen, abhängig von landesspezifischen Anforderungen, Qualifikation der Mitarbeiter, Grad des Maschineneinsatzes und der Fertigungsgenauigkeit von Zulieferteilen. Wie aber wird DaimlerChrysler dann höhere Preise für seine unter der Marke Mercedes-Benz verkauften Fahrzeuge verlangen können?

Die Stuttgarter könnten einen Blick nach Wolfsburg wagen. Dort macht Volkswagen vor, daß man für das gleiche Auto unterschiedliche Preise nehmen kann, wenn es nur von einer Marke mit einem anderen Image kommt. Der Audi A 3 und der Golf IV sind, zusammen mit Angeboten von Skoda und Seat, nahezu identische Fahrzeuge, die sich nur durch die äußere Form und die Verwendung von verschiedenen Materialien und Schaltern im Innenraum unterscheiden. Dem Audi-Kunden ist das gleich, das zeigt der Erfolg des kompakten A 3. Er ist bereit, für das bessere Image ein paar Tausender mehr auf den Tisch zu legen.

DaimlerChrysler wird sich nicht anders verhalten. Eine Aufteilung kann man sich so vorstellen: Mercedes-Benz ist die Premiummarke. Jeep steht für herausragende Geländewagen, die rauh und günstig sind, in einer Luxusversion aber auch mal etwas teurer sein dürfen. Chrysler ist die amerikanische Marke, die auch für den internationalen Auftritt genutzt wird und in Europa gegen Volkswagen und Audi antritt. Dodge und Plymouth spielen außerhalb der Vereinigten Staaten kaum eine Rolle, allenfalls als Angebote in der Nische. Smart, so die Marke denn überlebt, steht für die kleinsten Fahrzeuge mit dem größten Raum für Experimente. Die Kunst liegt darin, die Abgrenzungen, die unterschiedliche Preisgestaltungen erlauben, auf Dauer durchzuhalten. Dabei wird den Designern eine bedeutende Aufgabe zukommen, denn viele Käufer entscheiden sich immer noch nach der Optik – zumindest in Europa.

Die Amerikaner sind dabei weniger kritisch. Sie sind auch weniger markentreu. Hier zählen in der Regel die sofortige Lieferfähigkeit und vor allem der Preis. In den neuen Märkten kommt der Preisgestaltung noch größere Bedeutung zu. Die verfügbaren Einkommen sind deutlich geringer als in Westeuropa oder Nordamerika. Andererseits steigen die Ansprüche, und der Wettbewerb tut ein übriges, damit die Käufer in Brasilien, China oder Rußland nichts mehr von ausrangierten Modellen wissen wollen. Die Autohersteller reagieren auf diese Herausforderung mit dem Bau von sogenannten Weltautos, die, mit leichten Modifikationen für den jeweiligen Absatzmarkt, überall auf der Welt angeboten werden. Fiat hat dafür den Palio, bei General Motors kommt diese Rolle dem Corsa der deutschen Tochtergesellschaft Opel zu. Bei DaimlerChrysler dürfte die Mercedes A-Klasse der Eroberung der Weltmärkte dienen. Aus dem bisherigen Chrysler-Angebot drängt sich für die Masse kein Auto auf, wohl aber in der Nische. Die Erfahrung mit Geländewagen wird hilfreich sein.

Dem flächendeckenden Erfolg der Geländewagen steht freilich nicht nur in den neuen Märkten der hohe Benzinverbrauch im Weg. In den Vereinigten Staaten ist der Treibstoff ausgesprochen günstig. Die amerikanischen Kunden haben deshalb auch kein gesteigertes Interesse an sparsamen Motoren, wenn sie sich für einen Truck entscheiden. Ihnen kommt es mehr auf die Zugkraft an, damit der Wohnanhänger oder eine Erntemaschine gezogen werden können. Dafür braucht man Pferdestärken und Hubraum – und die fordern Benzin. Solange ein Verbrauch über fünfzehn Liter auf einhundert Kilometer Fahrtstrecke die Regel ist, wird das Kernprodukt von Chrysler in den meisten Märkten nur eine Nebenrolle spielen. In Europa allemal, wo Benzinpreiserhöhungen auf der Agenda stehen; nach dem Regierungswechsel zu rot-grün nun auch an vorderster Stelle in Deutschland.

Erhebliche Zweifel sind an anderer Stelle angebracht. Schrempp und Eaton betonen unablässig, die Händlernetze würden nicht kombiniert. Es werde, bis auf ganz wenige Ausnahmen, keinen Mercedes-Händler mit einem Chrysler im Angebot geben. Und umgekehrt. Damit soll das Vermischen der Marken verhindert, die Identität gesichert werden. Diese Strategie mag man kaum glauben. Überall befinden sich die Händlernetze in einer tiefen Phase der Umstrukturierung. Es ist kein Geheimnis, daß vor allem in Europa der Vertrieb aller Hersteller zu teuer ist. Die Volumenhersteller straffen ihr Netz und kündigen massenweise Händlerverträge. Mehr Kundenorientierung, bessere Qualität und Kostensenkung wollen sie damit erreichen. Für viele mittelständische Betriebe bedeutet dies das Ende. Ohnehin ist die Lage der Händlerbetriebe in Deutschland nicht gerade rosig. Im Neuwagengeschäft liegen die Renditen zwischen ein und zwei Prozent vor Steuern. Also suchen alle nach Nebeneinkünften. Doch die Erträge im Werkstattgeschäft stehen dank längerer Wartungsintervalle und der geringeren Reparaturanfälligkeit der Autos ebenfalls unter Druck. Nur ganz wenige Marken bauen ihre

Präsenz aus. Dazu gehört beispielsweise die schwedische Marke Saab, deren Wachstum auch dadurch gebremst wird, nicht genügend Stützpunkte zur Verfügung zu haben. Wer fährt in Europa schon zwanzig Kilometer bis zum nächsten Händler? Bezeichnend ist, daß Saab im Aufbau seines Netzes auf Opel-Händler zurückgreift. Opel gehört wie Saab zu General Motors.

Eaton hat sich vorgenommen, die Präsenz von Chrysler noch in seiner Amtszeit zu verdreifachen. Er wird jedoch kaum mehr als 300.000 Käufer für seine Autos finden, nur weil diese jetzt zur DaimlerChrysler AG gehören. Also soll neben einer stärkeren Ausrichtung der Produkte auf europäische Bedürfnisse das eigene Händlernetz verdichtet werden. Wofür der Aufwand? Die Gruppenfreistellungsverordnung erlaubt das Führen mehrerer Marken unter einem Dach, wenn die Verkaufsräume voneinander getrennt sind. Daran ist dem Händler ohnehin gelegen. Es ist aber doch nicht einzusehen, warum für Chrysler neue Betriebe mit hohem Aufwand eingerichtet werden sollen. Zumal die Technik der Konzernmarken sich angleichen wird und damit für einen Mercedes oder einen Jeep das gleiche Werkzeug, die gleichen Prüfstände und die gleichen Ersatzteile zum Einsatz kommen werden. Für den Händler könnte das gleiche wie für die Autos selbst gelten: Vorne getrennte Markenzeichen, hinter den Kulissen einheitliche Komponenten. So hält es der im Sommer 1999 noch als Vertriebsvorstand amtierende Dieter Zetsche für wahrscheinlich, daß in einer »Automeile« drei Händler mit verschiedenen Logos für drei Konzernmarken nebeneinander liegen. Geführt werden sie in vielen Fällen vom bisherigen Mercedes-Händler.

Die Chrysler-Händler in Amerika begehren schon 1998 auf. Sie hätten gerne den imageträchtigen Mercedes-Stern an ihrer Fassade. Angst, dadurch eine Hemmschwelle für den Chrysler-Käufer aufzubauen, ist nur ein schwacher Einwand. In den Vereinigten Staaten mischen sich ohnehin auf einem Händlerparkplatz verschiedene Marken, die zudem häufig nicht einmal aus demselben Konzern stammen. Und der Kunde nimmt, was ihm gefällt – am besten direkt vom Hof.

Verständlich ist die Taktik des Abwiegelns von Eaton und Schrempp nur unter einem Gesichtspunkt. Die Fusion beschäftigt ohnehin schon eine Menge Mitarbeiter und führt zu nicht wenig organisatorischen Schwierigkeiten. Da kann man nicht auch noch eine Diskussion mit den Händlern gebrauchen, wann die zweite Marke hinzukommt und wer die Kosten für den Umbau trägt. Unruhe im Vertrieb ist eine unnötige Gefahr für das derzeit so blendende Geschäft.

10. DaimlerChrysler muß mehr halten, als es verspricht

Der Zwang, zusätzliche Ertragsquellen oder Kosteneinsparungen zu finden, könnte schneller kommen, als es DaimlerChrysler lieb ist. Eaton und Schrempp können zwar auf einen ausgezeichneten Verlauf des Geschäftsjahres 1998 verweisen, und sie sitzen auf einem hohen Auftragsbestand. Angesprochen auf die Zahlen im Verschmelzungsbericht, die ein deutliches Abflachen der Ertragsdynamik bei Chrysler zeigen, sagt Eaton: »Wir rechnen grundsätzlich konservativ und haben schon oft unsere Ziele übertroffen.« Andererseits steht manches Fragezeichen über einem lang anhaltenden Aufschwung. Zumindest ein Ende der guten Automobilkonjunktur scheint in Sicht. Im von der Finanzkrise gebeutelten Asien, vor allem in dem wichtigen Markt Japan, ist der Absatz eingebrochen. In Südamerika sind ebenfalls dunkle Wolken aufgezogen. Die Hersteller sind froh, ihren eigenen Aussagen nicht recht getraut zu haben. Zum Glück haben wir dort kleine Bäume gepflanzt, heißt es nun. Noch vor wenigen Monaten sind die Unternehmensberater und Investmentbanker durchs Land gezogen und haben vor verpaßten Chancen in den aufstrebenden Staaten gewarnt. Auch die mittelständische Zulieferindustrie müsse Geld in die Hand nehmen und in die Regionen folgen. Am besten sollten sich die Unternehmen dazu in eine Aktiengesellschaft umwandeln und am Kapitalmarkt die notwendigen Mittel für die Expansion besorgen – woran die Banken natürlich verdienen. Nun, nicht immer ist die grundsätzlich attraktive Empfehlung zu einem Börsengang richtig. Und nicht jeden, der zu spät kommt, bestraft das Leben. Die Börse ist keine Einbahnstraße. Nordamerika und Westeuropa gelten als Anker der Stabilität. Doch daß sich eine umgreifende Rezession auch auf die Verkäufe und Ergebnisse von DaimlerChrysler auswirken würde, ist kein Geheimnis. Eaton selbst mahnt zur Vorsicht. Er könne in Japan keine Führung mit brauchbaren Konzepten erkennen. Es werde Jahre dauern, bis sich die Region wieder erhole. Der Ausstrahlungseffekt sei groß. Freilich ist gerade die Eroberung der Märkte in Asien und Südamerika einer der Hauptgründe für die Fusion von Daimler-Benz und Chrylser.

Was also, wenn sich diese Regionen nicht so bald erholen und die Wachstumsträume des Konzerns wie eine Seifenblase zerplatzen oder erst später verwirklicht werden? Eaton beruhigt, in der neuen gemeinsamen Konstellation könne der Konzern eine Schwächephase besser durchstehen. Und Schrempp ergänzt: »Die Zyklen in Nordamerika

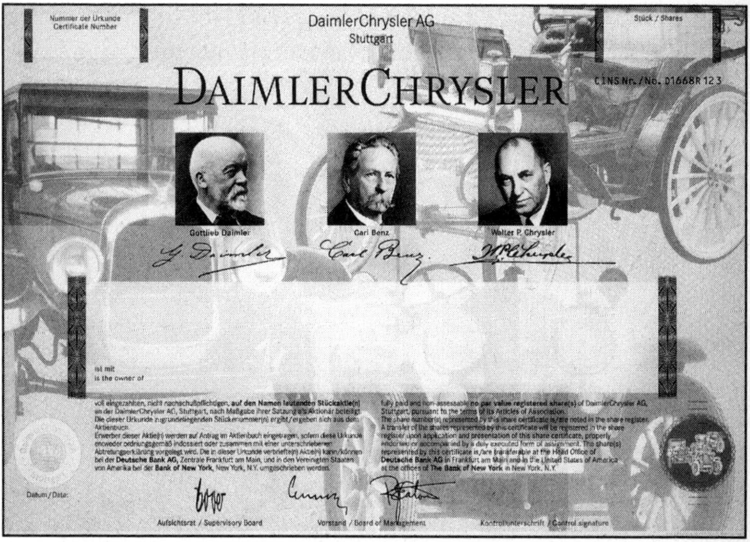
Nummer der Urkunde
Certificate Number

DaimlerChrysler AG
Stuttgart

Stück / Shares

DAIMLERCHRYSLER

CINS Nr./No. D1668R 12 3

Gottlieb Daimler · Carl Benz · Walter P. Chrysler

ist mit
is the owner of

voll eingezahlten, nicht nachschußpflichtigen, **auf den Namen lautenden Stückaktie(n)** an der DaimlerChrysler AG, Stuttgart, nach Maßgabe ihrer Satzung als Aktionär beteiligt. Die dieser Urkunde zugrundeliegenden Stückenummer(n) ergibt/ergeben sich aus dem Aktienbuch.
Erwerber dieser Aktie(n) werden auf Antrag im Aktienbuch eingetragen, sofern diese Urkunde entweder ordnungsgemäß indossiert oder zusammen mit einer unterschriebenen Abtretungserklärung vorgelegt wird. Die in dieser Urkunde verbriefte(n) Aktie(n) kann/können bei der **Deutsche Bank AG,** Zentrale Frankfurt am Main, und in den Vereinigten Staaten von Amerika bei der **Bank of New York,** New York, N.Y. umgeschrieben werden.

fully paid and non-assessable **no par value registered share(s)** of DaimlerChrysler AG, Stuttgart, pursuant to the terms of its Articles of Association.
The share number(s) represented by this share certificate is/are noted in the share register. A transfer of the shares represented by this certificate will be registered in the share register upon application and presentation of this share certificate, properly endorsed or accompanied by a duly executed form of assignment. The share(s) represented by this certificate is/are transferable at the Head Office of **Deutsche Bank AG** in Frankfurt am Main and in the United States of America at the offices of **The Bank of New York** in New York, N.Y.

Datum/Date:

Aufsichtsrat / Supervisory Board · Vorstand / Board of Management · Kontrollunterschrift / Control signature

Wert-Papier? Die Aktie der DaimlerChrysler AG.

und Europa verlaufen oft phasenverschoben.« Das ist zu hoffen, denn sonst werden in einer Krise das Unternehmen, seine Mitarbeiter und seine Aktie unter Druck geraten. Durch den Zusammenschluß sind ungewöhnlich viele Fakten auf dem Tisch und Hoffnungen geweckt. DaimlerChrysler muß sich Überzeugendes, vielleicht auch Überraschendes einfallen lassen. Dies ist in den vergangenen eineinhalb Jahren nicht immer gelungen.

Anhang

Konzernbilanzen

DaimlerChrysler AG

Ungeprüfte zusammengefaßte Pro-Forma-Konzernbilanz (nach der Pooling-of-Interests-Methode) zum 31. Dezember 1997

	Historisch		Kapitalerhöhung und Sonderausschüttung	Pro-Forma-Anpassungen	Pro-Forma zusammengefaßt
	Daimler-Benz in Mio. DM	Chrysler in Mio. DM	in Mio. DM	in Mio. DM	in Mio. DM
Aktiva					
Immaterielle Anlagewerte	1 915	2 819			4 734
Sachanlagen	20 656	35 677			56 333
Finanzanlagen	3 453	1 310			4 763
Vermietete Gegenstände	14 931	7 244			22 175
Anlagevermögen	***40 955***	***47 050***			***88 005***
Vorräte	14 390	6 100			20 490
Forderungen aus Lieferungen und Leistungen	12 006	2 950			14 956
Forderungen aus Finanzdienstleistungen	25 924	17 975			43 899
Sonstige Forderungen	12 251	9 771	(2 949)	(2 949)	19 073
Wertpapiere	14 687	5 287			19 974
Zahlungsmittel	5 833	8 778	7 482	2 682	17 460
			(7 385)	870	
				(400)	
				(400)	
Umlaufvermögen	***85 091***	***50 861***	***(2 852)***	***(2 752)***	***135 852***
Latente Steuern	**10 462**	**559**		**224**	**11 245**
Rechnungsabgrenzungsposten	**591**	**9 806**			**10 397**
Summe Aktiva	***137 099***	***108 276***	***2 852***	***2 976***	***245 499***

DaimlerChrysler AG

Ungeprüfte zusammengefaßte Pro-Forma-Konzernbilanz (nach der Pooling-of-Interests-Methode) zum 31. Dezember 1997

	Historisch		Kapitalerhöhung und Sonderausschüttung	Pro-Forma-Anpassungen	Pro-Forma zusammengefaßt
	Daimler-Benz in Mio. DM	Chrysler in Mio. DM	in Mio. DM	in Mio. DM	in Mio. DM
Passiva					
Gezeichnetes Kapital	2584	1475	262	(268) (2846) (1207)	–
Kapitalrücklagen	5247	9374	7220	1340 (7883) 2846 1207 870	20221
Gewinnrücklagen	26508	19006	(10334)	(400) (176)	34604
Übriges Eigenkapital	746	(9493)			746
Eigene Aktien				1342 8151	–
Eigenkapital	***35085***	***20362***	***(2852)***	***2976***	***55571***
Anteile in Fremdbesitz	**1170**	**355**			**1525**
Rückstellungen	**36618**	**35134**			**71752**
Finanzverbindlichkeiten	39302	29944			69246
Verbindlichkeiten aus Lieferungen und Leistungen	11079	15283			26362
Sonstige Verbindlichkeiten	10116	586			10702
Verbindlichkeiten	**60497**	**45813**			**106310**
Latente Steuern	**2003**	**2038**			**4041**
Rechnungsabgrenzungsposten	**1726**	**4574**			**6300**
Summe Passiva	***137099***	***108276***	***(2852)***	***2976***	***245499***

Ungeprüfte zusammengefaßte Pro-Forma-Konzern-Gewinn-und-Verlustrechnung (nach der Pooling-of-Interests-Methode) für das zum 31. Dezember 1997 abgeschlossene Geschäftsjahr

	Historisch		Pro-Forma
	Daimler-Benz in Mio. DM	Chrysler in Mio. DM	zusammengefaßt in Mio. DM
Umsatzerlöse	124 050	105 205	229 255
Umsatzkosten	(98 943)	(84 879)	(183 822)
Bruttoergebnis vom Umsatz	*25 107*	*20 326*	*45 433*
Vertriebskosten, allgemeine Verwaltungskosten, sonstige betriebliche Aufwendungen	(17 433)	(9 703)	(27 136)
Forschungs- und Entwicklungskosten	(5 663)	(2 972)	(8 635)
Sonstige betriebliche Erträge	1 620	–	1 620
Ergebnis vor Finanzergebnis und Ertragsteuern	*3 631*	*7 651*	*11 282*
Finanzergebnis	618	251	869
Ergebnis von Ertragsteuern	*4 249*	*7 902*	*12 151*
Steuerertrag aus Sonderausschüttung	2 908[a]	–	2 908[a]
Steuern vom Einkommen und vom Ertrag	1 074[b]	(3 038)	(1 964)[b]
Steuern vom Einkommen und vom Ertrag (gesamt)	*3 982*	*(3 038)*	*944*
Auf Anteile in Fremdbesitz entfallender (Gewinn)/Verlust	(189)	–	(189)
Konzernergebnis	*8 042[c]*	*4 864*	*12 906[c]*
Zusammengefaßtes Pro-Forma-Ergebnis je Aktie			
Zusammengefaßtes Pro-Forma-Ergebnis je Aktie		–	13,29[c][d]
Zusammengefaßtes Pro-Forma-Ergebnis je Aktie (voll verwässert)			13,16[c][d]

a) Stellt die Steuerentlastung auf die Sonderausschüttung in Höhe von DM 20,00 je Aktie dar.

b) Enthalten sind einmalige Steuererträge aus der Verminderung der Wertberichtigung auf aktive latente Steuern innerhalb der deutschen Organschaft zum 31. Dezember 1997 in Höhe von 1 962 DM.

c) Ohne die einmaligen Steuererträge hätte sich ein Konzernergebnis und ein zusammengefaßtes Pro-Forma-Konzernergebnis von DM 3 172 ($ 1 759) bzw. DM 8 036 ($ 4 456) ergeben. Das zusammengefaßte Pro-Forma-Ergebnis je Aktie sowie das zusammengefaßte Pro-Forma-Ergebnis je Aktie (voll verwässert) hätte DM 8,28 ($ 4,59) bzw. DM 8,21 ($ 4,55) betragen.

d) Die angenommene gewichtete durchschnittliche Anzahl von umlaufenden Stammaktien für das Ergebnis je Aktie und das Ergebnis je Aktie (voll verwässert) belief sich auf 970,8 Millionen bzw. 983,6 Millionen.

Die dazugehörigen Anmerkungen sind integraler Bestandteil der zusammengefaßten Pro-Forma-Konzernabschlüsse.

Konzern-Gewinn-und-Verlustrechnung

	DaimlerChrysler-Konzern 31. Dezember				*Finanzdienstleistungen 31. Dezember*		
(in Millionen)	**1998** $	**1998** €	**1997** €	**1996** €	**1998** €	**1997** €	**1996** €
Umsatzerlöse	154.615	131.782	117.572	101.415	7.908	6.545	5.548
Umsatzkosten	(121.692)	(103.721)	(92.953)	(78.995)	(6.157)	(5.075)	(4.347)
Bruttoergebnis vom Umsatz	**32.923**	**28.061**	**24.619**	**22.420**	**1.751**	**1.470**	**1.201**
Vertriebskosten, allg. Verwaltungskosten, sonst. betriebl. Aufwendg.	(19.041)	(16.229)	(15.621)	(13.902)	(921)	(760)	(652)
Forschungs- und Entwicklungskosten	(5.833)	(4.971)	(4.408)	(4.081)	–	–	–
Sonstige betriebliche Erträge	1.425	1.215	957	848	106	82	58
Kosten des Unternehmenszusammenschlusses	(803)	(685)	–	–	–	–	–
Ergebnis vor Finanzergebnis und Ertragsteuern	**8.671**	**7.391**	**5.547**	**5.285**	**936**	**792**	**607**
Finanzergebnis	896	763	633	408	23	4	–
Ergebnis vor Ertragsteuern und Außerordentlichem Ergebnis	**9.567**	**8.154**	**6.180**	**5.693**	**959**	**796**	**607**
Steuerertrag aus Sonderausschüttung			1.487[1]				
Steuern vom Einkommen und vom Ertrag			(1.005[2])				
Steuern vom Einkommen und vom Ertrag (gesamt)	(3.607)	(3.075)	482	(1.547)	(361)	(307)	(234)
Auf Anteile in Fremdbesitz entfallender (Gewinn)/Verlust	(153)	(130)	(115)	23	(2)	(1)	(2)
Ergebnis vor Außerordentlichem Ergebnis	**5.807**	**4.949**	**6.547**	**4.169**	**596**	**488**	**371**
Außerord. Ergebnis: Verlust a. vorz. Tilgung v. Verb., nach Steuern	(151)	(129)	–	(147)	–	–	–
Konzern-Jahresüberschuß	**5.656**	**4.820**	**6.547[3]**	**4.022**	**596**	**488**	**371**
Ergebnis je Aktie (in €)							
Ergebnis je Aktie							
Ergebnis vor Außerordentlichem Ergebnis	6,05	5,16	6,90	4,24	–	–	–
Außerordentliches Ergebnis	(0,16)	(0,13)	–	(0,15)	–	–	–
Konzern-Jahresüberschuß	5,89	5,03	6,90[3]	4,00	–	–	–
Ergebnis je Aktie (voll verwässert)							
Ergebnis vor Außerordentlichem Ergebnis	5,91	5,04	6,78	4,20	–	–	–
Außerordentliches Ergebnis	(0,16)	(0,13)	–	(0,15)	–	–	–
Konzern-Jahresüberschuß	5,75	4,91	6,78[1]	4,05	–	–	–

[1]) Stellt die Steuerentlastung auf die Sonderausschüttung dar.

[2]) Enthalten sind einmalige Steuererträge aus der Verminderung der Wertberichtigung auf aktive latente Steuern innerhalb der deutschen Organschaft zum 31. Dezember 1997 in Höhe von € 1.003 Mio.

[3]) Ohne die einmaligen Steuererträge hätte sich 1997 ein Konzern-Jahresüberschuß von € 4.057 Mio. ergeben. Das Ergebnis je Aktie und das Ergebnis je Aktie (voll verwässert) hätte € 4,28 bzw. € 4,21 betragen.

Konzern-Bilanz

		DaimlerChrysler-Konzern 31. Dezember		Finanzdienstleistungen 31. Dezember	
(in Millionen)	**1998 $**	**1998 €**	**1997 €**	**1998 €**	**1997 €**
Aktiva					
Immaterielle Anlagewerte	3.004	2.561	2.422	104	51
Sachanlagen	34.649	29.532	28.558	53	39
Finanzanlagen	3.344	2.851	2.397	632	631
Vermietete Gegenstände	17.203	14.662	11.092	12.001	9.571
Anlagevermögen	**58.200**	**49.606**	**44.469**	**12.790**	**10.292**
Vorräte	13.840	11.796	10.897	654	505
Forderungen a. Lieferungen u. Leistungen	8.922	7.605	7.265	654	761
Forderungen aus Finanzdienstleistungen	31.054	26.468	21.717	26.460	21.658
Übrige Forderungen	12.642	10.775	11.376[1]	5.936	6.214
Wertpapiere	14.267	12.160	10.180	597	418
Zahlungsmittel	7.731	6.589	6.809	681	702
Umlaufvermögen	**88.456**	**75.393**	**68.244**	**34.982**	**30.258**
Latente Steuern	**5.885**	**5.016**	**5.688**	**17**	**14**
Rechnungsabgrenzungsposten	**7.197**	**6.134**	**6.430**	**133**	**71**
Summa Aktiva (davon kurzfristig 1998: € 57.953 Mio.; 1997: € 54.370 Mio.)	**159.738**	**136.149**	**124.831**	**47.922**	**40.635**
Passiva					
Gezeichnetes Kapital	3.005	2.561	2.391		
Kapitalrücklage	8.534	7.274	2.958		
Gewinnrücklagen	24.091	20.533	21.892[1]		
Kumuliertes übr. Comprehensive Income	(1)	(1)	1.143		
Eigene Anteile	–	–	(424)		
Vorzugsaktien	–	–			
Eigenkapital	**35.629**	**30.367**	**27.960**	**4.639**	**4.379**
Anteile in Fremdbesitz	**810**	**691**	**782**	**17**	**28**
Rückstellungen	**40.629**	**34.629**	**35.787**	**412**	**508**
Finanzverbindlichkeiten	47.436	40.430	34.375	36.810	31.381
Verbindlichkeiten aus Lieferungen und Leistungen	15.074	12.848	12.026	242	90
Übrige Verbindlichkeiten	10.851	9.249	7.912	2.366	1.610
Verbindlichkeiten	**73.361**	**62.527**	**54.313**	**39.418**	**33.081**
Latente Steuern	**4.886**	**4.165**	**2.502**	**2.665**	**2.366**
Rechnungsabgrenzungsposten	**4.423**	**3.770**	**3.487**	**771**	**273**
Summe Passiva ohne Eigenkapital (davon kurzfristig 1998: € 58.181 Mio.; 1997: € 50.918 Mio.)	**124.109**	**105.782**	**96.871**	**43.283**	**36.256**
Summe Passiva	**159.738**	**136.149**	**124.831**	**47.922**	**40.635**

[1]) Einschließlich Steuerforderung/Steuerertrag aus der Sonderausschüttung in Höhe von rd. € 1,49 Mrd.

Chronik der Konzerne

1886 Das erste Patent für den Benz-Motorwagen wird erteilt.

1890 Gründung der Daimler-Motoren-Gesellschaft (DMG) in Cannstatt.

1893 Der Benz Velo wird gefertigt, das erste Serien-Automobil.

1896 Die DMG baut den ersten Lastkraftwagen der Welt.

1899 Ein Jahr vor dem Tod des Gründers wird der Name Daimler geschützt.

1900 Gottlieb Daimler stirbt am 6. März.

1902 Der Name Mercedes wird gesetzlich geschützt.

1918 Die DMG wird unter militärische Aufsicht gestellt. Der Verdacht auf überhöhte Preise führt zur Anklage.

1920 Walter P. Chrysler kommt an die Spitze des Reorganisationskommitees der Autofabrik Maxwell in Detroit.

1924 Das erste Chrysler-Auto wird gebaut.

1925 Maxwell Motor Car wird in Chrysler Corporation umbenannt.

1926 Die Interessengemeinschaft Daimler und Benz fusioniert zur Daimler-Benz Aktiengesellschaft.

1929 Carl Benz stirbt am 4. April.

1930 In New York wird das Chrysler-Building eröffnet, mit 319 Metern damals das höchste Gebäude der Welt.

1940 Walter P. Chrysler stirbt am 18. August. Daimler-Benz stellt sich völlig auf die Kriegsproduktion ein.

1944 Die Daimler-Produktion wird weitgehend ausgelagert, Werke bei Bombenangriffen zerstört. Chrysler produziert während des Krieges rund eine halbe Million Militärlastwagen. Der Chrysler Sherman M4 Tank ist der wichtigste Kampfpanzer der Alliierten.

1949 Daimler schafft wieder eine Monatsproduktion von 1.000 Autos. Chrysler hatte schon acht Jahre vorher mehr als 1 Million Fahrzeuge im Jahr gebaut und errichtet bis 1950 elf neue Fabriken.

1955 Die Flick-Gruppe übernimmt ein Viertel der Daimler-Aktien.

1958 Der Chrysler-Absatz bricht ein, Chrysler fällt vom zweiten auf den dritten Platz der weltgrößten Hersteller zurück.

1959 Daimler-Benz übernimmt die Auto-Union vollständig und wird zum drittgrößten deutschen Konzern.

1963 Chrysler kauft die Mehrheit des französischen Simca-Konzerns, um in Europa Fuß zu fassen.

1965 Daimler-Benz verkauft die Auto-Union an Volkswagen.

1970 Chrysler verkauft Personenwagen, die von seinem japanischen Partner Mitsubishi gebaut werden, unter den Markennamen Dodge und Plymouth.

1973 Chrysler bekommt aufgrund der Ölkrise große Absatzprobleme.

1974 Kuwait übernimmt 14 Prozent der Daimler-Anteile von der Quandt-Gruppe.

1975 Friedrich Karl Flick verkauft einen Großteil seines Daimler-Aktienpaketes an die Deutsche Bank, die mit damals 29 Prozent größter Anteilseigner wird.

1976 Die U.S. Army gibt Chrysler den 4-Milliarden-Dollar-Auftrag zum Bau des neuen XM-1-Panzers.

1978 Chrysler verkauft Simca an Peugeot.
Lee A. Iacocca wird Präsident.

1979 Chrysler schreibt Verluste von über 1 Milliarde Dollar, der Absatz bricht um 15 Prozent ein.

1980 Iacocca erhält von Präsident Carter für Chrysler staatliche Bürgschaften über 1,5 Milliarden Dollar.

1981 Chrysler verkauft sein Rüstungsgeschäft an General Dynamics.

1983 Chrysler kann die Beihilfen sieben Jahre vor Ablauf zurückzahlen.

1984 Der spätere Daimler-Benz-Chef Edzard Reuter rät zum Aufbau eines Technologiekonzerns.
Chrysler nimmt die Dividendenzahlung auf und beteiligt sich mit 15,6 Prozent an dem italienischen Luxuswagen-Hersteller Officine Alfieri Maserati S.p.A.

1985 Mit der Übernahme der maroden AEG für 1,6 Milliarden DM vollzieht Daimler-Benz den bis dahin größten Firmenkauf in Deutschland.
Chrysler bildet gemeinsam mit Mitsubishi die Diamond-Star Motors Corporation.

1986 Daimler-Benz steigt mit einem Jahresumsatz von 65 Milliarden DM zum umsatzstärksten deutschen Konzern auf.

198 Chrysler übernimmt die Nuova Automobili F. Lamborghini S.p.A. und die American Motors Corp., den viertgrößten amerikanischen Autohersteller, für 800 Millionen Dollar und wird damit zum Hersteller der Marke Jeep. Edzard Reuter wird zum neuen Vorstandsvorsitzenden der Daimler-Benz AG ernannt.

1988 Chrysler verkauft seine Maserati-Anteile.

1989 Daimler-Benz steigt mit der Übernahme der MBB ins Luft- und Raumfahrt-Geschäft und verstärkt in die Rüstungsproduktion ein, Chrysler und General Motors gründen das erste Joint-venture zwischen amerikanischen Autoherstellern. Chrysler beginnt eine Restrukturierung, die 1 Milliarde Dollar Kosten einsparen soll.

1991 Chrysler trennt sich von Mitsubishi.

1993 Robert J. Eaton wird Nachfolger von Iacocca als Chrysler-Chef. Chrysler verkauft Lamborghini an MegaTech Ltd. Daimler scheitert mit der Sanierung der AEG und beginnt den Verkauf der Unternehmensteile.

1995 Jürgen E. Schrempp wird Nachfolger Edzard Reuters an der Daimler-Spitze und leitet den Verkauf der verlustreichen Unternehmensteile ein.

1996 Daimler-Benz gesteht einen Verlust von mehr als 5 Milliarden DM ein. Erstmals wird die Dividende gestrichen.

1997 Daimler-Benz dringt mit A-Klasse und Smart in das Segment der Kleinwagen vor.

1998 Die Daimler-Nutzfahrzeugsparte plant eine Beteiligung an der japanischen Nissan Diesel Corp., verwirft diese aber 1999. Eaton und Schrempp verkünden den Zusammenschluß der Daimler-Benz AG und der Chrysler Corp.

1999 Viele Top-Manager verlassen das fusionierte Unternehmen. Der Börsenkurs der Aktie steht unter Druck. Die Dasa fusioniert mit Aerospatiale zum drittgrößten Luft- und Raumfahrtunternehmen der Welt.

Literaturliste

Zeitungen, Zeitschriften:

Auto Motor Sport, Stuttgart
Auto-Bild, Hamburg
Automotive News Europe, London
Bild, Hamburg und Stuttgart
Bizz Capital, Köln
Börsen-Zeitung, Frankfurt
Business Week, New York
Capital, Köln
Der Spiegel, Hamburg
Der Tagesspiegel, Berlin
Detroit News, Detroit
Die Welt, Berlin
Die Woche, Hamburg
Die Zeit, Hamburg
Financial Times, London
Focus, München
Forbes Magazine, New York
Frankfurter Allgemeine Zeitung, Frankfurt
Hamburger Abendblatt, Hamburg
Handelsblatt, Düsseldorf
Los Angeles Times, Los Angeles
Manager Magazin, Hamburg

Neue Zürcher Zeitung, Zürich
New York Law Journal, New York
Stern, Hamburg
Stuttgarter Nachrichten, Stuttgart
Stuttgarter Zeitung, Stuttgart
Süddeutsche Zeitung, München
The Detroit Free Press, Detroit
The New York Times, New York
The Wall Street Journal, New York
USA Today, New York
Wards Auto World, Cleveland
Welt am Sonntag, Hamburg
Wirtschaftswoche, Düsseldorf

Agenturen:

AFP, AP, DPA, Reuter

Bücher:

Flammang, James M. et. al.: Chrysler Chronicle. Lincolnwood, Illionois, 1998.

Grässlin, Jürgen: Jürgen E. Schrempp. Der Herr der Sterne. München 1998.

Kruk, Max und Gerold Lingnau: 100 Jahre Daimler-Benz. Das Unternehmen. Mainz 1986.

Lutz, Robert A.: Guts. The seven laws of business that made Chrysler the world's hottest car company. New York 1998.

Reuter, Edzard: Schein und Wirklichkeit. Berlin 1998

Schweer, Dieter: Daimler-Benz. Innenansichten eines Giganten. Düsseldorf 1995.

Töpfer, Armin: Die Restrukturierung des Daimler-Benz Konzerns 1995–1997. Neuwied und Kriftel 1998

Bildnachweis:

Röth, Frankfurter Allgemeine Zeitung: 157
Daimler-Benz, Fotoarchiv: 40, 63, 93, 104 (oben), 125, 141, 170, 181, 227, 281
Chrysler Fotoarchiv: 14, 27, 54 (unten), 150, 222
Holger Appel: 23
Frankfurter Allgemeine Zeitung, Bildarchiv: 104 (unten)
Christof R. Sage: 54 (oben), 109, 128

Personen- und Sachregister

Die *kursiv* gesetzten Seitenzahlen verweisen auf Abbildungen.